航天科工出版基金资助出版

“十四五”国家重点出版物出版规划项目

航天发动机技术丛书

大型固体火箭发动机技术

梁纪秋　司学龙　陈永钊　张开春　武　丹　编著

科学出版社

北　京

内 容 简 介

本书主要介绍大型固体火箭发动机技术的发展概况,共分为9个章节,主要包括绪论、固体火箭发动机的主要性能参数、大型固体火箭发动机总体技术、大型燃烧室装药技术、大型燃烧室壳体技术、大型燃烧室绝热结构技术、大型固体火箭发动机喷管技术、点火装置技术和大型固体火箭发动机地面试验技术等。

本书适合从事固体火箭发动机、航天推进等技术领域的专业技术人员使用,可供高等院校相关专业的师生参考。

图书在版编目(CIP)数据

大型固体火箭发动机技术 / 梁纪秋等编著. -- 北京 : 科学出版社, 2025. 7. --(航天发动机技术丛书).

ISBN 978-7-03-082481-3

Ⅰ. V435

中国国家版本馆 CIP 数据核字第 202595NM24 号

责任编辑:徐杨峰 霍明亮 / 责任校对:谭宏宇

责任印制:黄晓鸣 / 封面设计:殷 靓

科学出版社 出版

北京东黄城根北街 16 号

邮政编码:100717

http://www.sciencep.com

南京展望文化发展有限公司排版

广东虎彩云印刷有限公司印刷

科学出版社发行 各地新华书店经销

*

2025年7月第 一 版 开本:B5(720×1000)

2025年12月第二次印刷 印张:18

字数:350 000

定价:170.00元

(如有印装质量问题,我社负责调换)

航天发动机技术丛书

专家委员会

丛书序

航天科技与工程是我国科技强国征程的一颗耀眼明珠。导航卫星、载人飞船、空间站、探月工程、火星探测等重大任务顺利实施，体现了航天强国建设的巨大成就！

航天技术是一个国家综合实力的重要体现。西方发达国家对中国在航天技术领域实行了严厉的封锁政策。航天发展，动力先行。动力系统一直承载着人类进入太空、探索宇宙的梦想，被称为人类空间探索事业发展的基石。航天技术的日趋成熟，在很大程度上取决于动力技术的发展。事实证明，航天发动机技术领域要不断取得突破，跻身世界先进行列，必须依靠自主创新，掌握核心技术，实现自主可控。

航天发动机技术，作为人类探索宇宙奥秘、开拓太空领域的基石，其研制历程充满困难与挑战，是一部孕育智慧与勇气的史诗。在液体火箭发动机的轰鸣声中，运载火箭一次次成功将卫星、空间站等载荷送入太空；固体火箭发动机的迅猛发展，让导弹与小型运载火箭的发射更加便捷高效；空间电推进技术的悄然兴起，为航天器的长期驻留与深空探测铺设了高效节能的航道；而组合动力技术的创新探索，更是开启了航天动力及航天运输多元化发展的新纪元。

液体火箭发动机以其高能量密度、推力可调及可重复使用等优势，始终是航天发射领域的核心动力。从早期的有毒、小推力发动机到如今的绿色、大推力、高性能型号，科研人员不断突破技术瓶颈，提升发动机性能，为航天器的成功发射与运行提供了坚实保障。

固体火箭发动机则以其结构简单、反应迅速、维护方便等特点，在导弹武器系统大放异彩。随着材料科学与制造工艺的进步，固体火箭发动机的推力与燃烧效率不断提升，为快速响应与高效发射提供了有力支撑。

空间电推进技术的出现标志着航天动力技术的革命性飞跃。通过电场或磁场加速离子或电子，产生持续而稳定的推力，空间电推进技术显著降低了航天器的燃料消耗，延长了其在轨运行时间，为深空探测与星际旅行奠定了基础。

组合动力技术则是航天发动机技术发展的又一重要方向。通过将不同类型的发动机进行优化组合，实现优势互补。组合动力技术为航天任务提供了更加灵活、高效的动力解决方案，将极大地拓展航天器的任务范围与适应能力，推动航天事业迈向新的高度。

科技人才是航天发动机技术自主创新和技术发展的主体，知识的传承和发扬至关重要。在此背景下，科学出版社邀请中国航天推进技术研究院牵头，联合国内知名院所和高校，组织召集了相关型号总师及高校教授、科研院所专业人士等知名专家共同编写一套“航天发动机技术丛书”。丛书围绕“航天发动机”这一主题，既从理论高度关注航天动力基础科学问题，又密切结合航天动力领域发展的前沿成果，更难得的是融入了行业专家的工程设计经验，具有很高的理论和工程价值。丛书突出航天动力系统的特色，体现学科交叉融合，确保具有前瞻性、原创性、专业性、学术性、实用性和创新性。

丛书于 2021 年正式启动，入选了“十四五”国家重点出版物出版规划项目。丛书涉及火箭发动机总体设计、部件设计、结构与材料、推进剂、燃烧学、空间特种动力及相关基础和前沿成果，凝聚了众多学者和科研人员的智慧，希望通过系统全面总结我国航天发动机技术及其相关领域近二十年成果，吸收及融合当前技术发展成果，阐述航天动力的新型交叉技术和设计方法，形成一套完善的知识体系，促进航天人才培养和技术创新发展，为我国航天强国之路奠定坚实基础！

是为序！

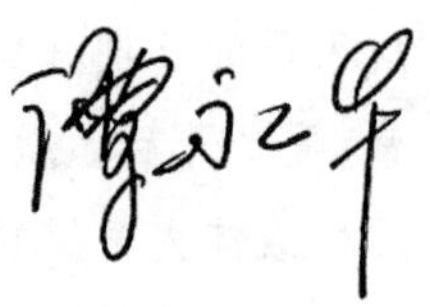

2024 年 7 月

前言

大型固体火箭发动机具有结构简单、工作可靠、维护简单、快速响应等特点，在航天运载火箭领域应用广泛。近年来，尤其是进入21世纪后，在商业航天快速发展的牵引下，伴随着设计分析、推进剂、复合材料、制造工艺、检测水平等的提高，大型固体发动机关键技术取得了重大突破，发动机的推力、直径等不断地增大，质量比等性能指标持续提高，为运载火箭运载能力提高奠定了坚实基础。

本书是介绍大型固体火箭发动机设计理念与先进技术的专业图书，分别给出了大型固体火箭发动机各部组件的设计方法、制造工艺、检测技术等，不仅包含了固体火箭发动机的基本知识、基础理论，还融入了作者及湖北航天技术研究院总体设计所固体动力研究室设计人员在大型固体火箭发动机领域的科研实践经验，希望以此为同行与相关人员提供学习和参考。

全书共分为9章，第1章绪论介绍大型固体火箭发动机的组成、类型、发展现状和发展趋势；第2章介绍固体火箭发动机的主要性能参数；第3章介绍大型固体火箭发动机总体技术，给出当前的技术水平和设计方法；第4章~第8章分别介绍大型燃烧室装药技术、大型燃烧室壳体技术、大型燃烧室绝热结构技术、大型固体火箭发动机喷管技术和点火装置技术，涉及典型分类、设计仿真分析方法、制造工艺及检测技术等；第9章介绍大型固体火箭发动机地面试验技术，给出地面试验类型、地面试验系统、地面试验流程，分析试验安全技术和后续发展展望。

在本书编写过程中，得到了单位领导和同事的大力支持。除编著者外，胡长伟、马威、胡夏芬参与了第1章的撰写，黄琨、祝珊参与了第2章的撰写，陈文杰、陈波、杨渊参与了第3章的撰写，张斌、刘美珍、张志强、程山参与了第4章的撰写，周睿、赵飞、沈伟、曾强参与了第5章的撰写，郑振兴、柳青、赵文胜、鄂鹏飞参与了第6章的撰写，钟志文、周子翔、商伟辉、许玉荣、梅杰参与了第7章的撰写，赵启扬、王刚、晏述亮参与了第8章的撰写，肖任勤、冯斌、邱奇、陈志刚参与了第9章的撰写。同时，在本书的成稿过程中，张镝、高辉文、段祥军、钱微、罗志伟、刘文辉等提供了宝贵意见，罗玉娟、梅杰、萧佳宇、张盛源等负责了部分图表的绘制，在此对他们表示衷心的感谢！

本书在撰写过程中，为辅助学术表达与知识传播，部分图片素材参考了公开学术资源及互联网信息。虽已尽力溯源并规范标注，但仍有少量内容未能精准标注出处。在此我们向相关著作权人深表歉意，并对所有学术成果的原创者致以诚挚感谢。若权利人或者相关方发现本书存在未授权引用的内容，请通过出版社官方渠道与我们联系。经审核后，我们将在后续版本中及时补充完整标注。

由于作者水平有限，书中难免有不足之处，恳请广大读者批评指正。

作　者

2024年12月

目 录

第1章 绪 论

第2章 固体火箭发动机的主要性能参数

第3章 大型固体火箭发动机总体技术

第4章 大型燃烧室装药技术

第 5 章 大型燃烧室壳体技术

第 6 章 大型燃烧室绝热结构技术

第7章 大型固体火箭发动机喷管技术

第8章 点火装置技术

第9章 大型固体火箭发动机地面试验技术

第1章 绪论

1.1 大型固体火箭发动机定义

固体火箭发动机(solid rocket motor, SRM)是一种使用固体推进剂的化学火箭发动机，又称固体推进剂火箭发动机或固体发动机，因其结构紧凑、使用方便、发射准备时间短而广泛地应用于导弹武器、运载火箭和宇宙飞行器等。

我国是固体火箭发动机和固体火箭的发源地，早在公元7世纪的唐代就有了黑火药的配方，这是最早的固体火箭推进剂。从20世纪30年代硝化甘油无烟推进剂(双基推进剂)的发明开始，固体火箭发动机进入了一个新的发展阶段，当时苏联、德国等研制和生产了大量的各种近程野战火箭弹。随着科学技术的进步，尤其是20世纪40年代末期复合推进剂的出现使固体火箭发动机的发展又开启了一个新的阶段。能量较高的固体复合推进剂的出现、与壳体相粘接的浇注型内燃装药技术的应用、高性能轻质发动机壳体及其他组件的采用等使固体火箭发动机向大尺寸、长时间工作方向发展，极大地提高了固体火箭发动机的性能；美国、苏联、法国等从20世纪60年代开始纷纷研制大型固体火箭发动机，用于固体导弹武器系统，发动机直径达到了2.3 m、推力达到了300 t级；在航天运载领域，20世纪70年代，美国开始研制航天飞机固体助推器，发动机直径达到了3.7 m，其推力达到了1 100 t级，大推力固体推进技术达到了较高的水平。进入21世纪后，在商业航天的牵引下，随着设计分析能力、材料性能、制造工艺水平、检测水平等的提高，大型固体火箭发动机技术取得了进一步提升，其研发也再次得到了各国关注。欧洲先后研制了P80、P120C整体式固体火箭发动机，发动机直径达到了3.4 m、推力达到了500 t级；美国在分段式固体火箭发动机上持续发力，2022年11月，航天发射系统(Space Launch System, SLS)首飞成功，见图1.1，其固体助推器直径为3.71 m，总长为54 m，装药量达到628 t，最大推力为1 634 t，工作时间为126 s，是目前成功研制并飞行的最大固体火箭发动机。

我国大型固体火箭发动机发展起步相对较晚，但近年来也发展迅速，2016年，“快舟十一”(KZ－11)运载火箭一级发动机地面试车成功，发动机直径为2.2 m，推

图 1.1 SLS 运载火箭及其助推器

力达到了 200 t 级。2019 年，推力 500 t 级大型固体火箭发动机地面试车成功，标志着我国大推力、高质量比整体式固体发动机关键技术取得重要突破。在分段式固体火箭发动机方面，2020 年 12 月，直径为 3.2 m、3 分段、钢壳体固体火箭发动机地面试车成功，验证了关键技术。

固体火箭发动机的应用一直是航天运载的重要发展方向。随着世界航天技术的快速发展，大型固体火箭发动机必将成为各航天大国发展的重点。本书紧跟技术发展前沿，介绍的大型固体火箭发动机主要指的是用于运载火箭主动力及助推器的固体火箭发动机，该类型的发动机一般直径不小于 3 m、装药量在几十吨甚至几百吨。

1.2 大型固体火箭发动机组成及类型

固体火箭发动机结构组成、工作原理等与发动机尺寸规模等无关。考虑发动机的使用环境、性能要求、工作过程面临的力热等载荷工况，大型固体火箭发动机在结构设计、材料选型、性能分析、质量评估检测等方面，有相对较多的不可控因素，从而加大其研制风险，同时随着固体火箭发动机大型化，制造工艺的可实现性和质量稳定性也是其研发考虑的重点。

1.2.1 结构组成

固体火箭发动机主要由燃烧室壳体、固体推进剂药柱、绝热层、喷管、点火装置、燃气通道组成，如图 1.2 所示，根据需要，某些发动机的组成还包括推力矢量控制和安全点火机构。各组成部分通过螺栓或者螺纹连接形式装配在一起，组成固体火箭发动机整体结构。

固体火箭发动机的工作过程是[1]：通过点火器（点火装置）将主装药点燃，主装药燃烧，其化学能转变为热能，形成高温高压燃气，然后通过喷管加速流动，膨胀做功，进而将燃气的热能转换为动能，当超声速气流通过喷管排出时，其反作用力推动火箭飞行器前进。固体火箭发动机能量转换过程示意图如图 1.3 所示。

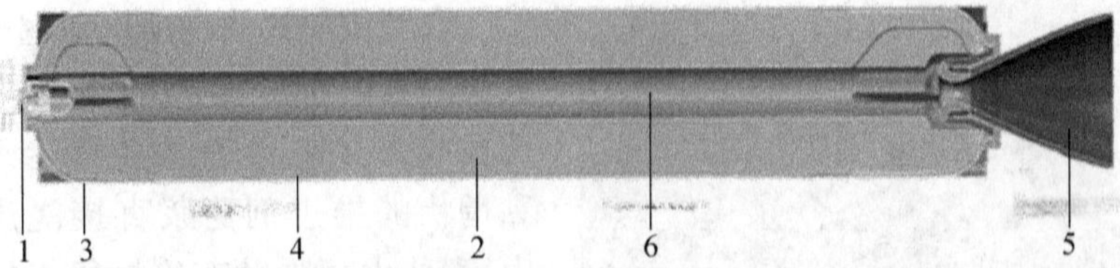

图 1.2 典型固体火箭发动机组成

1 -点火装置;2 -固体推进剂药柱;3 -燃烧室壳体;4 -绝热层;5 -喷管;6 -燃气通道

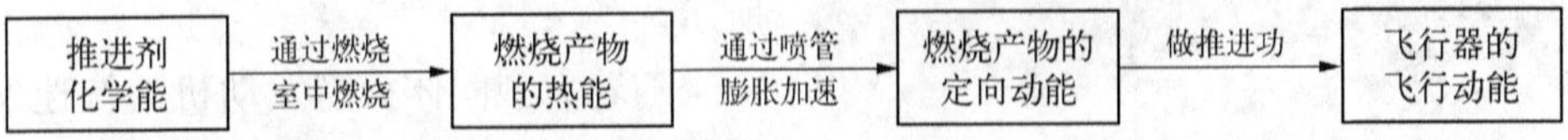

图 1.3 固体火箭发动机能量转换过程示意图

1. 燃烧室壳体

燃烧室壳体(简称壳体)是推进剂装药的储存装置和发动机工作时的承压装置,是运载火箭结构的重要组成部分,可采用金属材料(高强度钢)或纤维缠绕复合材料(玻璃纤维、凯芙拉纤维、碳纤维)制成;壳体应能承受发动机工作时产生的内压和外载荷,并应具有足够的安全系数。

1) 金属壳体

金属壳体多采用各种类型的钢,如 D6AC、D406A、30CrMnSiA 等。这些钢的主要特性是机械强度很高,一般超过 1 000 MPa,且易于成型。对于大型固体火箭发动机,圆筒段所用的制造方法有两种: ① 长钢板卷焊,需要纵向焊接;② 毛坯锻件旋压,可防止产生焊接缺陷,并可使壳体厚度逐渐变化。

2) 复合材料壳体

复合材料壳体使用的是由纤维(玻璃纤维、凯芙拉纤维、碳纤维)和基体(环氧型、聚酯型、热塑性树脂)缠绕成型的复合结构制品。减轻大型固体火箭发动机系统的结构重量、提高其质量比、开展发动机的总体优化,对于提升火箭的运载能力尤为重要和迫切。由于金属材料的比强度、比刚度等特性低于纤维增强复合材料,在性能需求较高的场合,应采用玻璃纤维/环氧、凯芙拉/环氧、碳纤维/环氧等复合材料。

随着固体火箭发动机直径的增加,发动机研制难度将呈几何倍数上升。对于大型固体火箭发动机而言,纤维增强复合材料由于其比强度大、比模量高及材料性能的可设计性等诸多优点,已成为壳体材料的主流选择。其中,通过采用碳纤维复合材料壳体,可以实现发动机质量比的大幅提升,如欧洲的 P80、P120C 发动机等,均是采用碳纤维复合材料壳体。

2. 固体推进剂药柱

固体推进剂既是固体火箭发动机的能源,又是工质源。它在燃烧室中燃烧,将推进剂的化学能释放出来,转换为热能,以供进一步的能量转换。

图 1.4 贴壁式浇注星槽型推进剂药柱

大型固体火箭发动机普遍采用能量较高的复合推进剂，常采用贴壁浇注式药柱成型方式，即在发生聚合反应前把黏稠状的推进剂药浆直接浇注在壳体内，壳体内预先贴有绝热层、衬层（有时还贴有人工脱粘层），使其固化成型。贴壁式浇注星槽型推进剂药柱如图 1.4 所示。

随着大型固体火箭发动机的快速发展，发动机的直径、装药量不断地增大。目前，美国一次装药量已突破 100 t，欧洲 P120C 发动机一次装药量更是达到了 142 t。如何解决大吨位装药的药柱结构完整性是未来装药量提升的关键，对此，一方面可以从装药设备入手，例如，发展连续装药技术，建立连续装药生产线；另一方面可以从工艺入手，在现有设备基础上，创新装药形式，将贴壁浇注与装填式装药技术相结合，采用化整为零的思维，利用模块化装药技术突破发动机装药量的限制。

3. 绝热层

推进剂药柱的燃烧温度高达 2 000~4 000 K，因而必须对壳体内表面进行热防护。内绝热层设计包括以下四个主要步骤：

（1）内绝热层环境分析：包括推进剂燃气性质、内腔气动力等；

（2）材料选择：在模拟发动机工作条件下进行缩比试验，以对材料进行评估；

（3）确定壳体不同部位承受高温所需的绝热层厚度；

（4）确定能承受壳体和推进剂药柱机械应变所需的绝热层尺寸和厚度。

在气流烧蚀较高的部位（壳体内壁附近高速气流区），可以使用耐热树脂（酚醛、聚酰胺）预浸渍的石棉、高硅氧、碳纤维等致密甚至是刚性的材料，但目前弹性体材料已越来越多地取代了这种材料。弹性体材料通过添加增强填料，使绝热性能得到明显地改进。这些增强填料可以是纤维状的（如高硅氧纤维、凯芙拉、碳纤维），也可以是粉末状的（如高硅氧、碳）。绝热层密度可以各不相同，以便减轻发动机消极质量。

壳体圆筒段绝热层在推进剂燃烧末期才会裸露出来，它可以采用一种含填料较少的橡胶衬层。衬层的主要作用是保证推进剂与壳体绝热层之间具有良好的粘接。

4. 喷管

喷管是将热能转换成动能的装置，位于燃烧室尾部，内通道形状称为型面，包括三个基本部分，如图 1.5 所示。

(1) 收敛段,其作用是引出推进剂燃气。

(2) 喉部,喉部尺寸的选择决定着火箭发动机的工作点,控制燃烧室压强和燃气质量流率。

(3) 扩散段,其作用是使燃气在膨胀过程中增大速度,从而提高其推进效率。

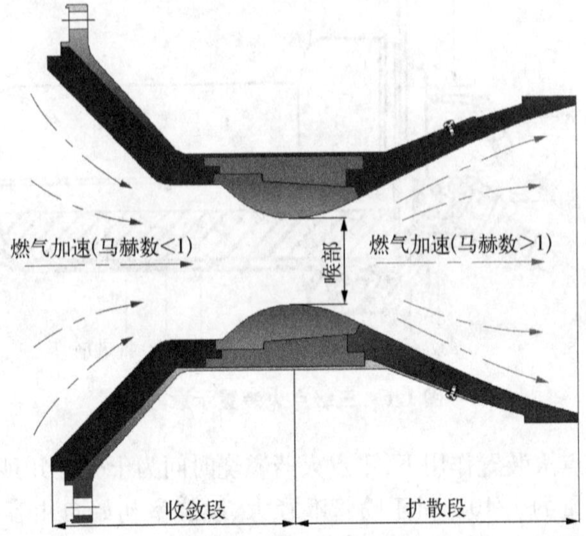

图 1.5　喷管组成示意图

喷管的主要功能:

(1) 通过控制喉部面积的大小来保证燃烧室具有一定的工作压强,进而保证稳定燃烧;

(2) 将燃烧产生的高温高压气体的热能转换成动能,燃气以高速从喷口排出,从而产生推力;

(3) 改变推力方向,控制火箭的飞行姿态。

由于喷管始终受到高温、高压和高速燃气流的传热与烧蚀,需要在相应的内表面上采用耐高温抗烧蚀的材料或相应的防热防烧蚀的措施。对于大型固体火箭发动机,其喷管的单位秒流量大、热流密度高,因此,对抗烧蚀结构的可靠成型提出了更高的要求,其中喷管喉部的热防护是喷管设计的最大难题,因为最大的热传递发生在喉部。

5. 点火装置

点火装置的作用是给推进剂表面提供必要的能量以引发推进剂的燃烧,并使发动机按预定要求进入正常工作。为保证一定的点火能量,使发动机药柱迅速点燃,大型固体火箭发动机多采用火箭式点火装置,整个点火系统一般可以分为三级,如图 1.6 所示。

（1）点火器：把点火信号（冲击、电脉冲、光等）转变为烟火剂的稳态燃烧。

（2）药盒：在发火管和主点火药之间进行火焰传递。

（3）主点火药：点燃主发动机推进剂药柱。

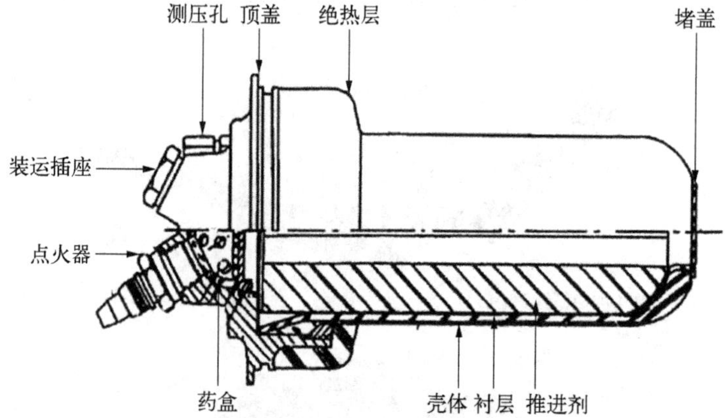

图 1.6 三级点火装置示意图

在这种三级点火装置作用下，主点火药燃烧时间为十分之几秒，流量约为发动机推进剂燃气流量的 1/10。对于喷管喉径大、燃烧室初始自由容积大、点火延迟时间要求短的大型固体火箭发动机，在三级点火的基础上，可增加一级主点火药以提高点火可靠性，对点火能量进行再放大，如印度 PS－1 固体火箭发动机点火装置、日本 M－14 固体火箭发动机点火装置等，典型示意图见图 1.7。

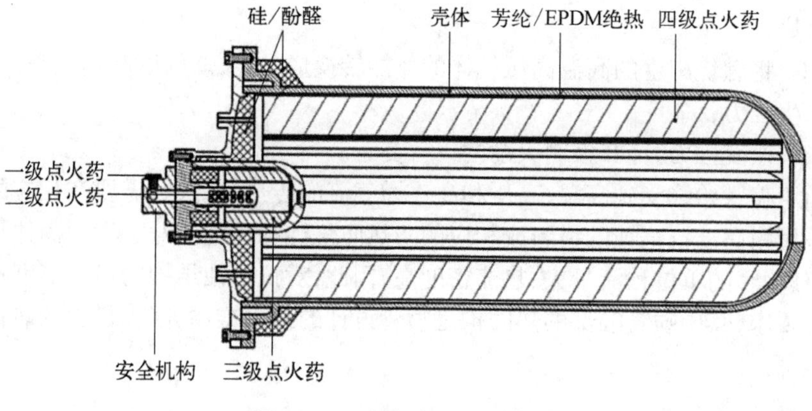

图 1.7 四级点火装置示意图

1.2.2 典型分类

固体火箭发动机的分类形式有多种，例如，可以根据喷管结构形式的不同，分为潜入喷管固体火箭发动机、非潜喷管固体火箭发动机等；可以根据壳体材料的不同，分为金属壳体固体火箭发动机、复合材料壳体固体火箭发动机；可以根据喷管的控制方式，分为固定喷管固体火箭发动机、摆动喷管固体火箭发动机等。对于大型固体火箭发动机，一般根据装药燃烧室结构形式进行分类，包括分段式固体火箭发动机和整体式固体火箭发动机。

分段式固体火箭发动机是指把发动机燃烧室分成若干段，每段有各自的壳体、绝热结构和推进剂药柱等，见图 1.8 和图 1.9，最前段带有前封头部分，最后段带有后封头及与喷管连接的部分，各段之间通过密封连接结构组成整体。分段式可以解决大型固体火箭发动机装药和运输方面的困难，通过增加中间段可实现大吨位装药，进而实现发动机的大推力和运载能力的提升。但是，分段对接的结构使得分段式固体发动机面临质量比低、工艺设备要求高等问题，主要应用于运载火箭助推级，例如，"大力神-4B"运载火箭改进型固体助推器(solid rocket motor upgrade, SRMU)、航天飞机固体火箭助推器(solid rocket booster, SRB)、SLS 固体助推器等。

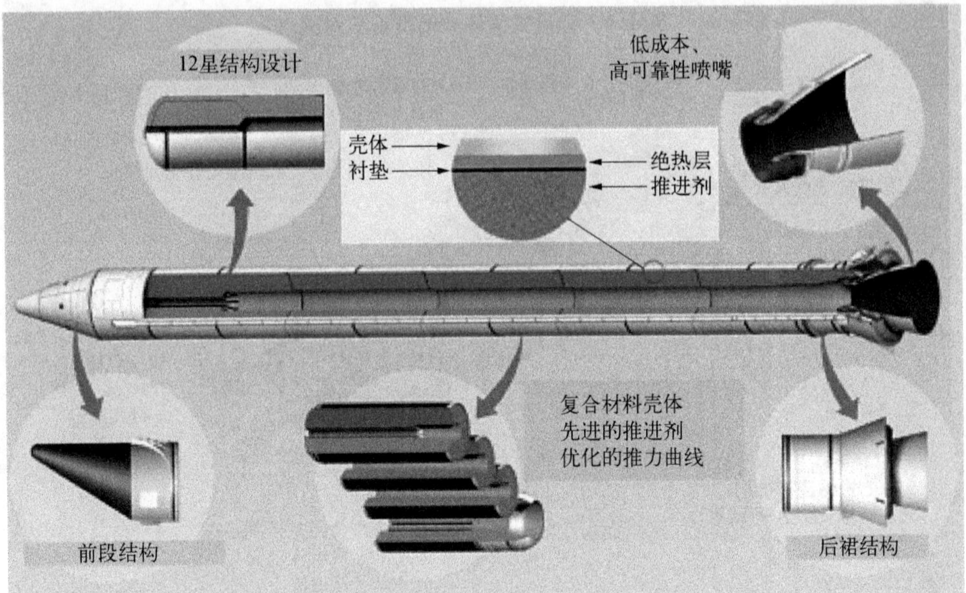

图 1.8 分段式固体火箭发动机示意(美国 SLS 固体助推器)

顾名思义，整体式固体火箭发动机燃烧室壳体为一个独立的结构，整体加工成型，制造后推进剂一次浇注固化成型，见图 1.10。相对于分段式固体火箭发动机，整体式固体发动机无须解决分段对接、绝热对接等技术难题，因此，在可靠性、质量比、制造成本等方面具有一定的优势。当前，各固体武器装备、固体运载火箭等所使用的发动机均为整体式固体火箭发动机，并且随着大型制造设备和能力的发展、

图 1.9 分段式固体火箭发动机对接

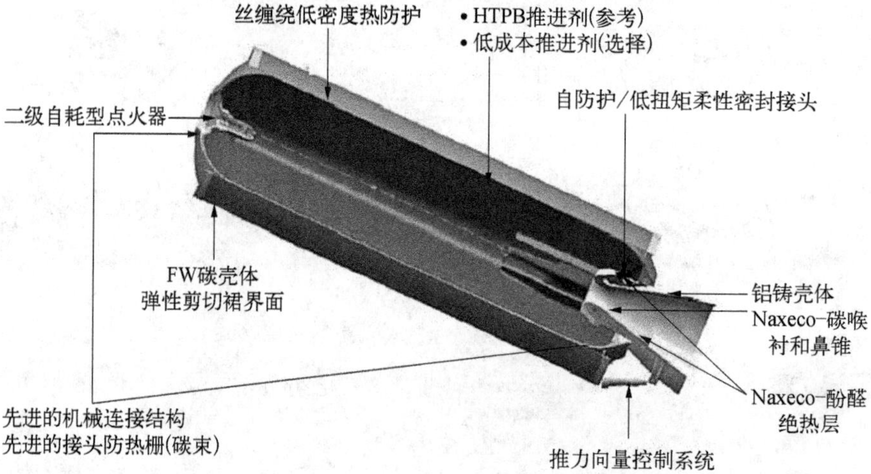

图 1.10 整体式固体火箭发动机示意(欧洲 P80 固体火箭发动机)

装药技术的进步,整体式固体火箭发动机的研制逐渐受到各国重点关注,取代分段式固体火箭发动机的趋势越来越明显。

1.2.3 主要优缺点

大型固体火箭发动机的主要优点如下所示。

(1) 结构简单。与其他直接反作用式喷气推进动力装置相比,这是一个最大、最基本的优点。固体火箭发动机零部件的数量最少,部件的结构形状也并不复杂,且除了喷管的推力矢量控制装置,没有转动的部件,生产制造相对容易。

(2) 易实现大推力。相较于液体火箭发动机,固体火箭发动机具有易于实现大推力、研制周期短的特点,是快速提高火箭运载能力的有效途径。例如,俄罗斯研制的世界上最大推力液体发动机 RD－171 的推力接近 800 t,研制时长耗费约 11 年;而美国航天飞机固体助推器推力高达 1100 t,研制耗时仅 4 年;新研制的 SLS 固体助推器,最大推力更是达到了 1 600 t 级。

(3) 使用方便。由于固体火箭发动机是预先装填好的完整的动力装置,且结构简单,平时的维护、运输比较简便,可以装在车上、船上或飞机上,机动性很好,发射工作也很简单,只要接通点火电源就可以起动。

(4) 工作可靠性高。由于大型固体火箭发动机的结构简单、零部件少,出现故障的机会少,所以它具有较高的可靠性。根据美国航天飞行历史数据统计,固体火箭发动机成功率达 99.46%,见表 1.1,这对于高性能的动力装置来说,是一个很高的数字[2]。

表 1.1 美国航天飞行历史上的(1964~1999 年)固体火箭发动机可靠性分析

类 型	故障次数	总发射次数	故障率/%	成功率/%
上面级	10	627	1.59	98.41
整体式	6	2 464	0.24	99.76
分段式	3	402	0.75	99.25
总 计	19	3 493	0.54	99.46

大型固体火箭发动机的主要缺点如下。

(1) 能力水平较低。发动机比冲是表征发动机能量水平的重要技术指标,目前固体火箭发动机的比冲相对较低,局限于 3 000 m/s 以下。固体火箭发动机要实现高能高性能,需通过创新固体火箭发动机设计理念,持续研究新型高能推进剂和先进的功能材料,不断地提升工艺和制造水平,从而在能量水平上达到 3 000 m/s 以上,以满足未来发展需求。

(2) 工作时间较短。固体火箭发动机工作时间较短,主要有两方面的限制:一是受热部件通常没有冷却,在高温、高压和高速气流条件下只能短时间工作。虽然可以采用耐热材料和各种热防护措施,但工作时间仍受较大限制;另一方面是受装药尺寸的限制,燃烧时间不能太长。固体火箭发动机最适合短时间大推力的任务。因此,时间过长的工作任务是不适合固体火箭发动机应用的。

（3）可控性能较差。固体火箭发动机一经点燃，不能随意熄火和再起动，只能按照预定的推力方案进行工作，直至燃烧结束。因此，固体火箭发动机很难根据临时的需要人为地调节推力的大小，或实现多次重复起动。在推力矢量控制方面，主要采用柔性喷管、球窝喷管、二次喷射等方案实现俯仰、偏航控制，无法实现滚动控制。

1.3 大型固体火箭发动机发展现状

大型固体火箭发动机结构简单、可靠性高、机动性好、易实现大推力，是实现大型、重型运载火箭大起飞推力的重要途径之一。纵观世界航天强国运载火箭技术的发展历程，固体火箭发动机一直在航天运载领域占据相当的比例和具有独特优势，特别是在运载火箭助推器方面获得成功的应用和发展，目前国外捆绑运载火箭中固体助推器约占 81%，特别是大型、重型运载火箭的发展几乎都将固体火箭发动机作为助推级的首选动力。

1.3.1 整体式固体火箭发动机

整体式固体火箭发动机应用于运载火箭可追溯至 20 世纪 50 年代，美国把导弹技术向航天领域转化，相继出现了“飞马座”“金牛座”“雅典娜”“米诺陶”等运载火箭[3,4]。“飞马座”“雅典娜”都采用三级直径相同的固体火箭发动机，至今“飞马座”执行了 40 余次任务；“雅典娜”在 2001 年退役，2012 年被再次启用。“金牛座”采用四级固体火箭发动机，一级直径最大，二至四级直径相同，它在 2009 年和 2011 年连续 2 次任务中发射失利，直到 2021 年其升级版“安塔瑞斯”才发射成功。“米诺陶”执行过 25 次航天活动，成功率为 100%，现有 5 种成熟型号。俄罗斯研制的“起飞号”运载火箭采用四级全固体火箭发动机，1993 年试飞失败，1997 年将美国商业卫星送入预定轨道。欧洲自 20 世纪 90 年代以来，一直致力于大型整体式、高性能固体火箭发动机的研发，1998 年开展了用于小载荷运载的“织女星”固体火箭项目，“织女星”火箭前三级为固体火箭发动机，2012 年首飞成功，至今执行过 17 次任务；该运载火箭的一级发动机为 P80，具有较高的性能，直径 3 m、装药量 88 t、质量比 0.923，采用整体式复合材料壳体。在该发动机技术的基础上，欧洲进行固体动力技术的持续创新，2018 年 7 月，完成 P120C 发动机地面试车，该发动机仍然采用高性能复合材料壳体，直径 3.4 m、高 13.4 m、装药量 142 t、推力 470 t，见图 1.11。此外，日本也不断地探索航天技术，2013 年成功发射了拥有三级固体火箭发动机的低成本“艾普斯龙”运载火箭。整体式固体火箭发动机的性能参数如表 1.2 所示。

图 1.11 欧洲 P120C 固体火箭发动机

表 1.2 整体式固体火箭发动机的性能参数

运载火箭	技术指标				发动机参数				首飞年份	国家/地区
	全长/m	直径/m	起飞质量/t	起飞推力/kN	属性	一级发动机	二级发动机	三级发动机		
"飞马座"	15.50	1.27	18.89	498.2	类型	固体	固体	固体	1990	美国
					长度/m	7.44	2.29	0.83		
					直径/m	1.27	1.27	1.27		
					推力/kN	508.0	137.0	41.0		
					时间/s	76.0	71.0	64.0		
"起飞号"	22.70	1.80	47.20	980.0	类型	固体	固体	固体	1993	俄罗斯
					长度/m	8.10	4.60	3.90		
					直径/m	1.80	1.55	1.34		
					推力/kN	890.0	490.0	245.0		
					时间/s	—	—	—		

续 表

运载火箭	技术指标				发动机参数				首飞年份	国家/地区
	全长/m	直径/m	起飞质量/t	起飞推力/kN	属性	一级发动机	二级发动机	三级发动机		
“金牛座”	27.60	2.36	72.58	1 703.00	类型	固体	固体	固体	1994	美国
					长度/m	7.72	7.44	2.29		
					直径/m	2.36	1.27	1.27		
					推力/kN	1 703.00	486.70	122.80		
					时间/s	83.00	72.30	71.40		
“雅典娜”	28.20	3.05	120.20	—	类型	固体	固体	固体	1995	美国
					长度/m	9.02	9.02	3.17		
					直径/m	2.34	2.34	2.34		
					推力/kN	1 555.0	1 606.0	188.00		
					时间/s	82.70	85.90	154.00		
“米诺陶”	19.17	1.67	36.20	—	类型	固体	固体	固体	2000	美国
					长度/m	7.49	4.12	3.07		
					直径/m	1.67	1.33	1.28		
					推力/kN	792.00	267.70	158.00		
					时间/s	61.30	66.00	71.00		
“织女星”	30.00	3.00	137.00	—	类型	固体	固体	固体	2012	欧洲
					长度/m	11.70	7.50	3.50		
					直径/m	3.00	1.90	1.90		
					推力/kN	2 200.00	871.00	260.00		
					时间/s	110.00	77.00	120.00		
“艾普斯龙”	24.40	2.50	91.00	—	类型	固体	固体	固体	2013	日本
					长度/m	11.70	4.30	2.30		
					直径/m	2.60	2.60	1.40		
					推力/kN	2 271.00	372.00	99.80		
					时间/s	116.00	140.00	90.0		

1.3.2　分段式固体火箭发动机

美国早在20世纪60年代就开始应用分段式固体发动机作为大型、重型运载火箭的助推器，并形成了："大力神"系列、"宇宙神"系列、航天飞机和"战神"系列，直径范围为Φ3.05 m～Φ3.70 m[4,5]。SRMU主要用于"大力神-4B"运载火箭，发动机总长约34.1 m、直径约3.2 m、推进剂质量为312 t，分3段，采用IM7石墨纤维/环氧复合材料壳体，使运载火箭的有效载荷能力增加25%以上。RSRM主要用于航天飞机，助推器总长约38.4 m、直径约3.71 m、推进剂质量为503 t，燃烧室分4段，发动机壳体采用D6AC高强度钢材料，设计重复使用次数为20次，是世界上第一个可重复使用的固体发动机。航天发射系统(SLS)固体助推器和下一代发射系统(Next Generation Launch, NGL)固体运载火箭的固体发动机Castor300/600/1200是由RSRM改进而来的。其中，SLS助推器主要改进内容是：增加第五段提高火箭运载能力；采用先进的橡胶绝缘隔热材料包裹金属壳体；增大喷管适应更大内部压力等。改进后SLS助推器总长约54 m，装药量达到约630 t，工作时间为126 s，推力达到了1 600 t级，于2022年11月完成首飞，该发动机是目前研制并成功飞行的最大固体火箭发动机(图1.12)。

图1.12　SLS助推器试车

从20世纪70年代开始，欧洲、日本也纷纷开展大型分段式固体火箭发动机的研制，分别形成了"阿里安"系列固体发动机和H系列运载火箭固体助推器，并成为大型分段式固体火箭发动机应用较多的国家。欧洲航天局主要使用的"阿里安5"运载火箭P230固体助推器，其尺寸和性能与"大力神-4B"助推器相似，直径约为3.05 m，长26.77 m，装药量达237 t，分为3段；日本的H-2运载火箭固体助推器，直径为1.8 m，长23.4 m，分4段，装药质量为59 t。

印度也十分重视发展固体火箭发动机技术，其大型固体火箭发动机的典型代表为 PS-1 发动机（极轨卫星 PSLV 运载火箭一级）和 S-200 发动机（地球同步卫星运载火箭 GSLV MK-Ⅲ重型运载火箭助推器），其中 S-200 发动机直径达 3.2 m、装药量达到 200 t，最大推力达 500 t 级，性能参数居于世界前列（图 1.13）。依靠大型固体助推发动机的技术优势，印度运载火箭能力在短期内得到快速提升。

图 1.13 印度 S-200 固体发动机

分段式固体火箭发动机的性能参数如表 1.3 所示。

表 1.3 分段式固体火箭发动机的性能参数

参数	型号					
	航天飞机 SRB	SLS 助推器	"阿里安 5"助推器	"大力神-4B"助推器	印度 PS-1 发动机	印度 S-200 发动机
直径/mm	3 710	3 710	3 050	3 200	2 804	3 270
长度/mm	38 430	53 950	26 774	34 140	20 348	25 750
总质量/t	569.6	721.8	268	350.6	145	238
装药量/t	503.6	628	237	312.0	127	207
质量比	0.884	0.87	0.884	0.89	0.876	—
平均推力/kN	11 530	16 017.1	4 696.4	7 560.43	3 463	3 578.2
工作时间/s	123	126	—	140	100	—
燃烧时间/s	111.7	—	132.6	128	94	103
推进剂	PBAN	PBAN	HTPB	HTPB	HTPB	HTPB

续 表

参 数	型 号					
	航天飞机 SRB	SLS 助推器	“阿里安5” 助推器	“大力神-4B” 助推器	印度PS-1 发动机	印度S-200 发动机
喷管喉径/mm	1 384	—	900	812.8	836	—
喷管扩张比	7.16	7.2	9.86	15.7	8	—
分段数	钢壳体,分4段	钢壳体,分5段	钢壳体,分3段	复合壳体,分3段	钢壳体,分5段	钢壳体,分3段

综上所述,世界各航天大国均在大型固体火箭发动机领域加大了技术研发力度。基于国外固体火箭发动机发展现状,国外已应用的固体火箭发动机已实现3.7 m及以下直径尺寸的覆盖,最大推力达到1 600 t级,所应用的固体火箭发动机发展应用成熟,并实现了系列化和组合化。

1.3.3 国内固体火箭发动机发展

历经50多年的建设和发展,我国固体火箭发动机技术已达到较高水平,在武器装备、探空火箭、运载火箭和卫星上都得到了成功的应用,形成了发动机直径尺寸2 m及以下的覆盖。随着我国航天事业的快速发展,大型固体火箭发动机作为重型、大型运载火箭助推级的首选动力,直接用作芯级趋势明显。对此,我国逐步加大大型固体火箭发动机技术攻关和产品研制力度,以满足重型、大型运载火箭运输能力提升的迫切需求。

2013年9月,“快舟一号”固体运载火箭在酒泉卫星发射中心发射成功,是我国首个具有快速集成、快速入轨能力的小型固体运载火箭,该火箭一级固体火箭发动机直径为1.4 m、质量为16.6 t、燃烧时间为65 s、比冲为240 s。2015年9月,我国“长征十一号”固体运载火箭首飞成功,一级固体火箭发动机直径为2 m,最大平均推力为120 t,采用高强度钢壳体,质量比为0.88。为适应商业航天市场发射需求,2016年9月,我国“快舟十一”固体运载火箭一级发动机地面试车成功,发动机直径为2.2 m、总长为9.7 m、装药量为45 t,试车验证了大尺寸碳纤维复合壳体、大流量喷管、大吨位装药等关键技术,实现了大尺寸碳纤维复合壳体发动机技术工程应用的跨越式提升。2019年,我国研制的直径为2.65 m、推力为200 t级的整体式固体火箭发动机试车取得成功,并成功应用于“捷龙三号”“引力一号”“力箭一号”运载火箭;同年,我国推力500 t级商业航天固体火箭发动机试车成功,为当前我国直径最大、推力最大的固体火箭发动机,采用多项原创性、引领性技术方案,攻克了新型装药工艺与材料制备等关键技术。2021年完成直径3.5 m整体式固体火箭发动机试车,该发动机将应用于“捷龙四号”等中型运载火箭。

在分段式固体发动机方面，直径 2 m/2 段式固体发动机作为我国新一代中型运载火箭“长征六号甲”固体助推器，成功完成了 3 次发射；直径 3 m/2 段式、3.2 m/3 段式固体发动机也相继试车成功，其中 3.2 m 分段式固体火箭发动机是我国研制的国内直径最大、装药量最多的分段式固体发动机[6]。目前，正在开展直径 3.5 m 分段式固体发动机研制，满足发动机推力千吨级能力要求。

1.4 大型固体火箭发动机发展趋势

随着科技进步和宇航技术的蓬勃发展，世界各航天大国加大了太空探索的投入力度，世界各国对地球卫星轨道的争夺也日渐激烈，这些都对进入空间能力提出了更高的要求。一方面要求航天运载能力的升级，美国政府提出的登陆火星计划，我国提出的实施月球探测工程、火星探测及载人航天任务等重大工程项目，对火箭的运载能力提出了更高要求；另一方面要求航天运载响应能力的升级，小卫星市场的蓬勃发展及军事航天领域对快速进入空间的迫切需求，使得具有快速响应、机动性强、成本低等特点的大型固体运载火箭成为世界主要航天大国发展的重点之一。从目前航天领域的形势来看，发展大型、重型运载火箭是一个国家迈向航天强国的必然途径，大推力、轻质化、低成本、高可靠是大型固体动力系统的重点发展方向，且大型固体火箭发动机呈现出一系列技术特点和发展趋势，主要体现在以下几方面[5]。

(1) 大型固体发动机直接用作运载火箭芯级受到各国重视。大型固体发动机用作运载火箭芯级，可有效地减少发动机的并联数，进而可以提高大型运载火箭的可靠性。因此，作为大重型运载火箭发展途径之一，芯级使用固体发动机逐渐受到各航天强国的重点关注。

目前已经投入使用的、芯级使用固体发动机的大中型运载火箭为欧洲“织女星”运载火箭、日本 M－V 运载火箭、印度 PSLV 运载火箭等。国外其他已规划论证的大型固体运载火箭主要包括美国“战神－1”运载火箭、NGL 系列运载火箭等(图 1.14)。其中，NGL 是由美国科学轨道公司(2017 年该公司被诺斯罗普·格鲁曼公司收购)为美国空军研制的一型面向大中型有效载荷发射的固体运载火箭，规划了起飞推力为 600 t 和 1 000 t 量级的两种型号，均采用两级固体动力加一级液体动力的三级构型。

(2) 为满足未来运载火箭发展，大推力固体发动机的规模不断增大。随着设备能力的提升及更高运载能力的需求，发展更大直径的固体发动机也被提上日程。NASA 在《2015 技术路线图草案》中计划在 2030 年前发展直径为 4 m 的复合材料壳体发动机，实现推力达到 2 000 t 的目标要求，并降低消极质量和成本。欧洲提出了一种装药量 500 t 级的大型固体发动机(P500)，该发动机采用碳纤维壳体、

图 1.14 美国 NGL 固体运载火箭

HTPB 推进剂和柔性喷管，直径为 4.6 m，长度为 25 m，推进剂质量为 450 t，真空比冲为 2 744 N · s/kg，消极质量为 30.0 t。

(3) 整体式固体发动机取代分段式固体发动机趋势明显。分段式固体发动机通过中间段增加可实现大吨位装药，进而实现发动机的大推力和运载能力的提升。但是，分段对接的结构使得分段式固体发动机面临质量比低、工艺设备要求高等问题。整体式固体发动机无须解决分段对接、绝热对接等技术难题，在可靠性、质量比、制造成本等方面优势明显。基于此，日本 H－2A 运载火箭在 H－2 运载火箭的基础上，采用装药量为 66 t、质量比为 0.86 的整体式固体发动机来取代 H－2 运载火箭装药量为 59 t、质量比为 0.84 的分段式固体发动机。“阿里安 6”运载火箭最终方案也是采用整体式 P120C 固体发动机来取代“阿里安 5”的分段式固体助推器 P230。

(4) 复合材料结构件在大型固体发动机的应用日益加重。随着高性能复合材料的发展，将具有高比强度、比模量的复合材料应用于固体发动机壳体或喷管，可显著提升发动机的性能和质量比。SRMU 采用 IM7 石墨纤维/环氧复合材料壳体，可使运载火箭的有效载荷能力增加 25%以上。升级版 SLS 助推器使用复合材料代替钢制外壳，相较于目前的助推器成本降低 40%、可靠性增加 24%，可使 SLS 的有效载荷发射能力从 130 t 提升至 150 t。P80 发动机使用碳纤维缠绕壳体，相较于其他 3 m 级钢壳体固体发动机，质量比有较大提升，达到 0.923。基于复合缠绕壳体的优点，ATK 公司新研的用于美国 NGL 的 Castor－300/600/1200 三型固体发动机、欧洲新研的 P120C 发动机、我国的 KZ－11 运载火箭固体发动机均是采用复合材料壳体。复合材料壳体的应用已然成为国际研究和开发应用的主要方向。

（5）为满足未来商业航天运载火箭发展，对发动机低成本研制需求迫切。为了实现可负担起的有效载荷的运输，满足商业航天发展需求，降低成本是固体运载火箭的必然发展趋势，而高可靠又对产品质量和技术水平提出了极高要求，其综合结果是尽量采用高效管理方法和成熟的技术，积极探索可以提升效率、降低成本的新工艺和新技术。以固体运载火箭为例，发动机成本占比超过1/3，降低发动机成本是降低全箭成本的有效方式。一方面，采用成熟材料、成熟工艺、通用化、自动化制造等措施降低成本；另一方面，考虑全寿命周期成本优化。同时，应考虑重复使用技术在固体火箭发动机上的应用，达到降低成本的目的。

参考文献

[1] 唐金兰，刘佩进，胡松启，等. 固体火箭发动机原理[M]. 北京：国防工业出版社，2013.

[2] 克劳迪奥·布鲁诺，安东尼奥·G·阿塞图拉. 先进的推进系统与技术：从现在到2020年[M]. 侯晓，等译. 北京：中国宇航出版社，2012.

[3] 马帅，郭健鑫，周磊，等. 固体火箭发动机技术发展综述[J]. 火箭推进，2023，49(2)：1－14.

[4] 田维平，王立武，王伟. 固体火箭发动机技术发展和面临的关键技术问题[J]. 固体火箭技术，2021，44(1)：4－8.

[5] 武丹，陈文杰，司学龙，等. 大型固体火箭发动机发展趋势及关键技术分析[J]. 武汉大学学报(工学版)，2021，54(2)：102－107.

[6] 陈莎，刘杨，陈宏. 我国自主研制的最大分段式发动机试车成功[J]. 固体火箭技术，2021，44(1)：1－3.

第2章 固体火箭发动机的主要性能参数

为了完成预定的飞行任务,运载火箭总体要对固体火箭发动机提出一系列的要求,如性能参数、工作条件及外形尺寸等。固体火箭发动机的性能参数主要有推力、总冲和比冲等。在工程应用中经常用比冲来评定推进剂的能量特性和发动机的设计质量。本章的主要任务就是揭示发动机性能与推进剂性质、设计参数(燃烧室压强等)、发动机结构(尺寸和形状)、工作条件(使用温度、工作高度)等之间的关系。

固体火箭发动机的实际工作过程十分复杂,为了运用热力学和气体动力学的基本理论找出固体火箭发动机各性能参数间的定量关系,必须把固体火箭发动机复杂的实际过程加以简化,建立一个便于进行理论分析的物理模型。为此,在固体火箭发动机性能参数分析时作如下假设[1]。

(1) 燃气是完全气体。因为推进剂燃烧产物温度很高(2 000~4 000 K),而燃烧室压强不太高(一般为 3~20 MPa),所以它的性质很接近完全气体。

(2) 在整个固体火箭发动机的燃烧室和喷管中,燃气的成分是均匀的、不变的,比热容也不随温度变化。

(3) 燃气在喷管中的流动为一维定常流。所有参数只沿发动机轴向变化,而不随时间变化。

(4) 燃烧室是绝热的,燃气在喷管中的流动是等熵的,即忽略散热损失和摩擦损失。

(5) 喷管入口处气流速度为零。

在以上假设基础上,本节给出固体火箭发动机各个性能参数的定义及计算公式,并分析影响发动机各个性能参数的主要因素。

2.1 喷气速度

喷气速度就是喷管出口截面上气流通过的速度。根据前面的假定,燃气在喷管中的流动是完全气体的一维定常等熵流动过程。将气体绝能流动能量方程用于

喷管进、出口截面,可以推导出喷气速度计算式为

$$u_e = \sqrt{\frac{2k}{k-1}\frac{R_0}{\bar{m}}T_f\left[1-(p_e/p_c)^{\frac{k-1}{k}}\right]} \tag{2.1}$$

式中, k 为比热比; R_0 为通用气体常数 [$R_0 = 8.314$ J/(mol · K)]; $\bar{m}$ 为燃气平均分子量(单位为 g/mol); T_f 为推进剂绝热燃烧温度(单位为 K); p_e/p_c 为喷管出口燃气压强与喷管入口燃气压强的比值。

当喷管出口截面处燃气压强 $p_e = 0$ 时,喷气速度达到极限值,称为极限喷气速度 u_L。

2.2 特 征 速 度

在发动机稳定工作条件下,通过喷管任意截面的每秒燃气质量流率相等,并等于推进剂的每秒消耗率。超声速拉瓦尔喷管喉部为临界截面,临界截面处气流速度恰为声速,是一个特征截面,因此,取这个截面上的气流参数来计算喷管质量流率(单位为 kg/s),其计算式为

$$\dot{m} = \frac{\Gamma}{\sqrt{RT_f}}p_c A_t \tag{2.2}$$

式中, $\Gamma = \sqrt{k}\left(\frac{2}{k+1}\right)^{\frac{k+1}{2(k-1)}}$; R 为燃气气体常数 $\left(R = \frac{R_0}{\bar{m}}\right)$; p_c 为喷管入口燃气压强(单位为 Pa); A_t 为喷管喉部截面处的横截面积(单位为 m^2)。

为了计算方便,把影响比较小的和变化不太大的值综合为一个常数,式(2.2)可以写为

$$\dot{m} = C_D p_c A_t \tag{2.3}$$

式中, C_D 为流量系数(s/m),其定义式为

$$C_D = \frac{\Gamma}{\sqrt{RT_f}} = \frac{\sqrt{k}}{\sqrt{RT_f}}\left(\frac{2}{k+1}\right)^{\frac{k+1}{2(k-1)}} \tag{2.4}$$

由式(2.4)可见,流量系数反映了燃烧产物的热力学性质,主要由推进剂组分决定。

在固体火箭发动机理论中,应用流量系数 C_D 的倒数 c^* 更为方便,意义也更明确一些。c^* 的定义是

$$c^* = \frac{1}{C_D} = \frac{\sqrt{RT_f}}{\Gamma} = \frac{1}{\Gamma}\sqrt{\frac{R_0}{\bar{m}}T_f} \tag{2.5}$$

因为 c^* 具有速度的量纲(m/s),故把 c^* 称为特征速度。它的值取决于推进剂燃烧产物的热力学特性,即与燃烧温度、燃烧产物的气体常数(或平均分子量 $\bar{m}$)和比热比 k 值有关,而与喷管喉部下游的流动过程无关。因此,它是度量燃烧室中推进剂化学能转变为热能的有效程度的参数,即反映燃烧过程的参数。c^* 值越大,表明推进剂的能量越高,相应的喷气速度也越高。一般大型固体火箭发动机所使用的复合推进剂的特征速度 c^* 为 1 500~1 800 m/s。

2.3　推　力

根据发动机内外表面上的压强分布,或者根据动量守恒定律,可以推导出发动机推力计算式为

$$F = \dot{m}u_e + A_e(p_e - p_a) \tag{2.6}$$

式中,$\dot{m}$ 为喷管的质量流率(单位为 kg/s);u_e 为喷气速度(单位为 m/s);A_e 为喷管出口截面处的横截面积(单位为 m^2);p_e 为喷管出口截面处的燃气压强(单位为 Pa);p_a 为当地环境大气压强(单位为 Pa)。

由式(2.6)可以认为推力是由两部分组成的。

第一项 $\dot{m}u_e$ 称为动推力,其大小取决于喷管质量流率 $\dot{m}$ 和喷气速度 u_e。它是推力的主要部分,通常占推力的 90%以上,所以增大推力的主要途径是加大质量流率、提高喷气速度。

第二项 $A_e(p_e - p_a)$ 称为静推力,它是由喷管出口截面处燃气压强 p_e 和外界环境大气压强 p_a 不平衡产生的。不平衡的程度与喷管的工作状态(欠膨胀、完全膨胀、过膨胀)有关,即与喷管扩张面积比 A_e/A_t、发动机的工作高度有关。对于喷管结构尺寸、发动机工作参数等已确定的发动机,静推力随飞行高度的增加而增加。

下面是几个常用的、与推力有关的特征参数。

1) 真空推力

当发动机在真空中工作时(即 $p_a = 0$),此时的推力为真空推力 F_V:

$$F_V = \dot{m}u_e + A_e p_e \tag{2.7}$$

由式(2.7)可知,真空推力只取决于发动机内部的工作过程。若已知真空推力,则可用式(2.8)表示不同高度上的推力:

$$F = F_V - A_e p_a \tag{2.8}$$

2）地面推力

当发动机在海平面工作时，此时的推力为地面推力 F_0，一般可以通过发动机地面热试车来测定：

$$F_0 = \dot{m}u_e + A_e(p_e - p_{a0}) \tag{2.9}$$

式中，p_{a0} 为海平面的大气压强（单位为 Pa）。

不同高度上的推力可用地面推力 F_0 来表示：

$$F = F_0 + A_e(p_{a0} - p_a) \tag{2.10}$$

3）最佳推力

当喷管出口处的燃气压强 p_e 和外界大气压强 p_a 正好相等时，即 $p_e = p_a$ 时，式(2.6)可化简为

$$F^0 = \dot{m}u_e \tag{2.11}$$

式中，F^0 称为最佳推力。通常把 $p_e = p_a$ 的状态称为喷管的设计状态，对应的膨胀比称为最佳膨胀比。在固体火箭发动机的工作过程中，工作高度是在变化的，大气压强 p_a 也随之变化，因此，在一般情况下，$p_e \neq p_a$，仅在某一特定高度上才会出现 $p_e = p_a$ 的情况。这一特定的高度，通常称为固体火箭发动机的设计高度。

4）等效喷气速度

为便于分析，可将推力计算公式(2.6)改写为

$$F = \dot{m}\left[u_e + \frac{A_e}{\dot{m}}(p_e - p_a)\right]$$

令

$$u_{ef} = u_e + \frac{A_e}{\dot{m}}(p_e - p_a) \tag{2.12}$$

则

$$F = \dot{m}u_{ef} \tag{2.13}$$

式中，u_{ef} 称为等效喷气速度，即把固体火箭发动机推力计算式(2.6)中的动、静推力全部等效为动推力时所对应的喷气速度，因此，u_{ef} 是一个折算速度。

2.4 推力系数

将式(2.1)和式(2.2)分别代入式(2.6)，整理后可得

$$F = \frac{\Gamma}{\sqrt{RT_{\mathrm{f}}}} p_{\mathrm{c}} A_{\mathrm{t}} \sqrt{\frac{2k}{k-1} \frac{R_0}{\overline{m}} T_{\mathrm{f}} \left[1 - (p_{\mathrm{e}}/p_{\mathrm{c}})^{\frac{k-1}{k}} \right]} + A_{\mathrm{e}}(p_{\mathrm{e}} - p_{\mathrm{a}})$$

$$= p_{\mathrm{c}} A_{\mathrm{t}} \left[\Gamma \sqrt{\frac{2k}{k-1} \left[1 - (p_{\mathrm{e}}/p_{\mathrm{c}})^{\frac{k-1}{k}} \right]} + \frac{A_{\mathrm{e}}}{A_{\mathrm{t}}} \left(\frac{p_{\mathrm{e}}}{p_{\mathrm{c}}} - \frac{p_{\mathrm{a}}}{p_{\mathrm{c}}} \right) \right]$$

令

$$C_F = \Gamma \sqrt{\frac{2k}{k-1} \left[1 - (p_{\mathrm{e}}/p_{\mathrm{c}})^{\frac{k-1}{k}} \right]} + \frac{A_{\mathrm{e}}}{A_{\mathrm{t}}} \left(\frac{p_{\mathrm{e}}}{p_{\mathrm{c}}} - \frac{p_{\mathrm{a}}}{p_{\mathrm{c}}} \right) \tag{2.14}$$

便得

$$F = C_F p_{\mathrm{c}} A_{\mathrm{t}} \tag{2.15}$$

式中，C_F 为推力系数。C_F 值越大，说明燃气膨胀越完善，因此，它是表征喷管性能的参数。

对常用的固体推进剂来说，k 值变化不大；在一般情况下，P_{a} 远小于 P_{c}，因而 $\left(\frac{A_{\mathrm{e}}}{A_{\mathrm{t}}} \cdot \frac{p_{\mathrm{a}}}{p_{\mathrm{c}}} \right)$ 在数值上是比较小的，因此，影响推力系数 C_F 的主要因素是膨胀压强比 $p_{\mathrm{e}}/p_{\mathrm{c}}$ 和喷管扩张面积比 $A_{\mathrm{e}}/A_{\mathrm{t}}$。

当发动机工作高度变化时，如果始终要获得最大推力系数，那么必须让喷管面积比随高度变化，使喷管在任何高度上都处于设计状态（即完全膨胀状态）。但是这种可变面积比的喷管在结构上是难以实现的，所以目前仍然广泛使用固定面积比的喷管，因此，在发动机设计中，必须根据工作高度范围选择一个合适的喷管面积比 A_e/A_t。由于发动机设计高度越高，喷管越长、越大，进而造成喷管的尺寸和质量超过规定的限度，因此，在确定喷管面积比时，还应考虑到喷管的尺寸和质量的限制，不能单纯地追求最大的推力系数。

2.5　喷管面积比和压强比

根据超声速喷管流动理论，只要喷管内不产生激波和气流分离现象，当燃气比热比 k 一定时，膨胀压强比 $p_{\mathrm{e}}/p_{\mathrm{c}}$ 仅取决于喷管扩张面积比 $A_{\mathrm{e}}/A_{\mathrm{t}}$。喷管扩张面积比 $A_{\mathrm{e}}/A_{\mathrm{t}}$ 和膨胀压强比 $p_{\mathrm{e}}/p_{\mathrm{c}}$ 之间关系如下：

$$\frac{A_{\mathrm{e}}}{A_{\mathrm{t}}} = \frac{\left(\frac{2}{k+1} \right)^{\frac{1}{k-1}} \sqrt{\frac{k-1}{k+1}}}{\sqrt{\left(\frac{p_{\mathrm{e}}}{p_{\mathrm{c}}} \right)^{\frac{2}{k}} - \left(\frac{p_{\mathrm{e}}}{p_{\mathrm{c}}} \right)^{\frac{k+1}{k}}}} \tag{2.16}$$

图 2.1 给出了不同燃气比热比 k 值下的面积比 A_e/A_t 与膨胀压强比 p_e/p_c（或压强比 p_c/p_e）的关系曲线。由图可以看出，随着膨胀压强比 p_e/p_c 的减小（即压强比 p_c/p_e 的增大），对应的 A_e/A_t 也增大，从而使喷管的尺寸和质量增加。

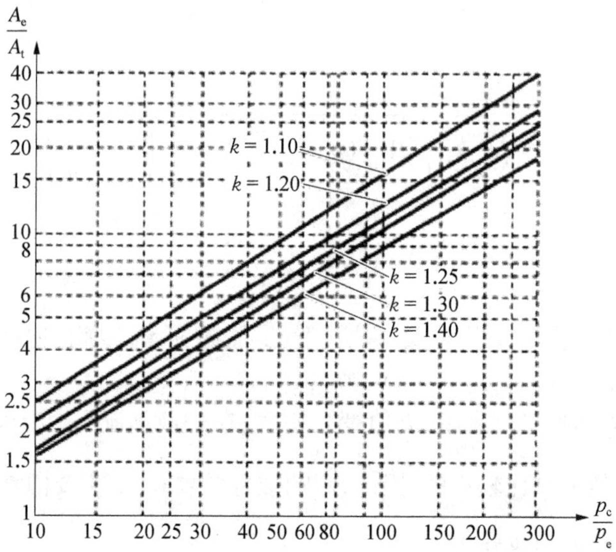

图 2.1　面积比 A_e/A_t 和压强比 p_c/p_e 的关系

2.6　总冲和比冲

固体火箭发动机的工作时间 t_a 包括其产生推力的全部时间，即从点火起动、产生推力开始，到发动机排气过程结束、推力下降到零为止。t_a 可以从发动机实验的压强-时间曲线或推力-时间曲线（图 2.2）来确定。为了在确定时有统一的标准，通常按下列惯用的方法确定 t_a：以发动机点火后压强连续上升到 0.3 MPa 或推力上升到 10%最大推力（或其他规定的压强或推力）的一点为起点，以发动机熄火后压强连续下降到 0.3 MPa 或推力下降到 10%最大推力（或其他规定的压强或推力）的一点为终点，这两点间的时间间隔作为工作时间 t_a。除了发动机工作时间，固体火箭发动机设计计算中还常用到装药的燃烧时间 t_b，t_b 是指从点火起动、装药开始燃烧到装药燃烧层厚度烧完为止的时间，不包括拖尾段（燃烧结束后的推力下降过程）。因此，燃烧时间比工作时间短。燃烧时间的确定也有一个惯用的方法：计算燃烧时间的起点与工作时间是一样的，但终点则是推进剂装药肉厚的燃完点。燃完点的确定是在压强-时间曲线或推力-时间曲线上的工作平衡段尾段和下降段各作一条切线（指最优拟合线的延长线），两切线夹角的平分线与压强-时间曲线

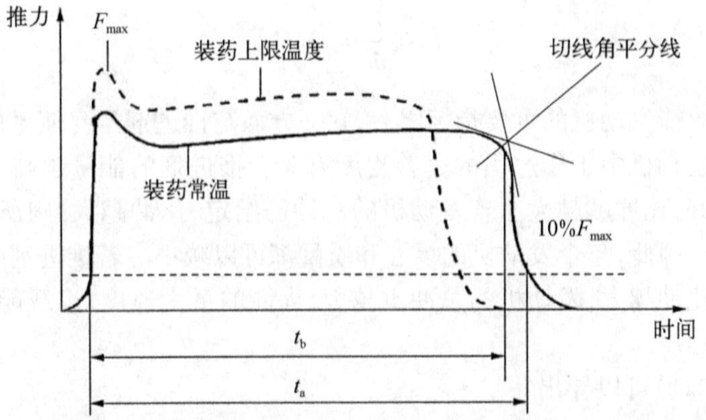

图 2.2 固体火箭发动机工作时间、燃烧时间确定示意图

或推力-时间曲线的交点就是燃完点，作为计算燃烧时间的终点。

在固体火箭发动机的工作过程中，一般推力是随着工作时间变化的，所以总冲是推力对工作时间的积分，即

$$I = \int_0^{t_a} F\mathrm{d}t \tag{2.17}$$

由式(2.17)可知，发动机的实际总冲等于实测推力-时间曲线下面包围的面积。将式(2.13)代入式(2.17)，即得

$$I = \int_0^{t_a} \dot{m}u_{ef}\mathrm{d}t \tag{2.18}$$

而对于设计定型的发动机，等效喷气速度 u_{ef} 在工作过程中变化不大，可近似认为常数，则有

$$I = u_{ef}\int_0^{t_a} \dot{m}\mathrm{d}t = u_{ef}M_P \tag{2.19}$$

式中，M_P 为装药质量。

发动机的比冲是燃烧单位质量推进剂产生的冲量，常用 I_s 表示，即

$$I_s = \frac{I}{M_P} \tag{2.20}$$

在发动机工作过程中，如果推力 F 与喷管质量流率 $\dot{m}$ 都是常量，那么有

$$I_s = \frac{I}{M_P} = \frac{F}{\dot{m}} = F_s = u_{ef} \tag{2.21}$$

将推力 $F = C_F p_c A_t$、喷管质量流率 $\dot{m} = \dfrac{p_c A_t}{c^*}$ 代入式(2.21)，得

$$I_s = \frac{F}{\dot{m}} = C_F c^* \tag{2.22}$$

比冲是火箭发动机的重要指标之一,它一方面与推进剂本身能量的高低有关,另一方面与发动机中工作过程的完善程度有关。推进剂的能量越高、工作过程的完善程度越好,比冲就越大。若发动机的总冲已给定,比冲越大,则所需的推进剂质量就越小。因此,整个发动机的尺寸和质量都可以减小。若推进剂的质量给定,则发动机的比冲越大,发动机的总冲也越大,火箭的最大速度、运载能力等也相应地增加。

由式(2.21)可以导出

$$I_s = \sqrt{RT_f}\left[\sqrt{\frac{2k}{k-1}\left[1-\left(\frac{p_e}{p_c}\right)^{\frac{k-1}{k}}\right]} + \frac{\left(\frac{p_e}{p_c}\right)^{-\frac{1}{k}}}{\sqrt{\frac{2k}{k-1}\left[1-\left(\frac{p_e}{p_c}\right)^{\frac{k-1}{k}}\right]}}\left(\frac{p_e}{p_c}-\frac{p_a}{p_c}\right)\right] \tag{2.23}$$

下面根据式(2.23)分别讨论各个因素对比冲的影响。

(1) 推进剂能量对比冲的影响。对于目前使用的固体推进剂,燃烧产物的 k 值为 1.1~1.3,对比冲的影响很小,因此,推进剂能量对比冲的影响主要体现在参数 T_f 和 R 上。

由式(2.23)可知,比冲 I_s 与燃烧室温度 $\sqrt{T_f}$ 成正比。燃烧室温度越高,比冲就越大。因此,提高比冲的主要途径是选择高能推进剂,以提高燃烧温度。

比冲与燃烧产物气体常数 $R = \frac{R_0}{\overline{m}}$ 的平方根成正比,即与燃气的平均分子量 $\overline{m}$ 的平方根成反比,因此,燃气的平均分子量越小,比冲越大。

(2) 喷管面积比(或膨胀压强比 p_e/p_c)对比冲的影响。在压强比 p_c/p_a 给定的情况下,比冲随面积比的增加是先增大后减小,中间经过一个最高点,最高点对应比冲的最大值。只有在设计状态(即完全膨胀状态 $p_e = p_a$)时,比冲最大。

(3) 飞行高度对比冲的影响。在喷管面积比 A_e/A_t 一定的情况下,比冲随压强比 p_c/p_a 的增加而增大。由于压强比 p_c/p_a 增加,即工作高度增加,大气压强 p_a 要减小,因此,比冲要增大,当大气压强 p_a 减小到零时,比冲达到最大值,此时的比冲称为真空比冲。

(4) 燃烧室压强对比冲的影响。当发动机的工作高度一定时,大气压强 p_a 为定值,此时提高燃烧室压强 p_c,就使压强比 p_c/p_a 增大,比冲随之增加。需要注意的是,提高燃烧室压强 p_c,会增加发动机的结构重量。

(5) 推进剂初温对比冲的影响。固体推进剂的燃速随初始温度的变化而变化,进而引起燃烧室压强的变化,最终导致发动机工作性能(如比冲)的变化。

2.7　固体火箭发动机性能参数的实际值

前面给出的发动机的主要性能参数,包括喷气速度、特征速度、推力、推力系数、比冲、总冲等,是在理想条件下(如在喷管流动过程的分析中假设燃气流动是一维定常流,是没有传热和摩擦作用的等熵流动等)的计算式。根据这些计算式进行计算而得出的性能参数,称为发动机性能参数的理论值。而发动机性能参数的实际值,一般是通过发动机试车试验,结合一些实测参数(如试验前测量推进剂装药质量 M_{P}、喷管喉径 d_{t},试验过程中测得的推力-时间曲线和燃烧室压强-时间曲线等)经过适当计算得到的。

1. 特征速度的实际值

特征速度 c^* 的实际值 c^*_{exp},可以通过发动机静止实验测得的压强-时间($p-t$)曲线来确定。即对喷管质量流率公式 $\dot{m}=\dfrac{p_{\mathrm{c}}A_{\mathrm{t}}}{c^*}$ 的两端在发动机工作时间内积分,得

$$\int_0^{t_{\mathrm{a}}}\dot{m}\mathrm{d}t=\int_0^{t_{\mathrm{a}}}\frac{p_{\mathrm{c}}A_{\mathrm{t}}}{c^*}\mathrm{d}t$$

在发动机工作过程中,如喷管喉部材料烧蚀很轻微,则可认为喷管喉部截面积 A_{t} 不随时间变化;在一般情况下,特征速度 c^* 可看作常数(或取工作时间内的平均值),这样,上式可写成

$$M_{\mathrm{P}}=\frac{A_{\mathrm{t}}}{c^*}\int_0^{t_{\mathrm{a}}}p_{\mathrm{c}}\mathrm{d}t$$

所以特征速度 c^* 的实际值:

$$c^*_{\mathrm{exp}}=\frac{A_{\mathrm{t}}}{M_{\mathrm{P}}}\int_0^{t_{\mathrm{a}}}p_{\mathrm{c}}\mathrm{d}t \tag{2.24}$$

式中,t_{a} 为发动机工作时间;A_{t} 和 M_{P} 可在发动机静止试验前测定;$\int_0^{t_{\mathrm{a}}}p_{\mathrm{c}}\mathrm{d}t$ 称为压强冲量,为实测的燃烧室压强-时间($p-t$)曲线积分结果。

2. 推力系数的实际值

推力系数 C_F 的实际值 $C_{F,\mathrm{exp}}$ 可通过发动机静止试验测得的推力-时间($F-t$)曲线和压强-时间($p-t$)曲线来确定。

对推力计算公式 $F = C_F p_c A_t$ 积分，得

$$\int_0^{t_a} F \mathrm{d}t = C_F A_t \int_0^{t_a} p_c \mathrm{d}t$$

所以有

$$C_{F,\ \mathrm{exp}} = \frac{\int_0^{t_a} F \mathrm{d}t}{A_t \int_0^{t_a} p_c \mathrm{d}t} = \frac{I}{A_t \int_0^{t_a} p_c \mathrm{d}t} \tag{2.25}$$

式中，$\int_0^{t_a} F \mathrm{d}t$ 为试验测得的总冲；$\int_0^{t_a} p_c \mathrm{d}t$ 为压强冲量。

参考文献

[1] 唐金兰，刘佩进，胡松启，等. 固体火箭发动机原理[M]. 北京：国防工业出版社，2013.

第 3 章 大型固体火箭发动机总体技术

3.1 总体技术水平

用于运载火箭的典型大型固体火箭发动机主要有美国“大力神-4B”SRMU 固体助推器、航天飞机助推器、SLS 固体助推器、印度 S-200 固体助推器、欧洲“阿里安 5”固体助推器、P80 及 P120C 固体火箭发动机，直径均在 3 m 以上，其中美国 SLS 固体助推器最大推力达到了 1 600 t 级。上述典型大型固体火箭发动机技术水平具体如下。

1. SRMU

SRMU(表 3.1)是美国“大力神-4B”运载火箭的改进型捆绑助推发动机，由美国赫克里斯公司于 1987 年开始研制，代替联合技术公司研制的钢壳体 7 段式固体助推发动机，可使“大力神-4B”火箭的有效载荷能力增加 25%以上，即地球同步转移轨道运载能力增加 25%以上，运载能力从 4 580 kg 增加到 5 180 kg。该火箭 1991 年 4 月进行首次全尺寸发动机静态试车，发生爆炸。经改进设计后，4 次试车全部成功。1997 年投入实际飞行，每次发射捆绑 2 台助推发动机[1,2]。

表 3.1 SRMU 主要性能与结构参数

性能与参数	性能与参数
直径：3 200 mm	总冲：1 059 000 kN·s
长度：34 140 mm	燃烧时间：128 s
总质量：350 630 kg	工作时间：140 s
质量比：0.890	推进剂类型：端羟基聚丁二烯(HTPB)
推力(平均,真空)：7 560.43 kN	喷管数量：1
推力(最大)：8 451.58 kN	喷管喉径：812.8 mm
燃烧室压强(最大)：12.47 MPa	喷管扩张比：15.7
比冲(最大)：2 804 N·s/kg	推力矢量控制：柔性喷管

1）SRMU 结构

SRMU 由燃烧室、喷管和点火装置组成。SRMU 燃烧室分 3 段，前段长 6.10 m，后两段各长 12.19 m，壳体材料为 IM－7 石墨纤维/环氧，安全系数为 1.25～1.3。IM－7 石墨纤维是赫克里斯公司 20 世纪 80 年代初研制的一种较先进纤维，与树脂的界面性能很好，其拉伸强度为 5.5 GPa，拉伸模量为 303 GPa，密度为 1.77 g/cm^3。环氧树脂系统为 HBRF－55A 双酚 A 环氧树脂，断裂伸长率为 6.7%，密度为 1.22 g/cm^3，固化温度为 121℃，玻璃化温度为 138℃。发动机分段之间用 U 形接头连接，接头用 D6AC 钢制造，有一个定位闩，设两个 O 形圈，用 240 个销钉固定。壳体筒段和前封头由石墨纤维/环氧复合材料制成，后封头由 D6AC 钢制成。内绝热层由两种不同含量凯夫拉充填的三元乙丙橡胶制成。凯夫拉含量高的绝热层（代号为 122B）用在接头连接附近和钢制后封头内，凯夫拉含量低的绝热层（代号为 178A）用在其余部位，均采用自动化缠绕工艺成型。发动机前极孔附近有长度为 152.4 mm 的人工脱粘层，中间段两个对接端都有人工脱粘结构，而后段只有前对接端有人工脱粘层。发动机衬层为 HTPB。SRMU 的推进剂与 MX 导弹第一级发动机相似。SRMU 发动机由赫克里斯公司的巴丘斯（Bacchus）工厂浇注，混合机每锅混合推进剂量为 6 765 L，总量为 11.79 t，每个发动机段需 11 锅。发动机前段药型是带 10 个翼槽的翼柱形药型，提供 40%的初始燃面，中、后段为内锥孔圆柱形。前段和中段药柱之间的间隙为 63.5 mm，中段和后段药柱之间的间隙为 76.2 mm。推进剂固体含量为 88%，铝（Al）含量为 19%，高氯酸铵（AP）含量为 69%，黏合剂为 R45AS 型 HTPB，燃速为 8.1 mm/s（p＝6.8 MPa），抗拉强度为 0.6 MPa，最大伸长率为 37%。

SRMU 发动机的喷管喉衬材料为三维碳/碳，推力矢量控制由柔性接头来完成，摆角为±6°。柔性接头由 13 层弹性层和 12 层玻璃纤维/环氧增强层组成，防热栅由碳/酚醛制成。喷管固定体材料为 D6AC 钢，喉部绝热层为碳/酚醛，出口锥为石墨/环氧结构，出口锥绝热层为碳/酚醛。SRMU 发动机的点火装置中点火器采用小火箭式，安装在发动机头部，质量为 27 kg，点火药为 HTPB 推进剂，燃烧时间为 0.4 s，点火后峰值压力为 19.2 MPa，结构为单喷嘴式。

2）SRMU 发动机的改进与发展

1989 年 2 月，SRMU 发动机的壳体与药柱发生了严重脱粘，不能进行试车。1989 年 3 月，大型混合机在混合 SRMU 发动机的推进剂时发生爆炸，被迫推迟了 SRMU 发动机研制计划。1990 年秋季，在转运一台 SRMU 发动机时，因大型吊车失去平衡，使 SRMU 发动机从吊车上摔下来，引起大火，死亡 1 人，伤 9 人。1991 年 4 月 1 日，在进行首次全尺寸发动机（PQM－1）试车时，点火后 1.6 s 发生爆炸，试车台被炸毁。试车台修复历时 10 个月，对这次试车失败原因的分析认为，设计人员未对气流壅塞做深入分析，在药柱中段和后段连接处，两段药柱端面间隙为

76.2 mm，发动机点火初期，间隙中药柱燃烧产生的高速燃气向中心通道汇集，使间隙处药柱端部推进剂变形，并局部向内收缩，从而缩小了通道有效截面积，头部压力从0.4 s开始上升直至12.64 MPa，超过了壳体额定工作压强8.69 MPa，即在点火后约1.6 s时发生爆炸。SRMU发动机试车失败后，赫克里斯公司提出了事故分析模型，同时考虑气流相互作用和推进剂结构变化，采取的改进措施是将中间段和后段的前端面内孔药柱尖角改成圆角，这样中间段削去推进剂567.5 kg，后段削去推进剂649.7 kg，共削去1 217.2 kg推进剂。共耗资40万美元进行了缩比（7%）发动机点火试验，获得成功，修改后进行的4次全尺寸静态试车也都获得了成功[2]。

2. 航天飞机SRB

"航天飞机SRB"是美国"航天飞机固体火箭助推发动机"（Space Shuttle Solid Rocket Booster），由美国锡奥科尔（Thiokol）公司于1974年开始研制，是首次用于载人航天的大型分段式固体火箭发动机，也是世界上第一个可重复使用的固体发动机，一般金属部件最多可重复使用20次，柔性接头橡胶件可重复使用10次。航天飞机固体火箭助推发动机于1978年进行首次地面试车，1981年进行第一次飞行，它的研制情况可以分为三个阶段，第一阶段称为标准型固体火箭发动机（Solid Rocket Motor, SRM），共生产发动机21台，7台用于地面研制试车，3台用于地面鉴定试车，其余14台用于"航天飞机"的前7次飞行。第二阶段称为"高性能发动机"（High Performance Motor, HPM），共进行2次地面鉴定试车，于1983年开始直到"挑战者"号事故，共飞行了18次，使用38台发动机。第三阶段在"挑战者"号失事后对助推器进行重新设计，称为"重新设计的固体发动机"（Redesigned Solid Rocket Motor, RSRM），1989年首次飞行，至1992年共飞行35次，使用70台助推器，全部成功。

（1）SRB发动机方案。"航天飞机SRB"发动机由燃烧室、喷管、点火装置、推力矢量控制装置组成。发动机燃烧室的绝热层材料为填充石棉和硅的丁腈橡胶，含石棉28.2%，氧化硅为11.3%，每个分段端部的人工脱粘层也采用这种材料。发动机衬层为填充石棉的端羧基聚丁二烯（CTPB）配方，CTPB含量83.42%，固化剂（MAPO和环氧）为4.5%，石棉为10.3%，其他组分为1.8%。发动机推进剂质量503 560 kg，整个药柱分为4段，分别进行浇注，前段前部药型为11角星槽型，后部为柱孔型，前后部之间有一过渡段，中段和后段均为略带锥度的中孔圆柱形，体积装填分数为80.5%，药厚分数为57.6%，残药分数为3.5%，固体含量为86%，PBAN为14%（包括固化剂），Al为16%，AP为69.7%，Fe_2O_3为0.3%。推进剂真空浇注，固化时间为96 h。发动机喷管采用潜入式后支点柔性喷管，可做±8°全轴摆动。喷管长3.96 m，质量为9.98 t，潜入深度为20.4%（表3.2）。发动机采用小火箭式点火器，可较好地控制点火压力平稳地增长，整个点火系统包括三部分。

（2）五段式可重复使用固体火箭助推器（reusable solid rocket booster, RSRB）试验。这种发动机用于巨型战神系列火箭，具体参数见表3.3。

表 3.2 SRB 发动机主要性能与结构参数

性能与参数	性能与参数
直径：3 710 mm	总冲（真空，15℃）：1 318 000 kN·s
长度：38 430 mm	燃烧时间（15℃）：111.7 s
总质量：569 600 kg	工作时间（15℃）：123 s
质量比：0.884	推进剂类型：聚丁二烯丙烯酸丙烯腈（PBAN）
推力（最大，真空，15℃）：14 730 kN	喷管数量：1
推力（平均，真空，15℃）：11 530 kN	喷管喉径：1 384 mm
燃烧室压强（最大，15℃）：6.33 MPa	喷管扩张比：7.16
燃烧室压强（平均，15℃）：4.56 MPa	推力矢量控制：柔性喷管
比冲（真空，15℃）：2 622 N·s/kg	

表 3.3 “战神”系列火箭性能参数

高度：47 m	直径：3.71 m	重量：635.32 t
燃烧时间：126 s	推进剂：APCP（高氯酸铵组合推进剂）	
推力标称：1 500 t	海平面比冲：2 370（N·s）/kg	真空比冲：2 690（N·s）/kg

2009~2011 年，ATK 公司的五段式固体火箭助推器分别在常温、高温、低温环境下进行了三次点火试验，以验证不同温度下固体火箭发动机的性能，结果达到了预期效果，具体如下。

（1）五段式 RSRB 地面试验。2009 年 9 月 10 日，在环境温度下，美国首次进行了全尺寸、全周期的战神 I 型火箭发动机（研制型发动机 DM－1）的静态点火试验，产生的推力达到 16 017 kN。点火持续了大约 123 s，通过 650 套仪器设备对 46 个设计目标展开监控。

（2）五段式 RSRB 飞行试验。2009 年 10 月 28 日，在佛罗里达州卡纳维拉尔角，战神 I－X 火箭在肯尼迪航天中心的 39B 发射复合体首次成功升空发射，进行一次 6 min 的亚轨道飞行。发射升空大约 2 min 后，试验航天器进入第一级/上级分离阶段。2 min 后，100 m 长的火箭主要部分按照计划坠落到大西洋。

（3）五段式 RSRB 低温试验 DM－2。2010 年 8 月 31 日，ATK 公司对 DM－2 发动机进行了低温试验。DM－2 被冷却至 40℉，以采集火箭在其正常的 40~90℉ 运行范围下的性能数据，通过 760 多个仪器测试了 53 个设计目标。该 3.7 m 宽、46.9 m 长的推进器点火持续了 125 s，推力达 16 330 kN。

（4）五段式 RSRB 试验 DM－3。2011 年 9 月 8 日，NASA 和 ATK 公司成功进行了 DM－3 的全尺寸试验。这是研制性发动机系列的第三次试验，是 NASA 有史以来装有测量仪器最多的固体发动机试验，通过 970 多个仪器测试了 37 个设计目标。DM－3 综合了对前 2 个研制性发动机设计的性能方面的改进，通过点火试车验证高温下的发动机性能。

3. SLS 固体助推器

SLS 将用于执行近地轨道及以远区域深空探索任务[3]。该项目于 2011 年启动并通过了关键设计评审，固体助推器 SLS－1 型已于 2022 年 11 月 17 日执行第一次发射任务（EM－1）。

SLS 运载火箭计划发展三种构型，如图 3.1 所示。

SLS－1 型：LEO 有效载荷运载能力为 70 t；SLS－1B 载人型：LEO 有效载荷运载能力为 105 t；SLS－2 载货型：LEO 有效载荷运载能力达到 130 t。

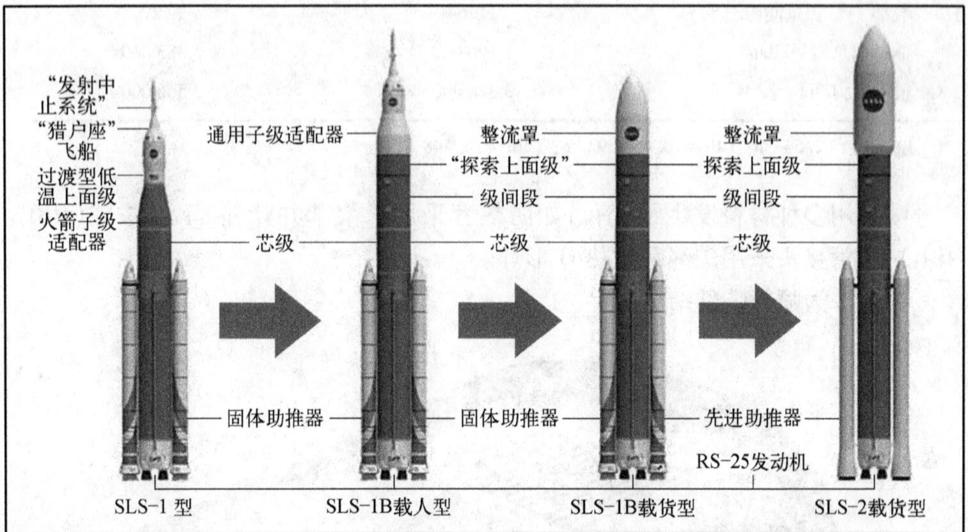

SLS 构型	SLS－1	SLS－1B	SLS－2
芯级	8.4 m 通用芯级 RS－25D×4	8.4 m 通用芯级 RS－25E×4	8.4 m 通用芯级 RS－25E×4
助推器	五段式团体助推器（RSRMV）	五段式固体助推器	先进助推器
上面级	过渡型低温上面级 RL10B－2×1	"探索上面级" RL10C－3×4	"探索上面级" RL10C－3×4
有效载荷	"猎户座"	"猎户座"/8.4 m 整流罩	10 m 整流罩

图 3.1　SLS 运载火箭计划

1）SLS－1/1B 运载火箭助推器

SLS－1/1B 运载火箭助推器在航天飞机 RSRM 基础上，进行了一系列改进：采用新的喷管设计;新型无石棉绝热层和衬层结构;改进的无损检测工艺和推进剂药柱等。两种固体火箭发动机性能参数对比见表 3.4。

表 3.4　两种固体火箭发动机性能参数对比

性能参数	RSRM	RSRMV
发动机总长/in	1 513.49	1 868.25
发动机壳体直径/in	146.08	146.08
喷管喉径/in	53.86	56.86
喷管出口锥直径/in	149.64	152.75
喷管膨胀比	7.72	7.72
喉部 TVC 矢量间隙/(°)	11.64	5.22
推进剂总质量/lbm	1 106 000	1 383 000
最大推力/lbf	3 326 000	3 566 000

注: 1 in = 2.54 cm; 1 lb = 0.453 592 kg; 1 lbf = 4.448 22 N。

喷管用多种材料发生了变化,如防热套采用了聚苯并咪唑-丁腈橡胶(PBI - NBR),喷管接头采用碳绳和绝热 O 形环。

图 3.2 为喷管喉部结构图。

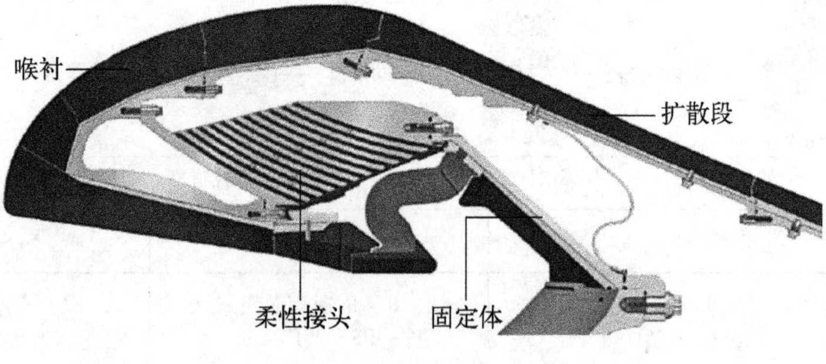

图 3.2　喷管喉部结构图

图 3.3 为分段绝热层及薄膜加压成型工艺。绝热层采用了聚苯并咪唑-丁腈橡胶(PBI - NBR)。

2) SLS - 2 运载火箭先进助推器

NASA 对 SLS - 2 先进固体助推器各部件的研究目标提出了以下要求。

推进剂方面: 研发绿色环保的推进剂替代目前的氧化剂,增强推进剂的性能、比冲、密度,为 SLS - 2 运载火箭提供高性能的 HTPB 固体推进剂,面临的挑战是研究满足性能需求的推进剂配方及尺寸放大问题。

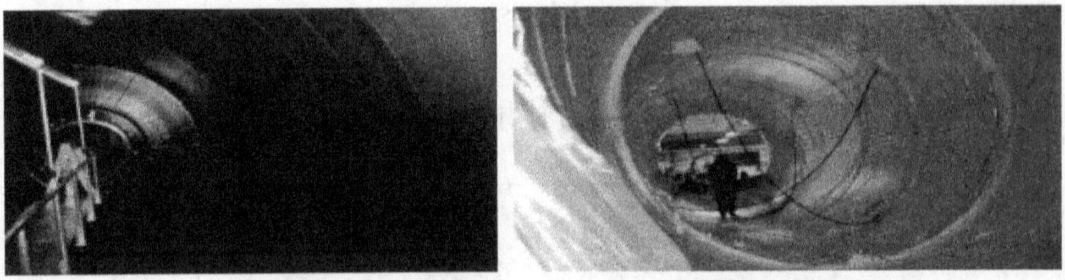

(a) 分段绝热层　　(b) 薄膜加压成型工艺

图 3.3　分段绝热层及薄膜加压成型工艺

壳体材料方面：在保证可靠性、降低成本、提高质量比的同时，用直径为 4 m 的复合材料壳体替代直径为 3.7 m 的金属壳体，开发 SLS 大尺寸复合材料壳体的损伤容限极限评估能力和损伤检测方法及放大的 3D 打印技术，双材料混合打印金属或复材结构；面临的挑战是复合材料壳体的尺寸放大问题及其与金属环的连接问题、3D 打印技术的放大问题及两种材料的混合打印技术（用于生产、混合金属或复材结构）。

喷管系统方面：为大型固体发动机研发低密度、轻质量、低烧蚀率的喷管材料及新型的柔性接头（用防烧蚀增强件替代以往的防热套），实现减重；面临的挑战是研究低烧蚀率的新型轻质材料配方，确保无分层和鼓包。

内衬及绝热层方面：研发不含石棉的内衬及绝热层材料，保证发动机内部温度低于极限温度，实现减重、减少健康问题及现有的工艺问题；面临的挑战是聚苯并咪唑（polybenzimidazole，PBI）加工工艺。

2013 年，ATK 公司开始开展代号"黑暗骑士"的先进固体助推器研究。采用复合材料壳体、更高能推进剂，使发动机段数从五段减为四段，最大推力超过 20 000 kN，重约 790 000 kg。与 RSRMV 五段式助推器相比，先进助推器将实现成本降低 40%，可靠性增加 24%，有效载荷增加 4 218 lb，人工工时减少 50%。

4. 印度 GSLV－MK Ⅲ火箭固体助推器

印度空间研究组织（India Space Research Organization，ISRO）最新研制的一种三级运载火箭 GSLV－MK Ⅲ，可将地球同步轨道运载能力提高到 4 t，近地轨道运载能力提高到 10 t；于 2014 年 12 月 18 日首飞，截至 2019 年 12 月 31 日，GSLV－MK Ⅲ共发射 3 次，成功率 100%。该火箭采用了四级助推模式，一级为固体火箭发动机 S200。

研制时，S200 是世界上第三大的固体火箭发动机，仅次于美国航天飞机 RSRM 固体助推器与阿里安公司的 P230 固体助推器。该发动机由三段组成，包括四个主要部件：壳体、推进剂、点火器和带推力矢量控制系统的柔性喷管。固体推进剂为 HTPB 基，固体含量为 86%。发动机头端、中段和后段分别装填 27.1 t、97.38 t 和

82.21 t推进剂。三个分段都是在固体推进剂工厂制造的,2010年1月完成静态测试,之后用于GSLV-MKⅡ型运载火箭。

图3.4为发动机推力-时间、压强-时间曲线。图3.5为S-200喷管结构。

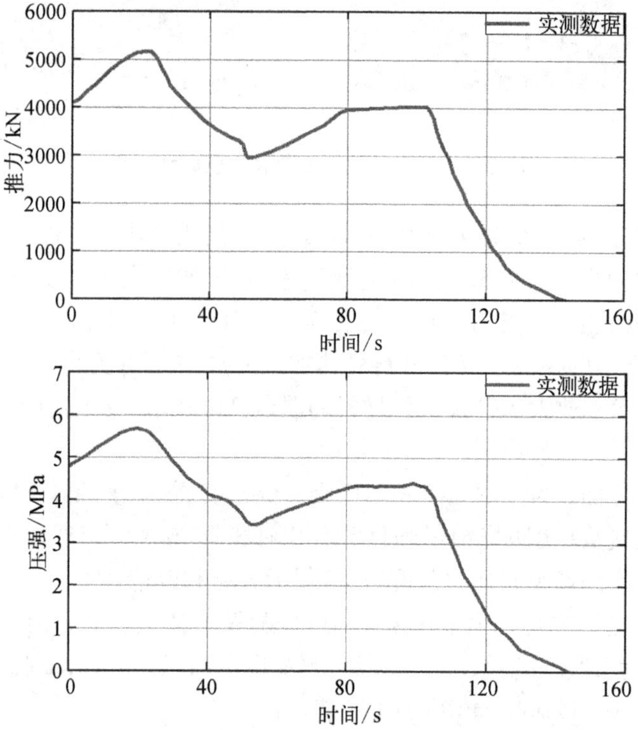

图3.4 发动机推力-时间、压强-时间曲线

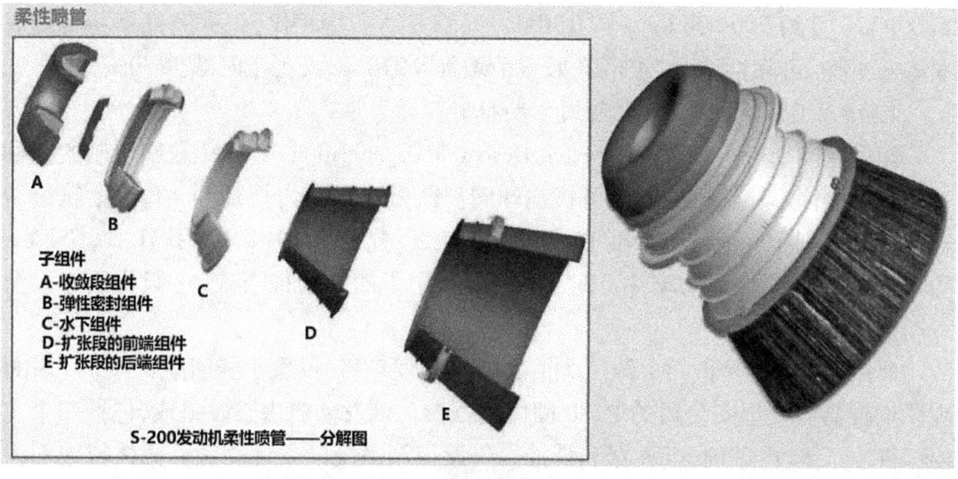

图3.5 S-200喷管结构

S200发动机性能参数见表3.5。图3.6为S200发动机实物图。

表3.5　S200发动机性能参数

性能参数	数值	性能参数	数值
总长/m	21.9	最大直径/m	3.2
推进剂质量/t	207	燃烧时间/s	103.8
工作时间/s	127.7	最大压力/MPa	5.692
最大海平面推力/kN	5151.0	平均海平面推力/kN	3 578.2
真空比冲/s	274.5	海平面比冲/s	227.0

(a) 火箭装配后

(b) 地面试验前

图3.6　S200发动机实物

5. 欧洲"阿里安5"(Ariane5)火箭固体助推器

"阿里安5"火箭于1988年1月开始研制,1996年6月首次飞行,迄今,研制并投入使用的有"阿里安5G/5GS/5ECA/5ES"等型号,目前在役的火箭型号主要是"阿里安5ECA"。"阿里安5ECA"采用改进的"火神2"低温推进剂发动机,二子级改用低温上面级,捆绑两个P230固体火箭助推器,将地球同步转移轨道运载能力提高到10.5 t。截至2019年12月31日,"阿里安5ECA"火箭共飞行105次,成功率为95.24%。

P230固体助推器于1988年开始研制,1995年完成鉴定评审。发动机壳体采用三分段48CDN 4－110钢壳体,推进剂为HTPB,喷管采用具有后摆心柔性密封的经典潜入式喷管设计。

在P230发动机生产期间,欧空局对发动机进行了一系列改进,以进一步降低

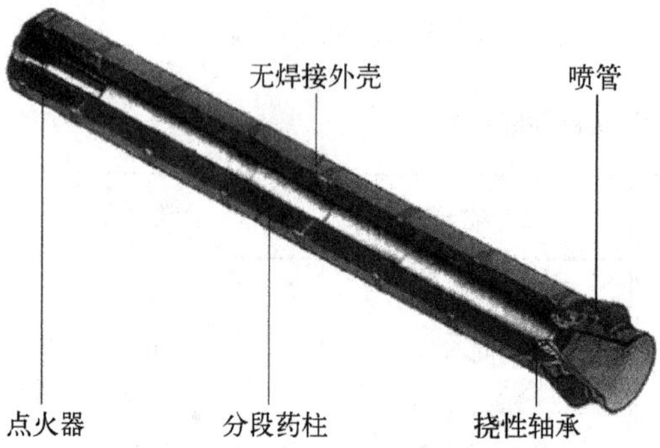

图 3.7 P230 发动机结构图

成本并提高性能。改进主要包括三个方面：前分段(S1)的满装填、改进焊接接头壳体、喷管重新按成本设计,以进一步降低成本并提高性能。通过这些改进,阿里安 5ECA 运载火箭的性能提高了约 5%,发动机的总成本大幅度下降,在第一批和第三批订单之间,实现了成本降低 50%。

图 3.7 为 P230 发动机结构图,图 3.8 为推力曲线,图 3.9 为点火装置,图 3.10 为喷管结构,表 3.6 为 P230 发动机性能参数。

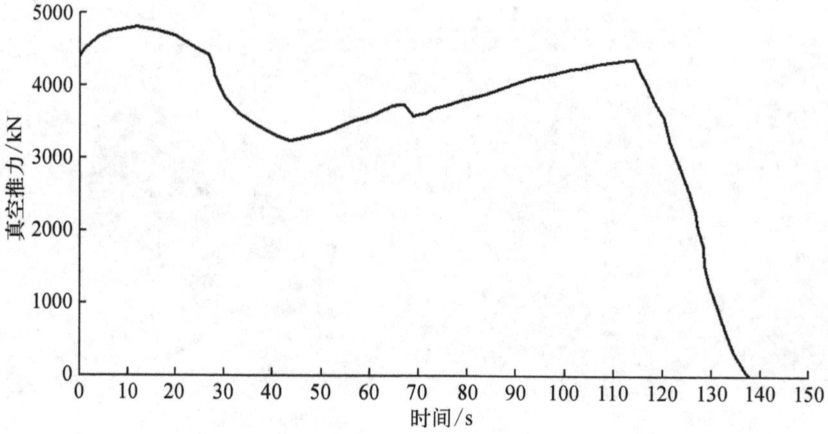

图 3.8 推力曲线

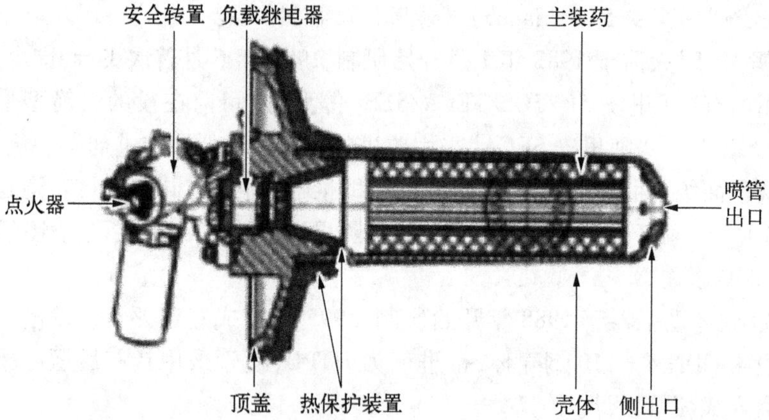

图 3.9 点火装置

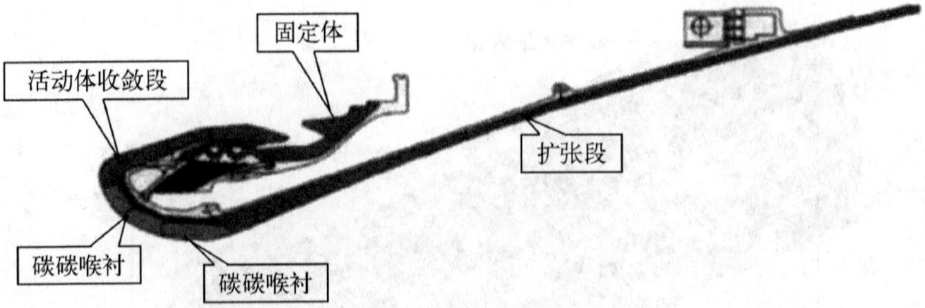

图 3.10　喷管结构

表 3.6　P230 发动机性能参数

性能与参数	性能与参数
直径：3 050 mm	长度：26 774 mm
总质量：268 100 kg	推进剂质量：236 500 kg
质量比：0.88	推力(平均)：4 696.4 kN
燃烧室压强(最大)：5.95 MPa	燃烧室压强(平均)：4.16 MPa
比冲(海平面)：237.3 s	比冲(真空)：271.1 s
总冲(海平面)：534 000 kN · s	总冲(真空)：630 520 kN · s
燃烧时间：132.6 s	推进剂类型：HTPB
壳体材料：48CDN 4－10 钢	喷管数量：1
喷管喉径：900 mm	喷管扩张比(初始)：9.86
推力矢量控制：柔性喷管	

6. 欧洲 P80 固体火箭发动机

P80 固体火箭发动机是欧洲“织女星”运载火箭第一级发动机，2001 年开始研制，2006 年进行第一次地面点火测试，2012 年进行首次鉴定飞行试验。

P80 固体火箭发动机基本构型的特点是采用了大量的新技术和特殊设计，以达到降低成本的目的。新技术包括直径达 3 m 的整体式石墨环氧纤维缠绕壳体、用于内绝热层的低密度橡胶、低黏合剂含量和高铝粉含量的推进剂、采用新型轻质低成本碳酚醛材料的简化喷管结构、壳体可消耗的点火器及采用锂离子电池的机电推力矢量控制系统等。

图 3.11 为 P80 固体火箭发动机结构形式，图 3.12 为 P80 固体火箭内弹道数据，表 3.7 为 P80 固体火箭发动机性能数据。

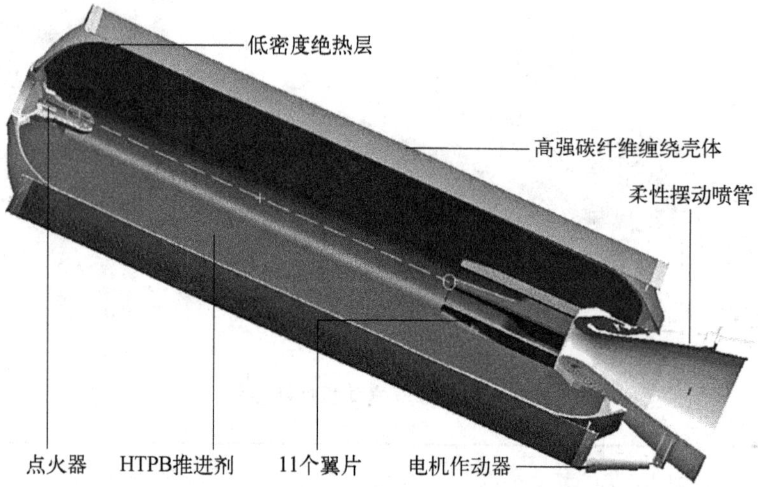

图 3.11 P80 固体火箭发动机结构形式

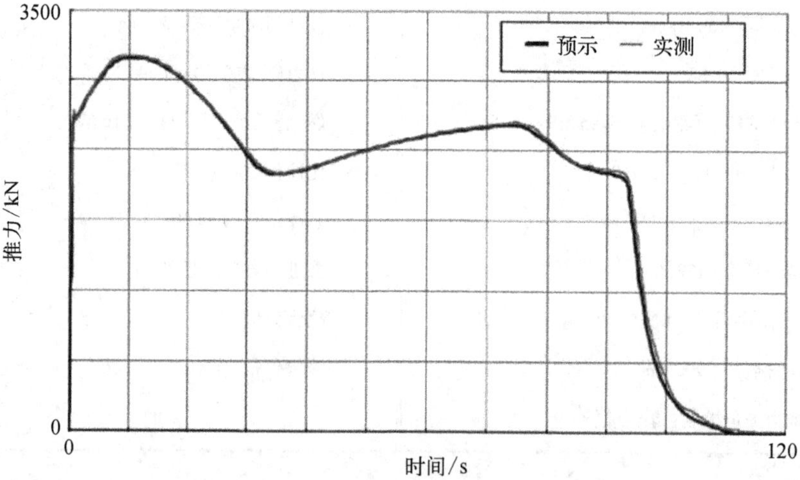

图 3.12 P80 固体火箭发动机内弹道数据

表 3.7 P80 固体火箭发动机性能数据

性能参数	数值
总长度/mm	10 557
外径/mm	3 003
推进剂质量/kg	88 385
消极质量/kg	7 408
燃烧时间/s	106.7

续 表

性能参数	数　值
真空比冲/s	279.5
最大真空推力/kN	3 050
预计最大运载压力/bar	95
喷管膨胀比/%	16
喷管偏转角/(°)	±6.5

P80 固体火箭发动机壳体为整体式高性能复合材料壳体，由意大利艾维欧(Avio)公司研制生产。纤维采用高强度和中等模量的碳纤维 M30S，树脂体系为 UF3325。由德国 EHA 公司生产的大型缠绕机缠绕，能够缠绕直径在 2 m 以上、长度在 9 m 以上的壳体。整个供料系统包括树脂与铺放头共同移动，确保了到达芯模过程中原材料的质量。同时，该缠绕机也可以加装自动树脂供料装置。

P80 固体火箭发动机喷管采用新型 M30S 纤维复合材料潜入式喷管，结构简单，生产成本低。喷管基本结构的特点是仅有 10 个主要零件和两个机械装配件；同时，尽可能地采取功能集成化设计，将机械件和金属壁集成，将热组件和绝热层集成。

P80 固体火箭发动机药柱结构形式见图 3.13。

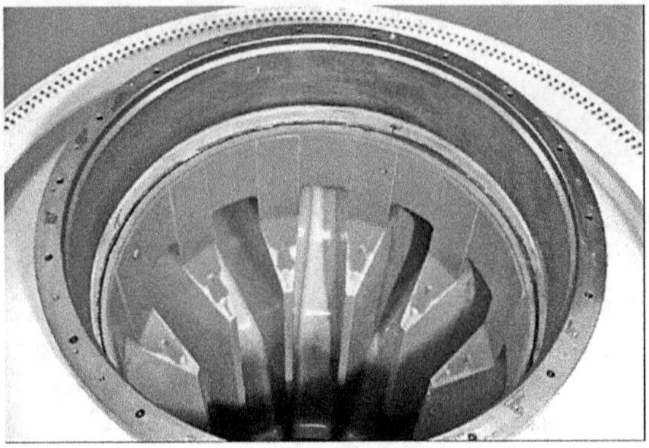

图 3.13　P80 固体火箭发动机药柱结构形式

7. 欧洲“阿里安 6”(Ariane6)火箭 P120C 发动机

欧洲新一代重型运载火箭，由阿里安集团(Ariane Group)在欧洲航天局的授权下开发和制造。2014 年 12 月，欧空局最终选取了液体芯级加大型固体助推器的设计方案。“阿里安 6”火箭的研发目标是以 50%的成本代替“阿里安 5”火箭，并且允许每年发射数量翻倍。

P120C(Common)通用发动机既是未来“阿里安 6”火箭助推器,也是“织女星-C”火箭第一级,由意大利艾维欧(Avio)公司和阿里安集团共同开发,2015 年开始研制,2018 年 7 月进行首次静态点火试验,是目前世界上最大的整体式碳纤维固体火箭发动机。2022 年 7 月,“织女星-C”火箭在法属圭亚那库鲁发射中心发射成功。

图 3.14 为 P120C 发动机三维结构示意图,图 3.15 为推力曲线,图 3.16 为壳体缠绕过程,图 3.17 为喷管结构,图 3.18 为喷管与点火装置自动对接设备,表 3.8 为 P120C 发动机性能参数。

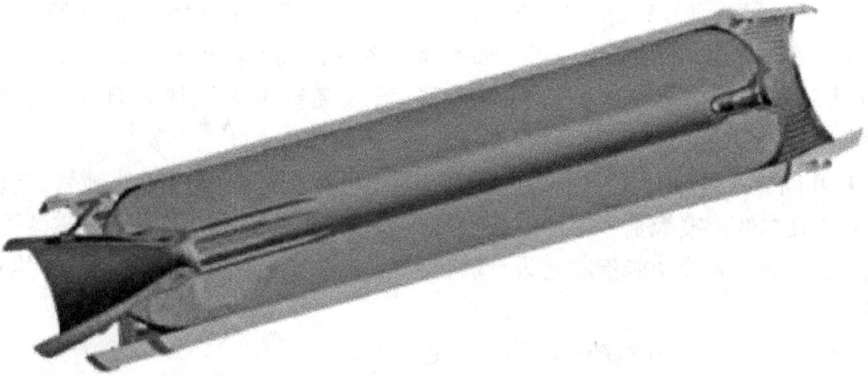

图 3.14 P120C 发动机三维结构示意图

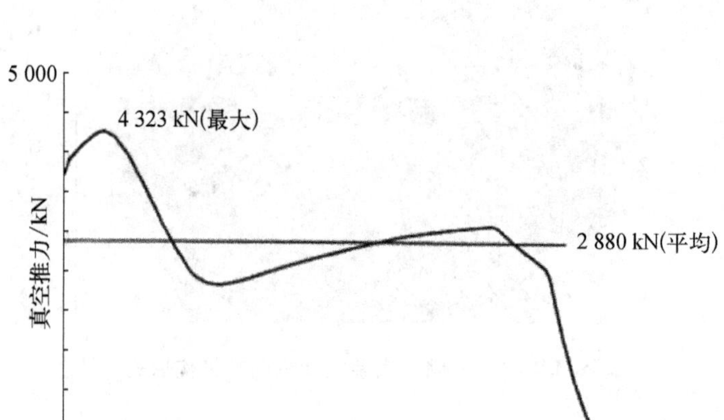

图 3.15 推力曲线

图 3.16　壳体缠绕过程

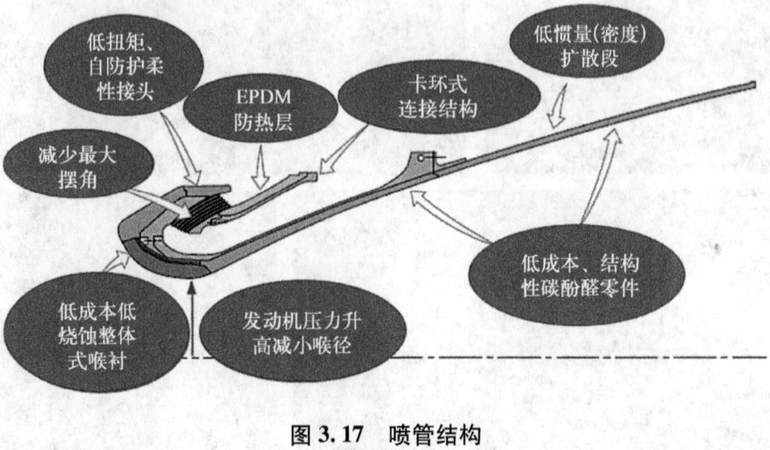

图 3.17　喷管结构

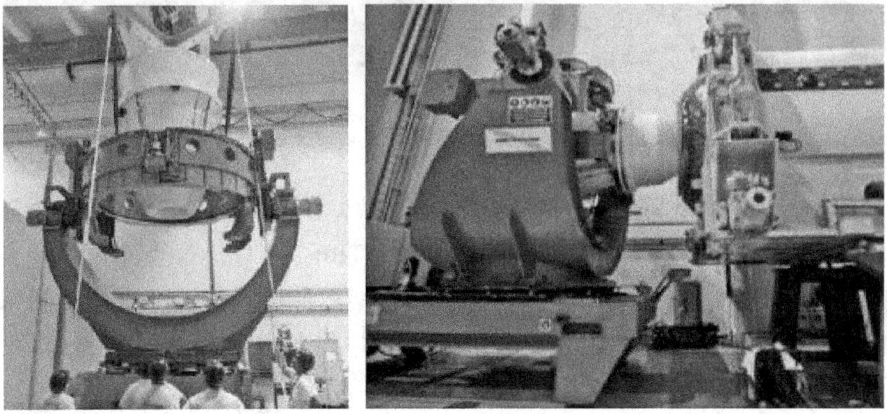

图 3.18　喷管与点火装置自动对接设备

P120C 发动机基于“织女星”火箭 P80 固体发动机技术，壳体采用碳纤维复合材料、干法缠绕工艺制成。推进剂采用 HTPB。喷管设计为经典的潜入式结构，去除了柔性密封罩部分。喉衬采用碳/碳复合材料。扩张段绝热层采用新型碳酚醛预浸料工艺，生产的大型单件出口锥绝热层高为 2.6 m，直径为 2.3 m。

表3.8 P120C发动机性能参数

性能与参数	性能与参数
直径：3 400 mm	长度：13 500 mm
推进剂质量：14 200 kg	发动机消极质量：11 000 kg
发动机壳体质量：8 300 kg	质量比：0.92
海平面推力(最大)：2 880 kN	最大压强(p_{max})：9.3 MPa
真空比冲：278.5 s	燃烧时间：135 s
推进剂牌号：HTPB2013	喷管喉径：577 mm
喷管面积比：14.7	推力矢量控制：柔性喷管

3.2 总体设计任务与总体设计流程

3.2.1 总体设计任务

固体火箭发动机总体设计任务是依据运载火箭总体提出的动力需求，选定能够满足总体设计技术要求的发动机方案，计算发动机性能，确定发动机主要结构形式、材料及其设计参数选择等，在此基础上提出发动机各组部件的具体设计要求。

在整个发动机的研制过程中，发动机总体负责协调发动机各组部件结构和设计参数等有关技术问题；根据研制工作进展情况，及时与箭总体、弹体结构、控制系统、遥测专业、环境专业、火工系统等专业协调发动机的功能要求、空间布局、安装接口、性能参数、精度、使用环境条件、可靠性等要求，提供其所需的理论数据、试验数据和图纸[4]。

火箭总体对发动机提出的技术要求包括工作性能要求、质量和结构尺寸、环境适应性要求及经济性要求等，这些要求都反映在设计任务书中，它是发动机设计的主要依据，一般包括以下内容。

1. 发动机用途

发动机的用途主要指所用火箭的类型和级别。对于大部分的发动机，其设计是在原型发动机的基础上进行的改进设计，如增加运载能力、提高性能或改变用途等。即便对于一台全新的发动机，其技术基础仍是某些成功设计的发动机，因此，对于现有发动机的深入了解和设计经验的积累是发动机设计过程中不可或缺的。

2. 性能指标

(1) 发动机总冲及其偏差。

(2) 发动机比冲及其偏差。

(3) 推力曲线要求。

(4) 发动机工作时间(或燃烧时间)及其偏差。

(5) 推力矢量控制。

(6) 发射飞行可靠性。

3. 约束条件

为保证火箭的总体布局和主要技术指标的实现,对发动机提出的坐标系要求、象限定义、直径、长径比、总质量、质量比、满载/空载质心位置、安装接口、级间分离等约束条件。

4. 环境条件

(1) 储存条件。库房和发射阵地的温度、湿度、盐雾和油雾浓度、霉菌等条件,以及发动机储存状态(包括定期翻转要求)和储存年限。

(2) 运输环境。运输方式(一般为铁路运输和公路运输)、运输路况、运输里程和运输速度。

(3) 使用环境。发射时天候(环境温度、湿度、雨、雪、冰雹、沙尘、太阳辐射等),发动机工作温度、点火程序和工作高度等。

(4) 飞行环境。飞行高度、速度、过载、振动和冲击条件等。

5. 其他要求

(1) 产品交付状态要求。出厂象限要求、喷漆要求、随机文件要求(产品证明书、合格证、技术说明书、使用说明书)等。

(2) 数据提供要求。提供规定温度范围内的内弹道性能、质量质心转动惯量、下降段推力特性等。

(3) 勤务处理及经济方面的要求。包括库房和阵地的维护和保养、发动机研制成本和造价等。

3.2.2 总体设计流程

初步设计时,火箭总体设计部门向发动机设计部门提供一系列对发动机性能的要求、限制性条件、使用条件及其他的一些特殊要求等,发动机总体设计根据要求确定发动机的一系列可变参数,如燃烧室压强、喷管扩张比等,形成初步设计方案。

发动机的详细设计涉及装药、内弹道性能、燃烧机理及壳体受热、应力分析等一系列设计、分析和计算过程。整个计算过程需反复迭代优化,确保设计结果满足总体指标要求。

图 3.19 为典型发动机设计流程。

整个详细设计阶段的精度与其中每个单独程序的精度密切相关,具体如下所示。

(1) 推进剂热化学性质计算。推进剂热化学性质计算的目的是求得推进剂的热力学性质,包括理论比冲、燃烧温度、燃气比热比、燃气平均分子量等,为发动机

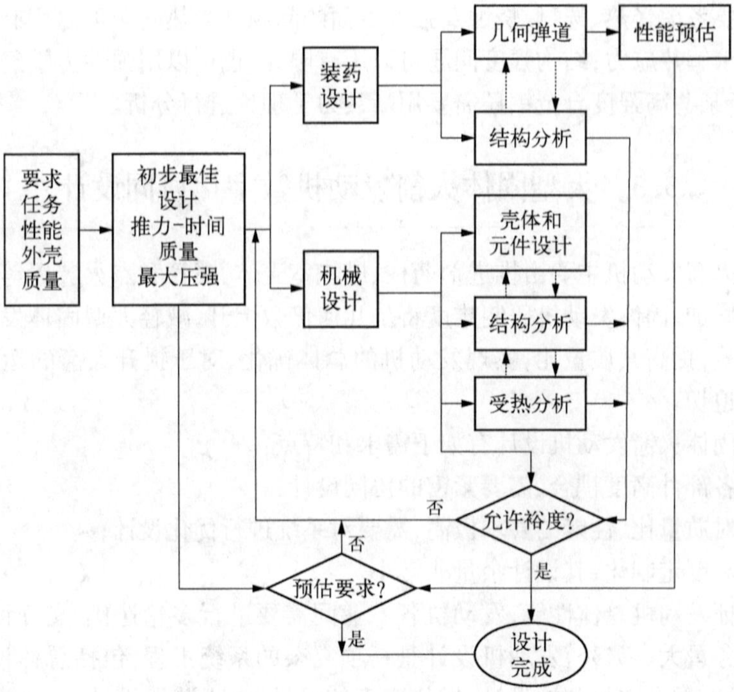

图 3.19　典型发动机设计流程

内弹道计算、结构烧蚀仿真等提供原始参数。

(2) 药柱设计。药柱设计一般包含三个基本部分,即几何形状设计、内弹道性能计算和药柱结构完整性分析。

几何形状设计: 主要是采用 Creo 等商业建模软件来进行药柱构型和燃面变化计算,得到燃面肉厚曲线作为内弹道性能计算的输入,药柱模型可用于药柱结构完整性仿真分析。

内弹道性能计算: 对于确定构型的药柱,基于其燃面肉厚曲线、推进剂燃速、压强指数等参数,计算燃烧室压强、推力随时间的变化关系。

药柱结构完整性分析: 采用有限元方法分析药柱结构完整性,不仅要掌握黏弹性力学理论,而且还必须掌握通过大量实验取得的黏弹性材料的各项力学性能数据,以及结构的失效模式与破坏准则。

(3) 燃烧稳定性验算。通过对引起发动机不稳定燃烧的形成机理、阻尼因素及其作用规律的研究,从降低推进剂燃烧压强耦合增益、增加燃烧室声稳定阻尼效应等方面入手,形成抑制不稳定燃烧的发动机设计方法。目前可以对发动机的燃烧稳定性进行预估性验算,国内外已经有不少此类程序。

(4) 发动机结构设计、受热及强度分析。发动机结构设计、受热及强度分析包括燃烧室、喷管、点火装置结构设计和发动机各部分的密封设计,其中壳体和喷管设计必须要考虑受热、选材、烧蚀及强度方面的问题。受热问题可以用有限元或有限差分法求解热应力；结构强度问题可以用有限元，也可以用弹性力学经典方法解决，但对于某些高强度合金钢还需要用断裂力学理论进行分析。

3.3 大型固体火箭发动机数字化协同设计

固体火箭发动机主要由推进剂药柱、燃烧室壳体、喷管和点火装置等组成。随着直径的增加，固体发动机研制难度将呈几何倍数上升，减轻大型固体发动机系统的结构重量，提高其质量比，实现发动机的总体优化，对于提升火箭的运载能力尤为重要和迫切。

大型固体火箭发动机设计有如下需求和特点：

(1) 各部件高度耦合，需要紧密的协同设计；

(2) 对质量比、性能的要求极高，需要对系统进行优化设计；

(3) 高度定制化，其设计余量非常小。

为保证发动机总体性能，发动机各专业间需要进行多轮迭代、交互设计，发动机设计任务量大。另外，发动机设计是一项复杂的系统工程，包括总体设计、装药及性能设计、燃烧室热防护设计、燃烧室壳体设计、点火装置设计、喷管设计、连接密封设计等，涉及结构强度、内流场、传热、内弹道性能、温度场、应力场、连接强度和密封性能等方面的分析计算，综合导致了发动机设计任务繁重。同时，伴随着新产品、新技术的不断出现，产品复杂度越来越高，计算机建模与仿真的需求越来越大，子系统之间的耦合性越来越强，特别是多领域、多学科统一建模、统一设计、统一分析优化的要求越来越高。

因此，大型固体火箭发动机的设计亟须通过统一的协同设计平台来管控复杂的协同设计过程，保证设计交互的正确性、规范性，固化成熟设计，提升设计效率。对此，在“快舟”系列固体火箭发动机的研发牵引下，我国完成了“大型固体火箭发动机数字化协同设计平台”的开发和应用，显著提升了发动机设计效率和质量。

3.3.1 系统架构

数字化协同设计平台的系统架构如图 3.20 所示，由三大模块组成：项目管理模块、专业设计模块和数据库模块。

项目管理模块将发动机设计任务分解为多个需要先后完成的子任务，并管理任务间需要传递的各类参数。各任务下的任务数据通过过程数据管理中心集中管理。

专业设计模块接收项目管理模块子任务的任务数据后，利用提前封装好的专业设计模板完成专业设计，将设计结果(任务参数)提交到项目管理模块。专业设计模块通过组件化的方式搭建专业设计模板，实现了专业设计过程的软件调用以

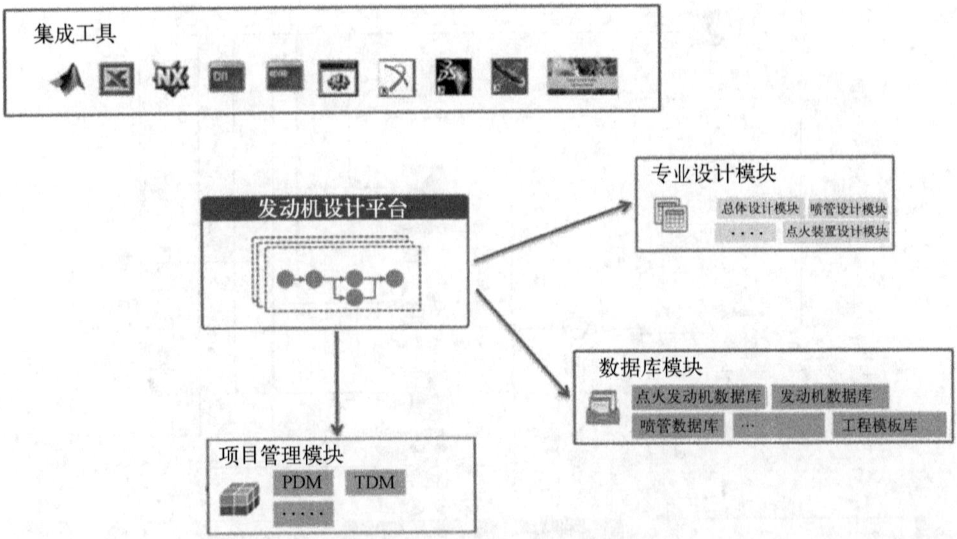

图 3.20 协同设计平台系统架构

及数据传递的自动化。

数据库模块内嵌专业的 Oracle 数据库,将较为复杂的数据库转变为简单易用、可视化性强的专业数据库软件,便于工程师上手使用。数据库模块可以作为专业设计模块的组件,能够在专业设计模板内实现数据库搜索和调用。

3.3.2 系统设计流程

在项目管理模块,发动机从火箭总体接收设计任务及相关设计参数。在整个平台上,总体设计共用一套参数,数据规范、唯一,发动机设计的输入由总体自动传递,可以实现发动机系统和火箭总体系统的自动交互。

图 3.21 为发动机接收设计任务。在项目管理模块,接收设计任务后,由项目管理人员应用封装好的设计流程模板,并指定项目团队。在模块中,各分系统之间的设计任务自动分发,设计参数随设计任务自动传递;可以实现设计、审核、批准的典型审签制度;项目管理人员可以实时查看工作进展。

如图 3.22 所示,典型发动机设计流程模板支持多轮交互、迭代设计,便于提高设计优化程度;支持项目管理人员及发动机总体设计师等对设计流程执行顺序等进行调整。

在项目管理模块,设计师接收设计任务,将设计输入参数传递到专业设计模板,利用专业设计模块开展设计。

专业设计模板的主要功能见图 3.23,主要有参数交互、参数化建模、专业算法、优化设计、仿真分析及报告自动生成等。

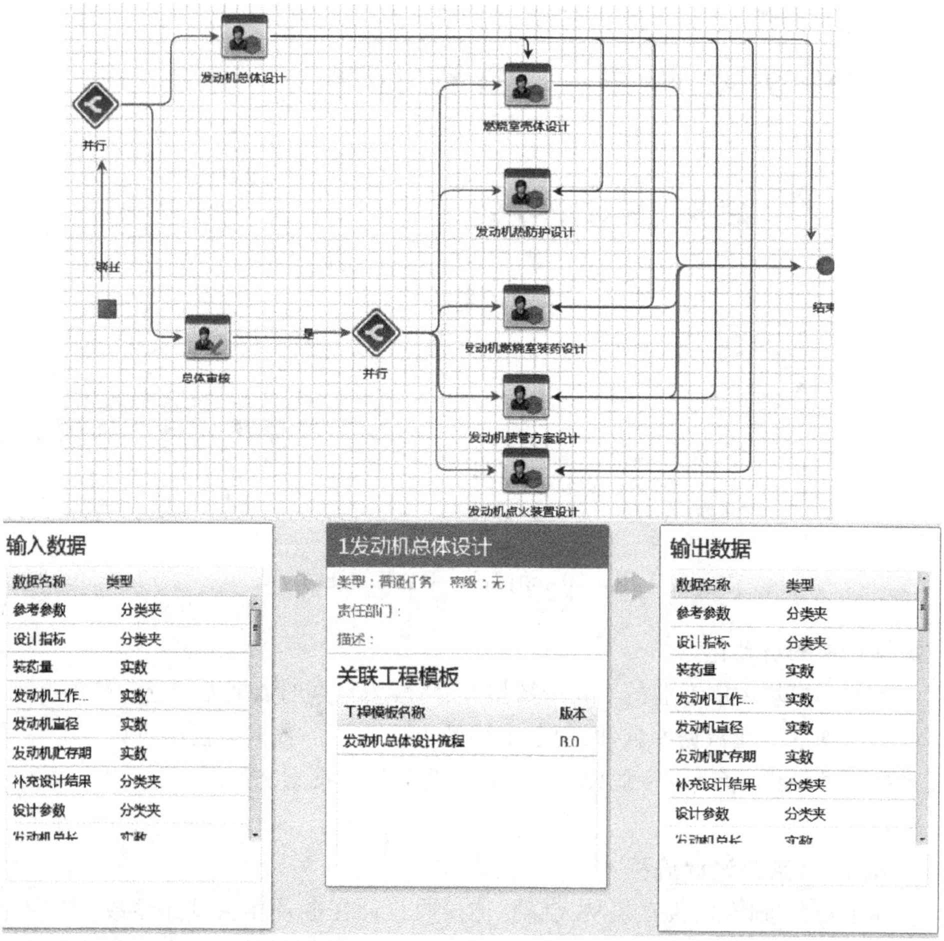

图 3.21 发动机接收设计任务

参数化建模的功能示意图见图 3.24，发动机模型采用自顶向下设计，采取骨架驱动，发动机模型根据参数自动化调整，并实现自动化装配。

专业算法的功能示意图见图 3.25，专业算法采用专业设计模板提供的用户图形界面程序编辑器，将工程算法封装为可视化性好的可执行程序；配合设计准则和操作指南，降低了发动机专业设计门槛，便于设计师上手。

优化设计的功能示意图见图 3.26，专业设计模板集成了 Isight 专业优化设计软件，驱动参数化三维模型，进行多学科优化（相关优化内容含工作压强、内弹道、总重、装药量等）。

仿真分析的功能示意图见图 3.27。专业设计模板集成了主流的仿真软件，如 Ansys Workbench、MSC Patran、Fluent 等，对于造型简单的零部件，能够实现自动化仿真。

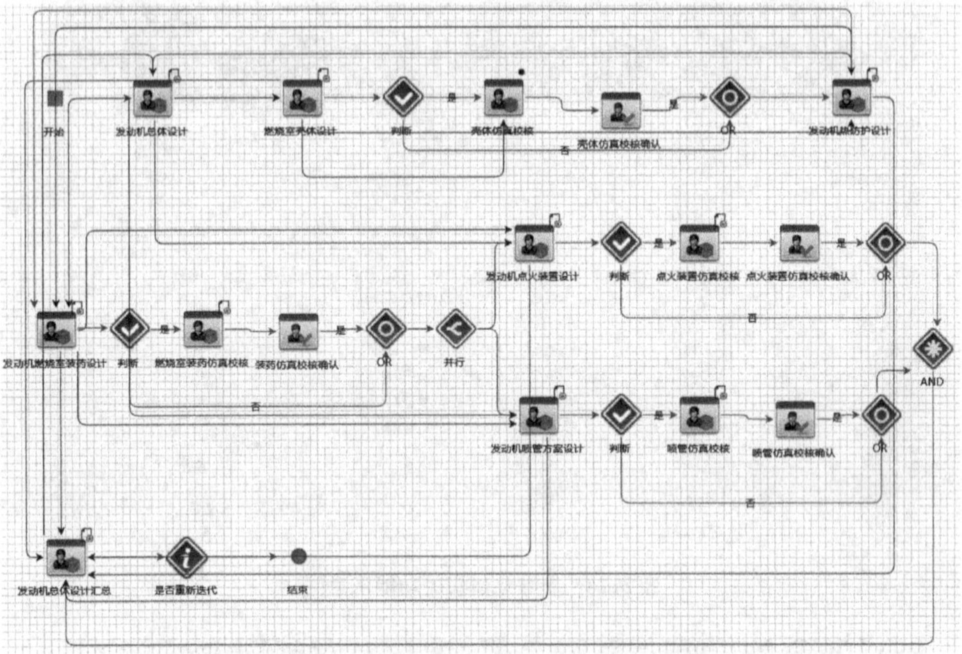

图 3.22　典型发动机设计流程模板

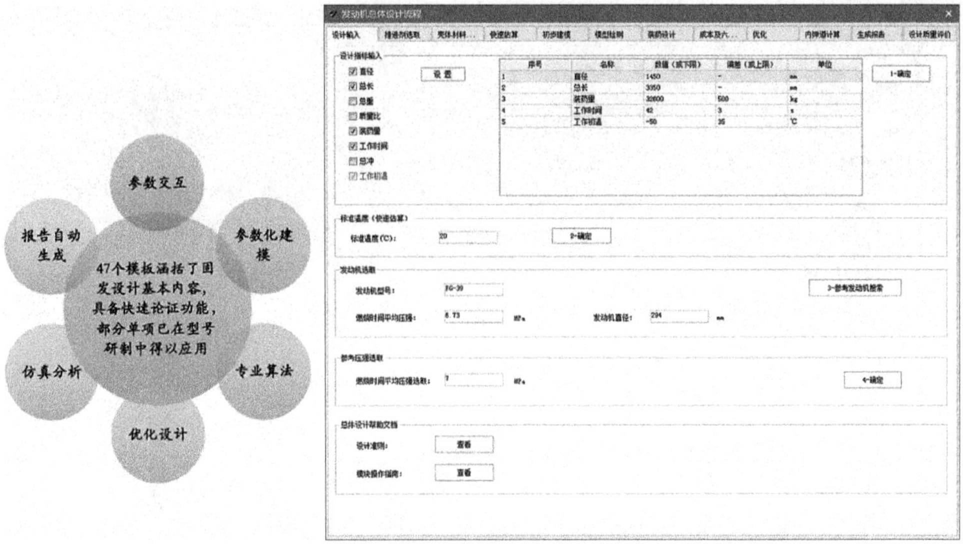

图 3.23　专业设计模板的主要功能

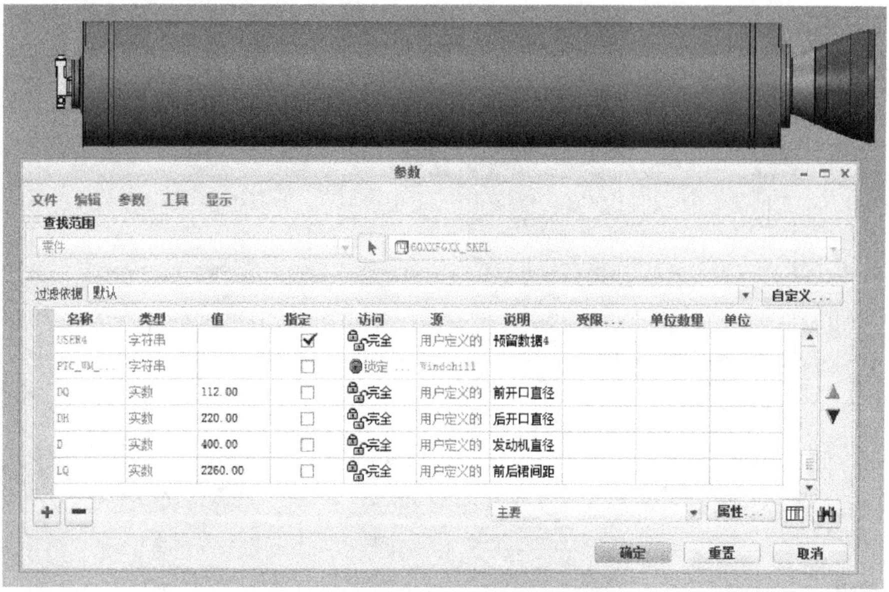

图 3.24　参数化建模的功能示意图

图 3.25　专业算法的功能示意图

图 3.26　优化设计的功能示意图

图 3.27　仿真分析的功能示意图

报告自动生成的功能示意图见图 3. 28。专业设计模板集成了 Word、Excel 等文件格式的自动填充组件，能够将设计过程的参数、图片等按照预先设定好的位置填充到文件模板中。生成的报告能够充分地反映设计过程，可以提交到文件签审流程。

为了有效地利用成熟设计提升发动机设计优化程度，数据库模块集成了产品数据库；为了给设计提供数据支撑，数据库模块集成了材料数据库等。目前，数据库模块共含 7 个数据库，并在进一步的扩展中。7 个数据库分别为发动机总体、燃烧室壳体、热防护、药柱、喷管、点火装置和材料数据库(图 3. 29)。数据库功能组

图 3.28　报告自动生成的功能示意图

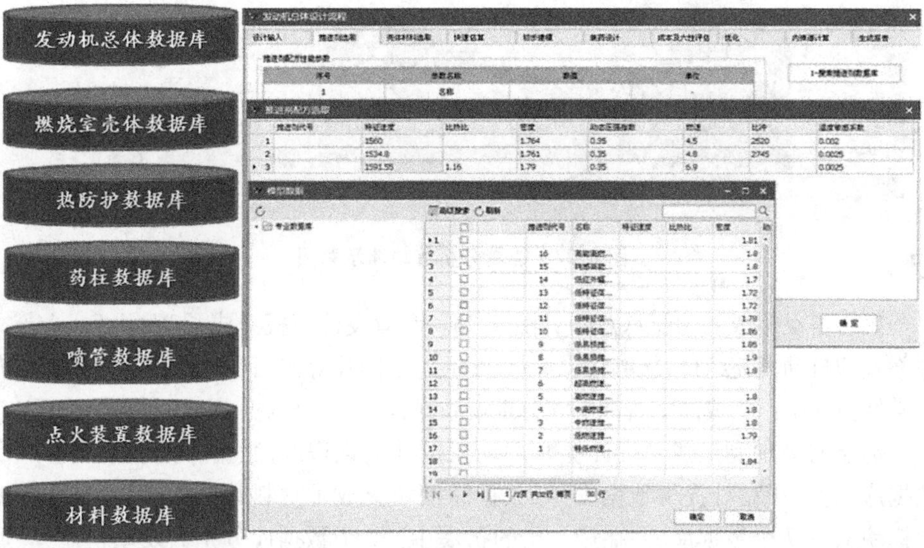

图 3.29　数据库组件调用示意图

件化并集成到专业设计模板中，在设计过程中能够方便地调用。

3.3.3　系统特点

(1) 实现了协同设计的过程管控。固体火箭发动机协同设计平台与传统的产品数据管理系统相比：实现了对协同设计的过程管控，加快了协同设计效率，也有利于规范协同设计过程。固体火箭发动机协同设计平台能够为集成产品开发等新的研发模式提供“软核心”，促进研发模式的升级、转变。

(2) 平台分层清晰，可拓展性强。平台分为项目管理模块、专业设计模块和数据库模块，分别用于管理设计师之间的设计交互、辅助设计师进行专业设计和为设计师提供数据支撑。通过三大模块的交互，实现了对协同设计过程的管控。平台清晰的分层带来了较强的可拓展性，后续计划打通发动机设计数据、生产数据，实现发动机设计、制造、保障一体化。

(3) 平台强调工具性，效率提升效果显著。该平台能够将成熟的设计流程及专业设计方法模板化，为项目管理人员、设计师等减少了大量重复劳动，降低过程中出现错误的可能性，效率提升效果显著。在项目管理模块，平台为项目管理人员提供了进度统计、人员任务量统计等项目管理工具；在专业设计模块，平台为设计师提供了简单易用的用户图形界面程序编辑器，以及大量接口清晰的工程中间件。以上工具均能提升设计的自动化程度，提高了设计效率。

大型固体火箭发动机数字化协同设计平台，实现了固体火箭发动机快速总体论证中发动机的建模参数化、论证流程数字化、工程经验数字化，大幅减少了设计师的重复劳动，同时论证精确度大幅提升，减少了运载火箭总体迭代次数，大幅提升了固体火箭发动机设计效率和质量。

参考文献

[1] 宁超，岳春国，孙振生，等. 航空宇航先进推进技术[M]. 西安：西北工业大学出版社，2020.

[2] 中国航天工业总公司，《世界导弹与航天发动机大全》编辑委员会. 世界导弹与航天发动机大全[M]. 北京：军事科学出版社，1999.

[3] 田维平，王春光，王立武，等. 固体火箭发动机技术发展概论[M]. 西安：西北工业大学出版社，2022.

[4] 鲍福廷，侯晓. 固体火箭发动机设计[M]. 北京：中国宇航出版社，2016.

第4章 大型燃烧室装药技术

装药是具有特定几何形状和尺寸的固体推进剂,是固体发动机的能量源和工质源。装药的几何形状和尺寸决定了发动机的燃气生成量及其变化规律,从而决定了燃烧室的压强和发动机推力随时间变化的关系,其设计水平直接决定了固体发动机性能的优劣。

本章首先介绍大型固体火箭发动机装药的典型技术途径,然后从固体火箭发动机装药技术要求入手,介绍装药设计、制造和检测的主要技术手段和方法,同时围绕大型装药技术特点对相关技术手段和方法进行补充,力求给读者展现出较为完整的大型装药主要技术途径和方法。

4.1 大型装药典型技术途径

对于常规规模的装药,国内经过近70年的技术发展,技术途径较为成熟,已经能够很好地满足发动机研制需求。对于由大型固体运载火箭、大型固体助推器发展牵引出的大型固体发动机装药技术,由于发展时间较短,在装药设计、制造和检测等方面仍有技术发展空间。以下重点围绕大型装药,介绍其典型技术途径。

4.1.1 整体式装药

整体式装药采取的技术途径是:采用整体式钢壳体或复合材料壳体,通过推进剂预混、混合、浇注、固化、脱模的工艺途径完成装药制作。

整体式装药的主要技术优势是:采用常规推进剂制造模式,工艺技术路线成熟度高;采用整体式壳体,药柱内部无防热等辅助结构,发动机质量比高。

整体式装药带来的主要问题是:由于装药量大,药柱结构尺寸大,需要关注药柱内部应力释放问题,尤其是低温载荷作用工况的应力释放问题;由于采用整体式装药,在制造过程中,需要关注推进剂固化周期、推进剂/衬层界面粘接可靠性问题;在发动机工作过程中,由于装药长径比通常较大,需要关注可能发生的不稳定燃烧问题。

目前,采用整体式装药的典型代表是欧洲“织女星”运载火箭第一级发动机(代号为 P80),采用 3 m 直径的碳纤维增强复合材料纤维缠绕壳体,内部热防护材料采用低密度三元乙丙橡胶,推进剂采用 HTPB(低比例黏合剂和高比例铝粉配置),浇注推进剂成型整体式装药,发动机外径为 3 003 mm,装药量为 88 385 kg,最大真空推力为 3 050 kN。

图 4.1 为 P80 发动机装药燃烧室。

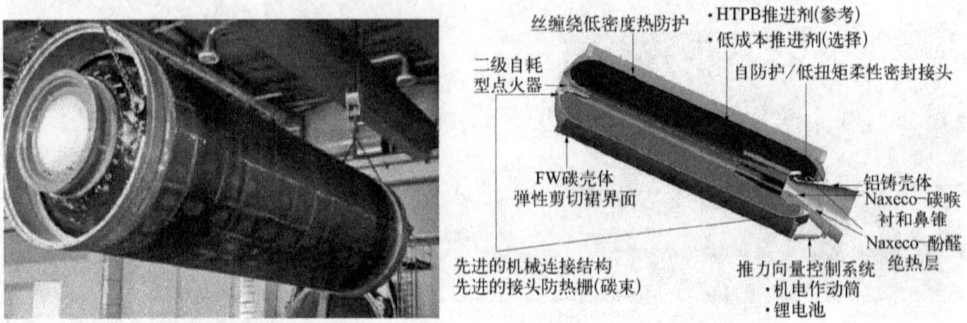

(a) 实物图　　(b) 内部结构图

图 4.1　P80 发动机装药燃烧室

4.1.2　壳体分段式装药

壳体分段式装药即分段式固体发动机,采取的技术途径为:对壳体进行分段,每段独立制作绝热,采用贴壁浇注的方式完成装药,再通过将各段连接起来形成完整的发动机装药燃烧室。

与传统整体式固体发动机相比,分段式固体发动机具有以下几方面技术优势:可在较小直径系列的研制能力下,实现大装药量、高总冲的研制目的,大幅度地降低固体发动机的研制成本;燃烧室采用分段设计技术,可以有效地降低发动机的研制难度,如将总装药量几百吨的固体发动机通过分段形成单段不到 100 t 的装药量,显著降低了大型发动机的研制难度;在分段发动机设计过程中,可将中间段设计为标准模块,通过增减发动机分段数量以形成不同的推力能力,实现推力的较大范围调整,以满足运载火箭不同的载荷需求。

分段式装药带来的主要问题是:为保证各段连接可靠性,连接部位壳体及绝热消极质量大、结构形式复杂,在一定程度上降低了发动机质量比和工作可靠性。同时,需要重点开展大型分段壳体(含绝热)对接技术、分段装药端面限燃层引起压力振荡的抑制技术、捆绑使用时装药引起的推力偏差抑制技术等关键技术研究。

目前,采用分段式装药的典型代表是美国的 SLS 火箭固体助推发动机。SLS 的五段式助推器是基于航天飞机助推器成熟经验研制的目前尺寸最大、动力最强的固体推进剂助推器,每秒燃烧大约 6 t 推进剂。两台助推器可以提供 SLS 发射中 75%的总推力。该发动机装药燃烧室壳体采用五分段式钢壳体装药后连接的技术途径,直径 3.7 m、全长 53.9 m,装药量共计 628 t,单分段装药量均在 100 t 以上,发动机质量比为 0.87。

图 4.2 为美国 SLS 系列运载火箭。

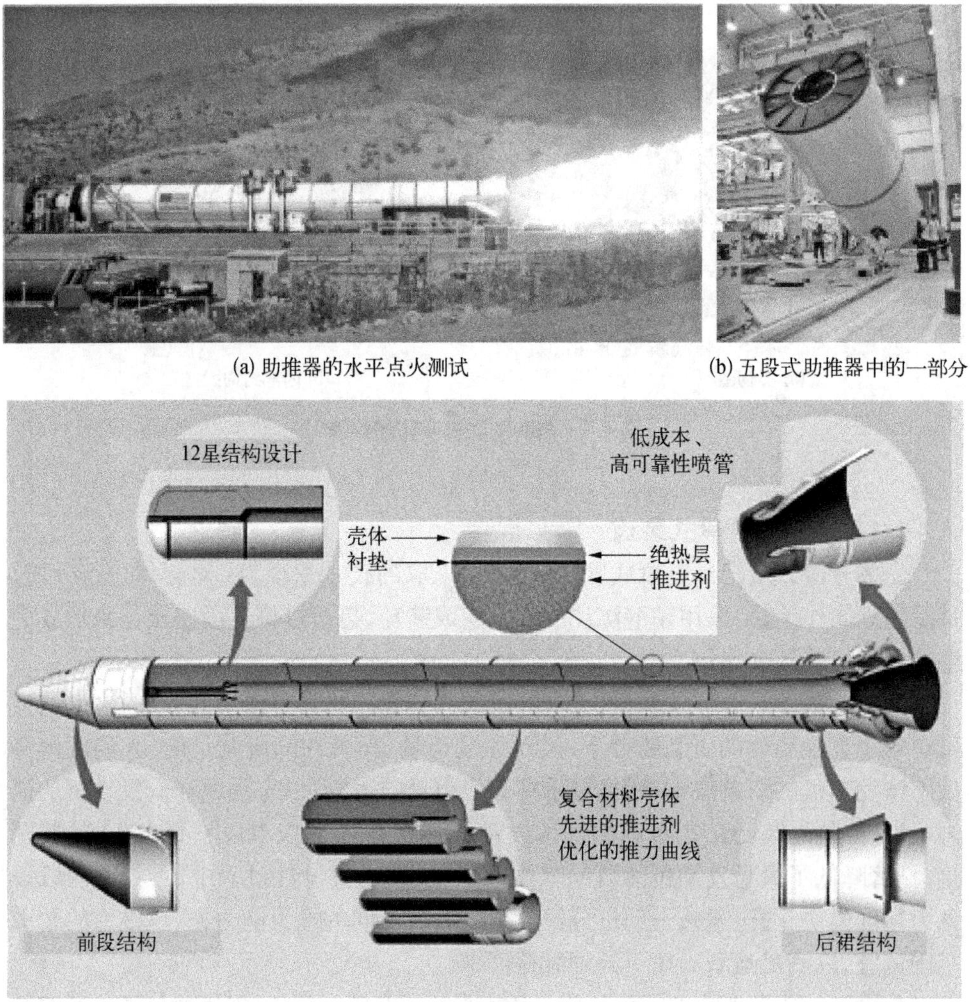

(a) 助推器的水平点火测试　(b) 五段式助推器中的一部分

(c) 内部装药结构

图 4.2　美国 SLS 系列运载火箭

4.1.3　推进剂模块式装药

与壳体分段式装药技术路径不同,推进剂模块式装药指的是燃烧室壳体是整体式，对大型药柱进行模块化设计、积木式组装。其技术途径为：借鉴装填式装药技术思路，对大型药柱进行模块化设计、分割成独立燃烧的推进剂模块空间；推进剂模块预制成型后，在整体式壳体中按照顺序进行粘接固定和间隙密封，最终组装制作成大型药柱。

推进剂模块式装药解决的主要技术问题是：

(1) 通过对药柱进行模块化设计，药柱内部应力充分释放，避免了大型装药设计中的装药结构完整性难题；

(2) 推进剂模块间缝隙封堵结构对内流场的扰动可有效抑制不稳定燃烧现象的产生；

(3) 由于推进剂模块提前制作，不需要使用大型推进剂浇注设备，在降低对装药生产条件需求的同时，避免了大吨位贴壁浇注装药的过程工艺保证难题；

(4) 通过并行生产，可以提高装药生产效率；

(5) 通过对推进剂模块进行无损检测，并在药块组装过程采取工艺质量保证措施，确保大型药柱质量受控；

(6) 由于壳体、绝热无须采用分段对接设计，对提升发动机质量比和工作可靠性具有显著意义。

推进剂模块式装药带来的主要问题是：推进剂模块组装过程需设计专用装药机构给予保证；同时，对推进剂模块间隙需要进行有效处理，杜绝贯通性燃气流动通道的产生。同时，需要重点开展推进剂模块与壳体变形匹配技术、推进剂模块间缝隙内燃气流动抑制技术、狭缝内绝热烧蚀机理与仿真技术等关键技术研究。

图 4.3 为推进剂模块式装药示意图。

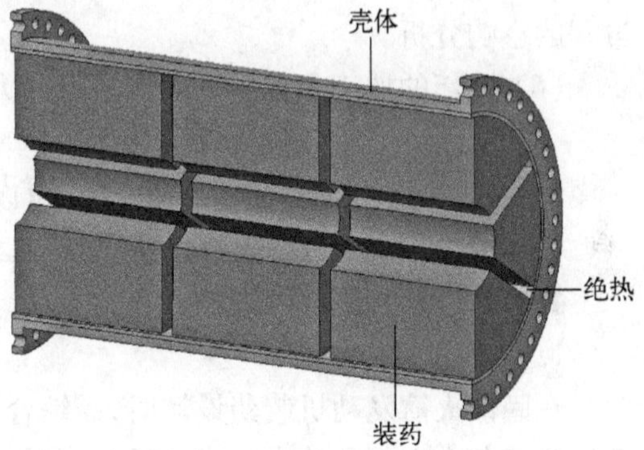

图 4.3　推进剂模块式装药示意图

4.2　装药技术要求

装药设计要求通常由固体动力分系统下发给装药技术人员，是装药研制的技术输入和依据，通常包括以下几个方面。

(1) 飞行任务决定发动机的战术技术性能要求，其在装药设计前就要确定，通常由飞行器总体来制定。技术性能要求通常包括：总冲、推力时间曲线及其偏差、发动机质量、储存及工作环境的温度限制、飞行包络线、发动机推力(振动、弯曲和气动载荷)产生的加速度,以及外径、长度、质量、喷管潜入长度和入口直径等的要求。

(2) 选择合适的装药构型来满足技术性能要求。所选择的装药应当结构紧凑,体积利用效率高,有足够的燃面来满足推力的需要,尽量地避免或适当利用侵蚀燃烧。装药的余药或拖尾应尽量小,燃烧过程中质心位置变化应尽量小。

(3) 选择合适的推进剂,主要考虑其性能特征(如特征速度)、机械性能、弹道性能、加工制造特性、羽流特性及老化性能满足要求。若有必要,推进剂的配方可进行适当的改变或调整,使其精确满足燃烧时间和装药几何的要求。对于大型装药,需重点开展推进剂力学性能测试与分析,为装药-壳体变形匹配分析提供准确的基础数据支撑。

(4) 装药结构应具有完整性。通过对装药燃烧室进行详细应力分析,确保在各种载荷条件下装药结构不被破坏,如内压载荷、加速度载荷和温度载荷,可以优化装药几何构型来消除或减轻应力集中。对于大型装药,需结合壳体材料种类与结构形式,重点开展装药-壳体变形匹配仿真分析。

(5) 燃烧时间越长,装药的内腔将变得越复杂,如开槽、翼形和孔形。应当仔细研究装药的内腔对响应、阻尼和不稳定燃烧的影响。对于大型装药,通常会在药柱中设计限燃结构、应力释放结构等特殊结构,需重点关注以上结构对发动机工作过程的影响分析。

(6) 装药的加工和推进剂的制造尽量力求简单和低成本。

4.3 装药设计技术

4.3.1 设计原则和方法

1. 设计原则

在固体火箭发动机装药设计时,需综合考虑配方能量、药型设计、成型工艺、装药检测等各个方面的技术要求与现有条件[1]。无论对于何种规模的装药,都需要重点关注推进剂能量发挥、药柱结构完整性等方面的问题,尤其是对于大型装药,需重点关注发动机工作过程力、热载荷作用下药柱与壳体的变形匹配问题,一方面保证药柱自身结构完整,另一方面保证与装药有关的粘接界面安全。下面给出一般性的装药设计原则,具体是:

(1) 根据弹箭总体对发动机的能量性能要求,在已有成熟推进剂配方中根据发动机工作压强范围合理选择推进剂配方;

(2) 在保证发动机能量性能可满足弹箭总体要求的前提下,选用推进剂力学性能好、成型工艺性好、成本低廉的推进剂配方;

(3) 在开展药型设计时,需综合考虑内弹道计算结果、药柱结构完整性分析结

果和装药芯模设计结果,迭代寻优;

(4) 按燃面平行层退移规律得到的燃面-肉厚曲线应尽量平稳,以利于发动机工作压强平稳、壳体承压能力得到充分发挥;

(5) 在进行药柱结构完整性分析时,需涵盖如温度、加速度、压强等载荷单独或联合作用的全部工况,确保药柱变形量在推进剂可承受范围内,并评估是否需要采取人工脱粘层措施;

(6) 药柱中部空腔长径比较大时,需选择合理的拔模锥度确保芯模顺利脱出;

(7) 合理选择装药体积分数,以利于提高发动机质量比,但需要同时考虑药柱结构完整性,考虑喉通比、燃通比等参数确保发动机工作过程推进剂燃烧稳定,考虑初始燃面大小确保发动机初始推力满足设计要求;

(8) 在发动机工作过程中,药柱质心的变化要与发动机质心变化要求相协调;

(9) 如果已有推进剂配方无法满足设计需求,那么需新研推进剂配方,应按照先能量、再工艺、再成本的顺序进行评估。

2. 设计方法

装药设计主要是设计药柱的结构,即确定药柱的几何形状和尺寸,使之满足发动机内弹道性能的要求和自身结构完整性的要求。药柱的结构将影响发动机总体结构、性能和可靠性等各个方面。所以从某种意义上来说,药柱设计是在众多相互制约条件下实现巧妙协调各因素的一种艺术[2]。

药柱设计工作大体包含评估设计要求、初步优化设计及药柱详细设计等主要步骤。固体火箭发动机及药柱设计流程见图 4.4。

4.3.2 设计参数和基本术语

1. 设计参数

在确保既定的设计要求和满足选定的优化准则(最大总冲、最小药柱质量和最小长度等)前提下,选择推进剂,并协调确定各相关参数的影响,最后确定几组药柱结构的优选方案。这项工作目前已经可以由各种计算机程序快速、准确地完成。

药柱设计的相关重要参数包括以下几项。

1) 药柱质量 m_p 和体积 V_p

推进剂选定以后,根据总冲要求即可估算出其质量和体积

$$m_p = \frac{fI}{I_s} = \frac{f\int_0^t F\mathrm{d}t}{I_s} \tag{4.1}$$

在考虑了制造误差和性能偏差的增加量后, $f = 1.01 \sim 1.05$。如果采用的药柱构型有余药,那么在 m_p 中还应加上余药量。

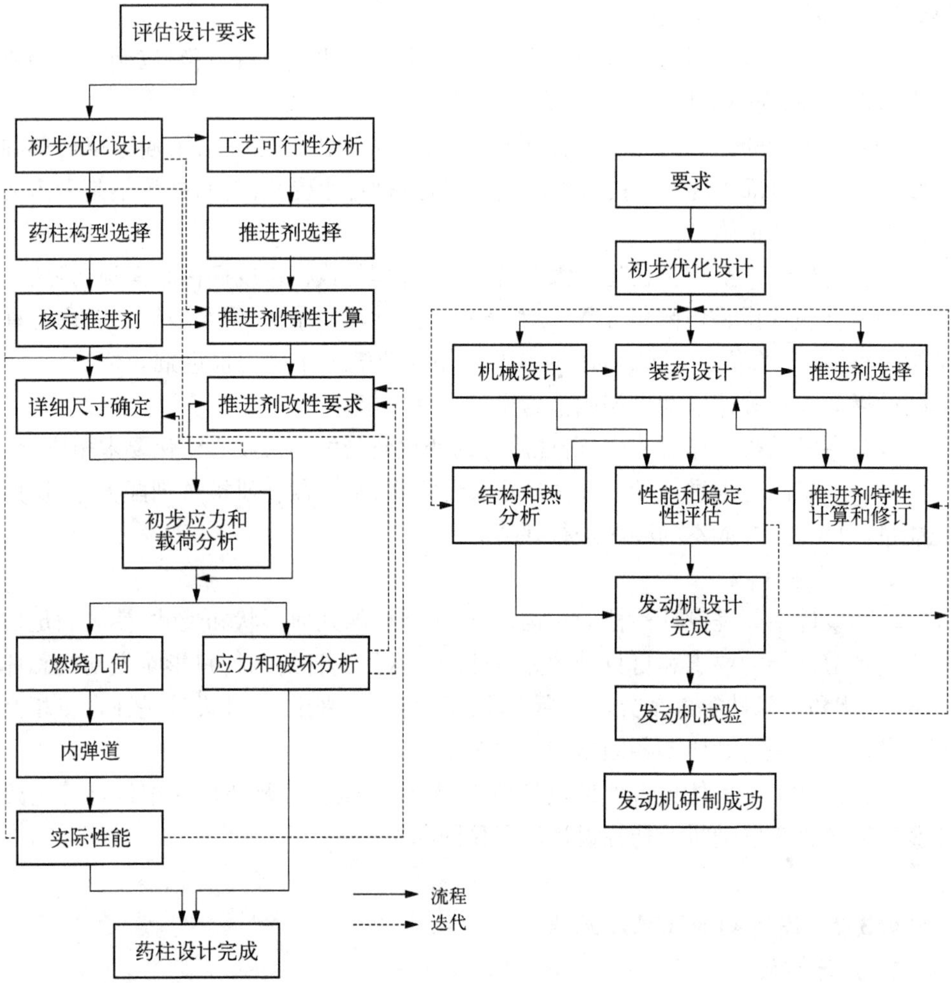

图 4.4　固体火箭发动机及药柱设计流程

药柱体积：

$$V_p = m_p/\rho_p \tag{4.2}$$

比冲 I_s 应当根据给出的原始参数，估算各种损失后，尽可能地采用接近实际情况的实际比冲。对于推力系数 C_F 和特征速度 c^* 等，也应按此原则处理。

2）喷喉面积及燃面

通过给定的推力和压强，容易算出喷喉面积 A_t：

$$A_t = \frac{F}{C_F P} \tag{4.3}$$

压强和推力可以采用最大值或最小值。可以根据给出的最大压强估算平均压强,也可以根据燃烧时间 t_b 或工作时间 t_a 估算平均压强 $\bar{p}$:

$$\bar{p} = \frac{1}{t_a}\int_0^{t_a} p\mathrm{d}t \tag{4.4}$$

或

$$\bar{p} = \frac{1}{t_b}\int_0^{t_b} p\mathrm{d}t \tag{4.5}$$

但这种估算都只能得到粗略的结果。在具体药柱设计的性能参数完成估算之前,只能用相似发动机的比较法或直观判断法去估算压强曲线的变化及初始压强峰。

根据估算出的平均压强求取 A_t, 然后按公式:

$$p = \left(\frac{c^* \rho_p a}{A_t}\right)^{\frac{1}{1-n}} A_b^{\frac{1}{1-n}} \tag{4.6}$$

或

$$F = C_F A_t p = C_F (A_t^{-n} c^* \rho_p a)^{\frac{1}{1-n}} A_b^{\frac{1}{1-n}} \tag{4.7}$$

得出燃面 A_b 与 F 或 p 的对应关系。

3) 肉厚分数与燃烧时间

肉厚分数 $\overline{e_1}$ 又称为弧厚分数,它是选择药型的最重要的参数之一,一般定义为

$$\overline{e_1} = \frac{2e_1}{D} = \frac{2rt_b}{D} \tag{4.8}$$

式中, e_1 为药柱肉厚;D 为药柱外径(对于管形药柱即为燃烧室内径 d_c);r 为平均燃速。

一般可取燃烧时间 $t_b = 0.95\, t_\varepsilon$。

由 $\mathrm{d}e = r\mathrm{d}t$ 和 $r = Ap^n$, 得

$$t_b = \int_0^{e_1} \frac{\mathrm{d}e}{ap^n} \tag{4.9}$$

4) 装填分数与通气参数(J 或∂e)

单位燃烧室容积内装入推进剂的量是药柱设计的质量指标之一,它表示燃烧室容积的利用率。这个指标称为装填密度,以 Δ 表示:

$$\Delta = \frac{\text{药柱质量}}{\text{燃烧室容积}} = \frac{m_p}{V_c} = \frac{A_T \rho_p L}{A_e L_e} \tag{4.10}$$

在许多情况下药柱长度与燃烧室长度相差不多，即 $L_e \approx L$，则，

$$\Delta \approx \frac{A_T}{A_e} \rho_p \tag{4.11}$$

式中，A_T 为药柱的横截面积；A_e 为燃烧室的横截面积。称 A_T/A_e 为装填分数，又称为截面装填因子，以 η 表示，即

$$\eta = \frac{A_T}{A_e} \tag{4.12}$$

通气参数 J 或∂e 为

$$J = \frac{A_1}{A_p} = \frac{A_t}{A_e - A_T} = \frac{A_t}{A_e(1 - \eta)} \tag{4.13}$$

$$\partial e = \frac{A_b}{A_p} = \frac{A_b}{A_e(1 - \eta)} \tag{4.14}$$

可以看出，装填分数 η 的增大会使 J、∂e 值增大，从而导致侵蚀燃烧。因此，在药柱设计时，一般要通过已知的发动机外径来估算燃烧室的内径 d_e，进一步算出 A_e，然后用 J 或∂e 的限制来确定药柱几何尺寸及估算 η 值。

5）长径比

药柱的长径比即其长度 L 与直径 D 之比。它是根据规定的壳体尺寸计算出来的。长径比对药柱设计的影响包括以下三个方面：

（1）药柱端面对燃面变化的影响随 L/D 的减小而增大，因此，在要求等面燃烧的情况下，L/D 对选择药型有较大的影响；

（2）侵蚀燃烧及对其他参数的敏感性随 L/D 的增大而增强；

（3）高的 L/D 值有增加不稳定燃烧的趋向。

应当指出，在这些设计参数中，许多参数经常是互相制约的，如药柱质量与装填分数有相互影响；装填分数的增加又受到通气参量的限制；肉厚与燃面也有一定的函数关系等。药柱设计时必须综合考虑上述影响。

2. 基本术语

装药相关的基本术语如下。

（1）药型。装药的初始形状，决定了发动机的燃气生成率及其变化规律。

（2）柱形药。装药横截面沿轴向保持不变。

（3）等面燃烧。发动机推力、压强和燃烧面积随时间近似为常数。

(4) 内孔燃烧。在发动机工作过程中,燃烧发生在装药内表面。这种装药能够有效地保护发动机壳体。

(5) 增面燃烧。发动机推力、压强和燃烧面积随时间是递增的。

(6) 减面燃烧。发动机推力、压强和燃烧面积随时间是递减的。

(7) 拖尾。在发动机主燃烧过程结束后剩余的推进剂部分,一般作为损失而排出喷管。

(8) 振荡燃烧极限。维持稳定燃烧的最小压力,低于此压力会出现熄火或断续燃烧。

(9) 包覆层。指装药表面的涂层或阻燃材料,防止装药暴露在燃气中。包覆层一般由聚合橡胶和填料组成,采用粘、涂、喷等工艺制成。

(10) 衬层。衬层是推进剂未浇注之前,在壳体或绝热层表面粘贴的一层黏性的、不自燃的聚合物材料。衬层的作用:一方面增强装药与壳体之间的粘接性能,另一方面起缓冲作用。

(11) 肉厚 W。肉厚 W 为装药的初始表面到绝热壳体内表面或其他装药交界面间的最大距离。对于端面装药,肉厚近似等于装药的长度。

(12) 肉厚分数 W_f。肉厚分数 W_f 为装药肉厚与装药外半径 R_p 之比,$W_f = W/R_p$。

(13) 模数 m。模数 m 为装药外半径 R_p 与内表面半径 R_i 之比,$m = R_p/R_i$。

(14) 体积装填分数 V_f。体积装填分数 V_f 为推进剂的体积 V_p 与燃烧室容积 V_c 之比,$V_f = V_p/V_c$,V_c 中不包括喷管,但是包括推进剂、绝热层、包覆层、自由容积等体积。

4.3.3 推进剂配方与性能

1. 推进剂的选用原则

推进剂的选用是固体火箭发动机设计流程中的一个重要环节,以下是在不考虑特定发动机使用要求下选用固体推进剂的基本原则:

(1) 高性能或高比冲;

(2) 燃速调节范围宽、稳定性好、适合装药设计,可以很好地用于发动机推力-时间计算预示;

(3) 压强指数及燃速温敏系数尽量小且稳定;

(4) 在发动机使用环境温度范围内具有足够的力学性能;

(5) 高密度;

(6) 点火性能重复性好;

(7) 老化性能好,使用寿命长;

(8) 低吸湿性;

(9) 制造工艺简单,生产工艺成熟,成本低,危险性小;

（10）推进剂生产原材料国产化程度高，供货渠道稳定有保障；

（11）燃气无毒环保；

（12）性能稳定，无长期的化学反应或分子迁移，无燃烧不稳定倾向。

对于大型装药，在推进剂选型过程中，遵循以上固体推进剂选用基本原则的同时，需要兼顾大型固体火箭发动机对产品成熟度高、可靠性高、成本低的要求。

2. 推进剂主要性能

1）能量特性

推进剂的能量性能包括推进剂的比冲、密度等，是复合固体推进剂应用于航天动力系统的核心基础性能，直接决定着航天系统运载能力。根据火箭飞行任务的不同，对复合固体推进剂能量的具体要求也不同。

2）燃烧性能

固体火箭发动机工作时，将固体推进剂的化学能转化为喷管喷出燃气的动能，从而产生喷气推进的反作用力，所以固体推进剂的稳态燃烧性能是发挥固体推进剂能源作用的基础。推进剂在发动机中的燃烧应具有满足设计要求的规律性，即具有一定的燃烧速度、燃速压强指数和燃速温度敏感系数等，以满足火箭发动机对能量稳定释放的要求。

3）力学性能

固体推进剂的力学性能是确保固体火箭发动机的结构完整性，保证其正常工作、可靠履行使命的关键基础性能。作为固体火箭发动机的关键结构组件之一，固体推进剂在制造、使用、储存及服役环境条件下承受着各种复杂的力学载荷作用。良好的力学性能可以使发动机能够承受在点火发射和运输过程中所产生的巨大应力，以及在生产和长期储存期间温度变化所产生的热应力，不至于产生过大形变甚至出现裂纹、裂缝等，避免造成发动机结构损伤、点火燃烧异常和出现破坏失效现象。

4）安全性能

固体推进剂的安全性能是保证火箭发动机在生产、储存、运输、使用、销毁等全寿命周期过程中安全性的基础。复合固体推进剂及其主要组分均为易燃易爆物质，在各种外界激发能源（撞击、摩擦、静电、热、冲击波等）的作用下具有发生着火甚至爆炸的危险性。改善固体推进剂的安全性能、降低推进剂对外界激发能源的敏感性，是保障固体推进剂制造、储存、运输和使用过程安全的必要手段。

5）贮存老化性能

由于复合固体推进剂具有一次性使用、不可更换/维修的特点，所以储存性能是决定各种火箭发动机使用寿命、可靠性和保障能力的关键性能。对于火箭用固体火箭发动机，对贮存期的要求弱于武器装备使用要求，但推进剂也必须具备优良的储存性能，在长期贮存后物理及化学变化小，能够保证火箭发动机安全可靠使用，精度满足要求。

6）工艺性能

复合固体推进剂应用于固体火箭发动机的一大关键是其可以实现各种复杂药型发动机的贴壁式浇注装药。即复合推进剂混合均匀后的药浆必须具有良好的流动性和流平性，能够按要求浇注到燃烧室壳体或规定形状的模具中，保证制成致密无孔、特定形状的装药产品。由于使用目的的多样化要求，现代固体火箭发动机在尺寸、药型方面的设计非常复杂，推进剂必须具有良好的工艺性能和足够的工艺适用期，才能够保证浇注推进剂药柱的质量。

4.3.4　药柱结构参数估算与药型设计方法

为了在装药技术要求中，给出各项性能参数值，要按照发动机设计技术要求中的弹道性能参数，对装药所用推进剂的性能参数进行计算。这些计算也是装药药型设计和装药性能初步计算的内容。现结合实例计算推进剂的性能参数和装药药型设计所需的性能参数[3]。

1. 药柱结构参数估算

1）药柱质量计算

根据发动机设计技术要求中给出的发动机总冲、平均推力、工作时间等参数，结合所选推进剂的比冲值，考虑各种误差、性能偏离等可对药柱质量进行初步计算，计算公式如下：

$$W_p = k_1 \cdot \frac{I_0}{I_{sp}} = k_1 \cdot F_{cp} \cdot t_b / I_s \tag{4.15}$$

式中，W_p 为药柱质量；I_0 为总推力冲量（单位为 kN · s）；I_s 为推进剂比冲[单位为（kN · s）/kg]；t_b 为燃烧时间（单位为 s）；k_1 为余量系数。

2）平均燃烧面积计算

根据所选推进剂的燃速、比冲、密度，发动机设计技术要求中给出的发动机平均推力等参数，可以得出药柱平均燃烧面积，计算公式如下：

$$S_b = F_{cp} / (u \cdot \rho_P \cdot I_s) \tag{4.16}$$

式中，u 为燃速；ρ_P 为推进剂密度；F_{cp} 为平均推力（单位为 kN）。

3）肉厚计算

根据所选推进剂燃速和燃烧时间（近似按工作时间）参数要求，可以大致计算出装药药型的肉厚，计算公式如下：

$$e_1 = t_b \cdot u \tag{4.17}$$

2. 药型设计方法

在发动机设计中,通过药型的选择和结构的调整以适应发动机和飞行器任务的特殊需要是发动机设计的重要工作之一。通常发动机性能要求和推进剂燃速是决定药型设计的主要因素,药型必须满足推力、燃烧时间、燃烧室压强、总冲、质心移动、结构强度、贮存寿命、温度限制和制造成本的要求。经过固体发动机行业几十年的发展,目前发动机的药型设计集中在少数几种构型,一般可以通过已知构型的组合或适应性改进来满足设计要求,装药设计的趋势是避免使用不利于药柱结构完整性的结构、产生较长拖尾的结构、较低体积装填分数的结构或制造成本昂贵的结构。

1) 三维药柱燃面的图解解析法

为了提高发动机的质量比,增加推进剂的体积装填分数,同时也是为了调整药柱的燃面,通常在燃烧室的前后封头部位都充填推进剂,且药柱后端一般不阻燃,这就构成典型的三维药柱。对于构型简单的药柱,如实心圆柱、通孔圆柱、伞盘药柱等,采用图解解析法可以得到精确的理论燃面变化规律。但是,对于复杂构型的药柱,如小前翼、大后翼、前后翼+通孔等,图解解析法往往无法使用。因此,目前的三维药柱燃面计算,多采用通用坐标计算法。

2) 三维药柱通用坐标计算法

三维药柱的燃烧几何较为复杂,可以通过实体造型法、最小距离函数(minimum distance function, MDF)法等方法进行燃面计算。

(1) 实体造型法。实体造型法利用 Creo 等商业建模软件建立药柱参数化模型,通过几何关系的驱动,燃面按平行层退移规律沿燃面法线方向退移,由此来模拟药柱的燃烧过程,计算原理是利用药柱相邻几何图形肉厚所对应的体积之差除以肉厚差,以求得相应的平均燃烧面积 A_b,通过不断地增加肉厚进行计算,直到药柱体积为零,可以得到整个三维药柱的燃面、肉厚、体积和质量推移数据。图 4.5 为三维药柱燃面推移过程(实体造型法)。

(2) MDF 法。MDF 法通过定义一个标量函数场(最小距离函数)表示计算域内任意点到初始燃面的距离,即每一个网格节点最小距离函数值的大小,表示从网格点到燃烧表面上最近点的距离,正负符号表示网格节点位于燃烧表面的内外侧,以初始燃面上的点为例,其最小距离函数值为 0。基于所有网格节点的最小距离函数值和燃去厚度之间的关系,可以得到任意时刻的燃面。最小距离函数可数学表达为

$$\delta = f[(x, y, z)] \tag{4.18}$$

式中,$\delta > 0$ 表明该点位于装药内部;$\delta = 0$ 表明该点位于初始燃面上;$\delta < 0$ 表明该点位于燃烧空腔内部。

采用最小距离函数法计算燃面推移规律的具体步骤如下所示。

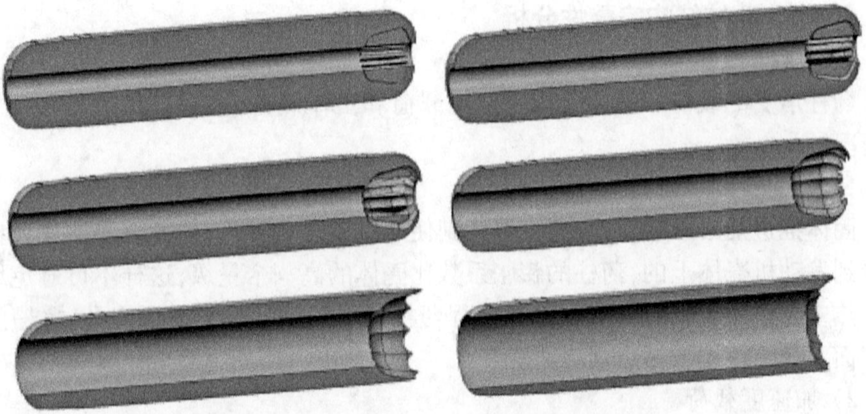

图 4.5 三维药柱燃面推移过程(实体造型法)

① 装药初始化：提取初始燃面，划分装药空间网格，利用二者计算最小距离函数。

② 燃面推移计算：根据每一个网格节点的最小距离函数值，对已燃厚度时的燃面位置进行计算，得到新的燃面点集，拟合得到新的燃面外形。

③ 燃烧面积计算：计算每一次燃面推移过程所减少的药柱体积，通过燃去厚度微分求解燃烧面积。

本方法相对实体造型方法结果有较大偏差，随着网格量的增加，燃烧面积-肉厚曲线逐渐逼近实体造型方法的计算结果。

图 4.6 为三维药柱燃面推移过程(MDF 法)。

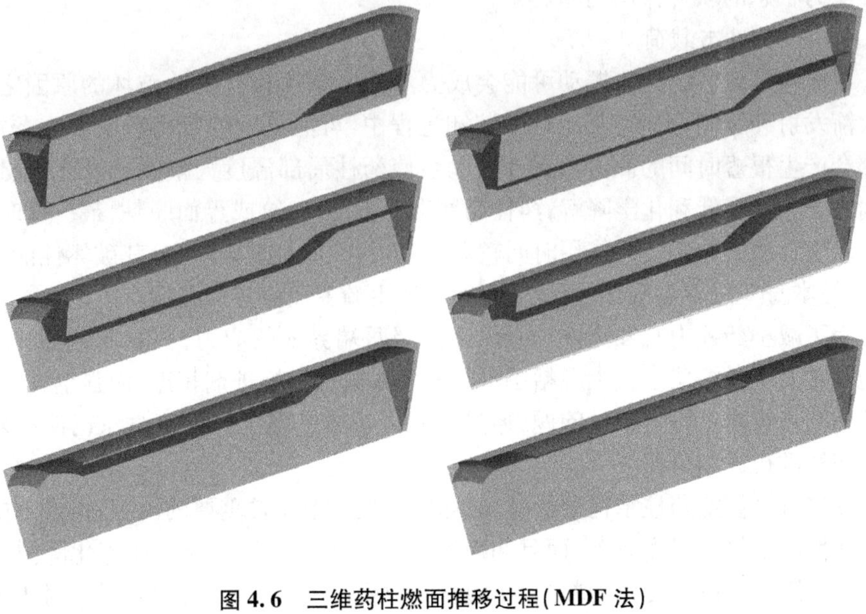

图 4.6 三维药柱燃面推移过程(MDF 法)

4.3.5 药柱结构完整性分析

1. 药柱承受的载荷

药柱承受的载荷一般分为规定环境载荷和工作载荷，按受力状态分为以下几种情况。

1）温度载荷

固体推进剂必须硫化，从规定温度到使用温度需要降温，而贴壁浇注式药柱是粘接到发动机壳体上的，药柱的膨胀系数比壳体的高一个量级，这样不可避免地要产生热应力；一般情况下，硫化降温过程药柱的薄弱环节在直筒段内孔、翼槽的凹槽表面及药柱两端的推进剂界面。

2）加速度载荷

发动机在储存、运输、发射、飞行过程中，会产生轴向和径向加速度。这类载荷可能引起发动机药柱内孔、药柱翼槽处产生裂纹，药柱两端界面、人工脱粘层前沿药柱界面、中筒段药柱界面脱粘；对于潜入喷管和燃烧室装填系数较高的发动机，还应考虑加速度载荷下药柱后部下沉对内弹道的影响。另外，储存载荷作为一种特殊的加速度载荷，直接影响发动机的使用寿命，虽然试验周期很长，也应该引起高度重视。

3）内压载荷

燃烧室壳体在内压作用下会产生变形，药柱依附于燃烧室壳体，在内压作用下也会产生变形。对于变形较大的纤维缠绕壳体，推进剂在低温快速率条件下的伸长率比较低，需要进行分析并研究药柱工作过程可靠性。另外，内压产生的应力、应变是在硫化降温和轴向加速度引起的应力、应变基础上产生的，必须考虑两者和三种受力状态的联合作用问题。

4）振动、冲击载荷

在火箭发射、飞行时，振动可能会成为药柱完整性累计失效破坏的原因之一；在火箭发射和级间分离时及运输和装卸过程中，可能发生的发动机坠落或严重颠簸都会产生很短时间的冲击负载。振动会使药柱局部温度大幅度地升高，导致推进剂力学性能降低和化学降解，药柱局部出现流动、裂纹或界面脱粘，最严重时，还可能发生自燃。冲击负载作用时间较短，推进剂性能接近玻璃态，其破坏性能比较高，药柱本身一般不会破坏，但壳体可能会产生畸变而使界面脱粘。

为了减小药柱内孔和药柱-衬层-绝热层两端界面的应力，一般在药柱两端或一端设置人工脱粘层。人工脱粘层材料的松弛模量与推进剂相近，而强度、伸长率比推进剂高很多。以上四种问题，通过有限元法或其他工程计算方法已能够对发动机药柱进行详细分析。

在进行燃烧室药柱结构分析时，破坏判据是一个非常重要的内容，推进剂的抗拉破坏性能不但与温度有关，而且与应变速率有关。燃烧室药柱在硫化降温和工作内压作用下应以应变作为判据；在加速度载荷作用下以强度作为判据；对于多向受力状态,采用八面体剪应力或剪应变作为判据比较合理。计算总安全系数时,一般只对药柱几个薄弱部位进行分析,损伤积累必须是药柱的同一部位叠加。

2. 药柱结构完整性分析工程算法

建立有限元模型是进行药柱结构完整性计算和分析的基础。为了准确地计算发动机应力、应变结果,以便更好地对其进行结构完整性分析,需要在建模过程中遵循一定的规则,如合理的网格划分、适当的单元数量规模、正确的单元形状及单元特性等。建立几何模型时,应尽量地按照结构实际的三维形状建模并划分实体单元,实际结构中的一些部分可以根据其结构和承载特点进行一定的简化假设,以便在保证计算精度的前提下降低建模难度,提高计算效率:

(1) 在点火增压过程的短时间内,不考虑烧蚀效应,忽略燃面推移引起的药型变化,即假设在点火增压过程中装药结构的内边界固定;

(2) 实际发动机构造复杂,为便于计算,建立以燃烧室壳体、绝热层、药柱为主要部件的有限元模型,忽略工艺上的部分细节;

(3) 发动机的三维几何模型和考虑的外部载荷具有对称性时,可以在建立有限元模型时利用其对称性进行模型简化,以减少单元数量;

(4) 发动机各粘接界面粘接良好,没有脱粘、裂纹及空洞等宏观缺陷。

在建模完成之后,要分别对模型各个组进行网格划分。在此过程中要充分地考虑发动机的结构特征、完整性分析的精度及其计算量,并由此来确定单元规模和单元尺寸。图 4.7 为发动机有限元模型示意图。

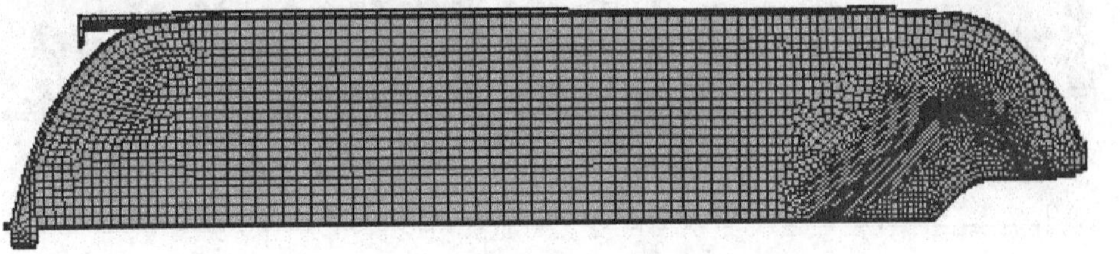

图 4.7　发动机有限元模型示意图

在材料参数方面,以复合壳体发动机为例,根据发动机各部分材料的力学性能特点作如下假设:

(1) 绝热层是均匀、各向同性、泊松比为常数的线弹性简单材料;

(2) 衬层、固体推进剂是均匀、各向同性、泊松比为常数的线黏弹性材料,由于两者材料性质相似,因此,将两者视为一种材料考虑;

(3) 壳体是各向异性的复合材料,其材料性能参数可以通过壳体水压试验数据进行修正。

固体发动机在进行结构完整性分析时,对于一般的弹性材料,需要给出弹性模量、泊松比、密度、热膨胀系数和参考温度等参数。但是对于固体推进剂这类线黏弹性材料，需要通过试验测量并绘出其应力松弛模量主曲线、抗拉强度主曲线和伸长率主曲线，并算出 Prony 级数的各系数和 WLF(Williams-Landel-Ferry)方程的各系数。一般采用单向拉伸试验方法，在定应变下测量推进剂试样应力随时间的变化关系，求出应力松弛模量；用折合变量的数据处理方法，把在规定的时间范围和若干温度下所得到的模量-时间曲线叠加成某一参比温度下的模量-时间曲线，这一叠加曲线即松弛模量主曲线。其中推进剂试样的制作可以参考《火药试验方法》(GJB 770B—2022)中的 B 型哑铃型试样；在叠加中有一个重要参数温度转换因子的对数值 lg α_T，即各个温度曲线平移到参比温度曲线的平移量，可以通过作图法求得[参考 GJB 770B—2022 中，方法 413.4 应力松弛模量曲线]。

图 4.8 为推进剂松弛试验试样，图 4.9 为推进剂松弛试验仪器设备，图 4.10 为各温度下松弛模量-时间双对数曲线图，图 4.11 为松弛模量主曲线图，图 4.12 为推进剂松弛模量的 Prony 级数拟合曲线图。

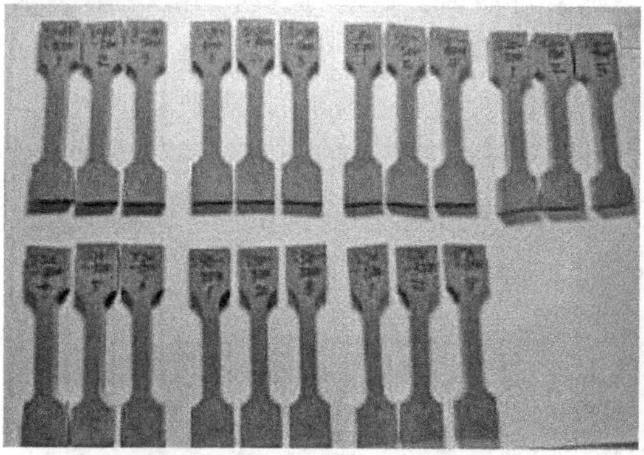

图 4.8　推进剂松弛试验试样

图 4.9　推进剂松弛试验仪器设备

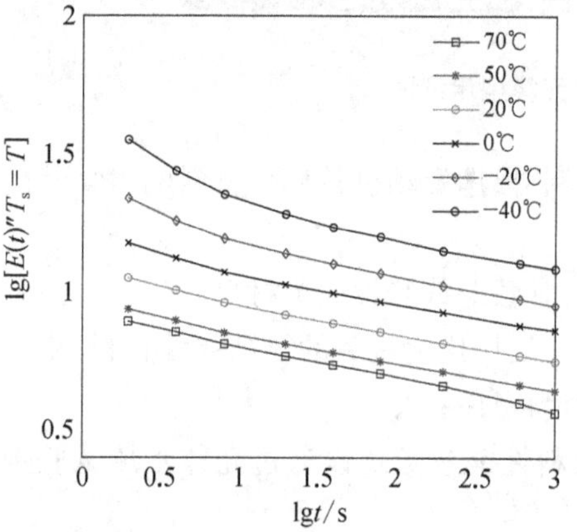

图 4.10　各温度下松弛模量-时间双对数曲线图

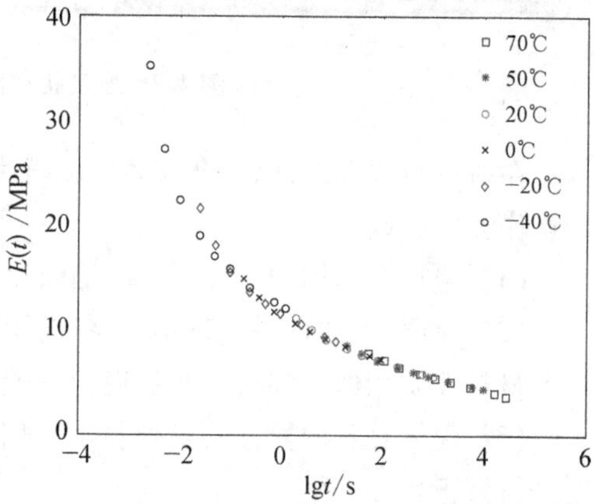

图 4.11　松弛模量主曲线图

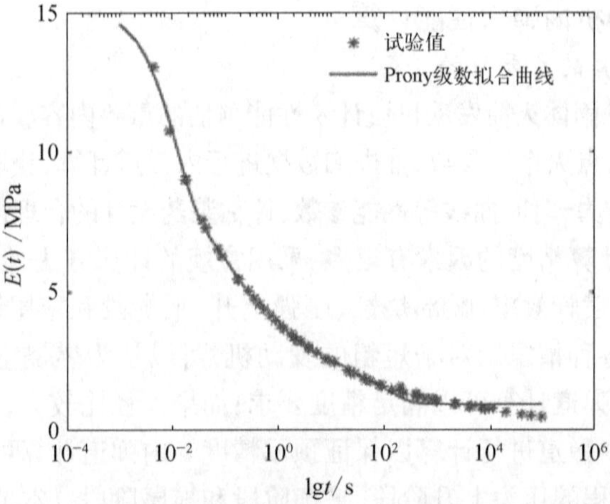

图 4.12　推进剂松弛模量的 Prony 级数拟合曲线图

在完成发动机有限元模型建立并赋予相应部件材料性能参数后，通过施加边界条件，可以仿真得到发动机在典型工况下的应力应变场（图 4.13 和图 4.14）。

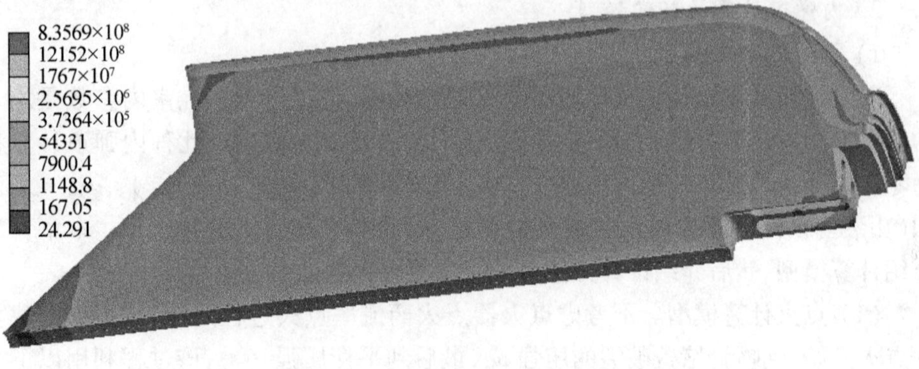

图 4.13　药柱 von Mises 应力云图

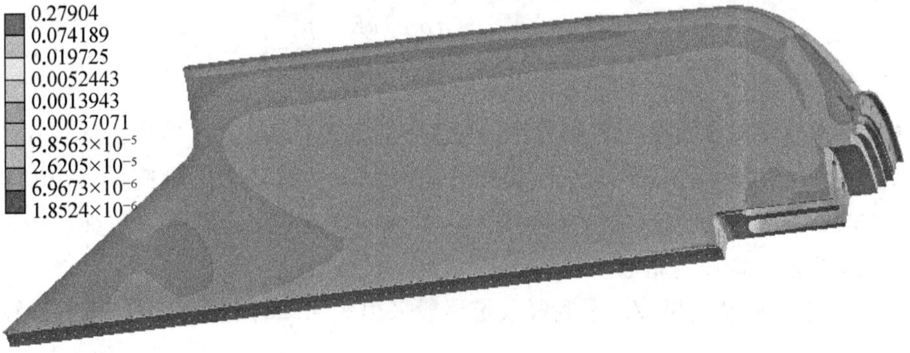

图 4.14　药柱 von Mises 应变云图

4.3.6 发动机内弹道性能计算

1. 内弹道计算的主要目的

内弹道计算是固体火箭发动机设计及性能预估的重要内容。在装药计算完成以后,结合喷管参数、点火系统参数、推进剂数据进行内弹道计算,获取发动机工作时的压强-时间曲线、推力-时间曲线等性能参数,评估装药设计的合理性与正确性[4]。

影响内弹道计算精度的因素有很多,采用常规的计算方法,但是也需要综合考虑燃烧室热损失、喷管效率、喉部烧蚀、压强上升、平衡段和拖尾段、单一燃速公式和多燃速公式等各种情况。对于短粗的发动机,可以认为燃烧室内参数为均匀分布,即按照零维内弹道计算可以满足精度要求;如果长径比较大,侵蚀效应显著,那么应该按照一维内弹道进行计算以保证预示精度。内弹道计算可以分为典型的三个阶段,即点火过程的压力上升阶段、平衡阶段和拖尾阶段。本节只介绍点火阶段和工作阶段,拖尾段采用方程进行统一处理,不划分阶段。内弹道计算根据假设条件的不同分为零维内弹道、双燃速零维内弹道、一维内弹道、双燃速一维内弹道和燃发器内弹道计算。本节面向大型装药固体火箭发动机,主要介绍零维内弹道和一维内弹道。

2. 内弹道计算的数学模型

1) 零维内弹道模型

对于短粗的发动机或长径比小于 6 的发动机,可以认为燃烧室内参数是均匀的,即燃烧室头部和尾部的燃速、压强、温度分布等是一致的。此种内弹道计算称为零维内弹道计算。零维内弹道计算假定装药燃面肉厚 $A_{bj}-e_j(j=1, \cdots, n_g)$ 已知(由装药设计软件提供),推进剂数据已知,并考虑喷管烧蚀和效率。本章首先介绍计算模型,然后介绍计算方法和相关参数。

(1) 点火计算模型。不考虑点火器点火药流率点火过程的计算,压强的建立从点火开始,到喷管堵盖破裂的压强 p_{ig},最后到平衡压强 $p_{c,eq}$,该过程利用以下公式进行计算:

$$t=\frac{1}{1-n}\frac{V_c}{\Gamma^2 c^* A_t}\ln\left(\frac{\rho_p c^* aK-p_{ig}^{1-n}}{\rho_p c^* aK-p_c^{1-n}}\right) \tag{4.19}$$

式中,Γ 为与气体参数相关的常数;V_c 为燃烧室空腔自由容积(单位为 m^3);c^* 为推进剂特征速度(单位为 m/s);ρ_p 为推进剂密度;a 为推进剂的燃速系数{单位为 m/[(MPa^n)·s]};K 为发动机面喉比;p_{ig} 为点火压强;p_c 为燃烧室压强(单位为 MPa);n 为推进剂压力指数。

(2) 平衡段及拖尾段。平衡段及拖尾段采用式(4.20)和式(4.21)进行计算:

$$\dot{m}=K_a a_0 p_c^n A_b \rho_p \exp[\sigma_P(T-T_0)] \tag{4.20}$$

$$\frac{dp_c}{dt} = \frac{\eta c^{*2} R_g T_g}{V_c}\left(\dot{m} - \frac{p_c \eta_p A_t \varphi}{c^* \eta_{c^*}}\right) = 0 \tag{4.21}$$

2）一维内弹道模型

（1）控制体控制方程法。控制体如图 4.15 所示，压强建立过程为从喷管堵盖破裂到平衡压强建立，采用式(4.19)计算。

平衡段采用燃气在通道内流动的动量守恒和质量守恒方程进行计算。对于图 4.15 所示的内通道，在 1－1 和 2－2 截面的燃气，其质量守恒和动量守恒方程可分别写成如下形式：

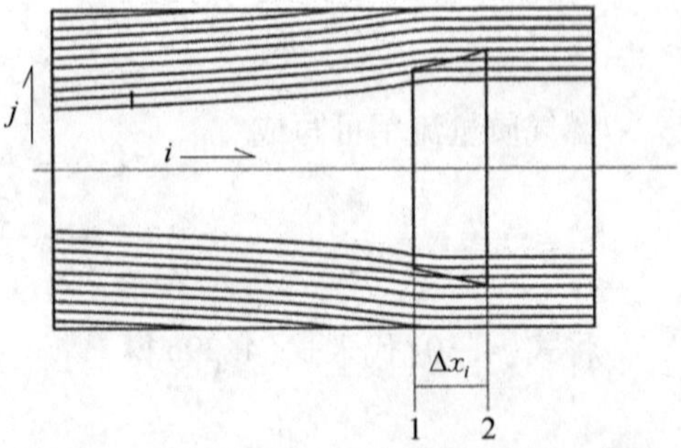

图 4.15　控制体示意图

$$\dot{m}_2 = \dot{m}_1 + (\dot{m}_b)_{1-2} \tag{4.22}$$

和

$$\dot{m}_2 v_2 + p_2 A_2 = \dot{m}_1 v_1 + p_1 A_1 + p_1 (A_2 - A_1) \tag{4.23}$$

其中，$(\dot{m}_b)_{1-2}$ 为 1－1 和 2－2 截面间的燃气生成量；A_1 和 A_2 分别为通道两端的横截面积。

由于，

$$\dot{m}v + pA = \dot{m}\left(v + \frac{p}{\rho v}\right) \tag{4.24}$$

将

$$v = a^* \lambda \tag{4.25}$$

$$a^{*2} = \frac{2\gamma}{\gamma + 1} R T_0 \tag{4.26}$$

$$\frac{p}{\rho} = R T_0 \tau(\lambda) \tag{4.27}$$

$$\tau(\lambda) = 1 - \frac{\gamma - 1}{\gamma + 1}\lambda^2 \tag{4.28}$$

代入式(4.23)，得

$$\dot{m}v + pA = \frac{\gamma + 1}{2\gamma}\dot{m}a^*\left(\lambda + \frac{1}{\lambda}\right) = \frac{\gamma + 1}{2\gamma}\dot{m}a^* z(\lambda) \tag{4.29}$$

将式(4.28)代入式(4.22),整理后得

$$\frac{\dot{m}_2}{\dot{m}_1}z(\lambda_2)=z(\lambda_1)+\frac{2p_1A_1\gamma\left(\frac{A_2}{A_1}-1\right)}{(\gamma+1)\dot{m}_1a^*} \tag{4.30}$$

燃气质量流率可写成

$$\dot{m}=\frac{2\gamma pA\lambda}{(\gamma+1)a^*\tau(\lambda)} \tag{4.31}$$

将式(4.30)代入式(4.29)得

$$\frac{\dot{m}_2}{\dot{m}_1}z(\lambda_2)=z(\lambda_1)+\frac{\tau(\lambda_1)}{\lambda_1}\left(\frac{A_2}{A_1}-1\right) \tag{4.32}$$

如果 $\lambda_1>0$,且通道内有加质,直接采用式(4.32)计算 λ_2。如果通道内有加质,且 $\lambda_1=0$,那么采用式(4.33)计算 λ_2:

$$z(\lambda_2)=\frac{p_2A_2\gamma}{(\gamma+1)(m_b)_{1-2}a^*} \tag{4.33}$$

如果装药沿轴向划分为许多段,可以近似认为 $p_2=p_1$。

如果通道内无加质,即 $\dot{m}_2=\dot{m}_1$,且 $\lambda_1>0$,采用式(4.33)计算

$$z(\lambda_2)=z(\lambda_1)+\frac{\tau(\lambda_1)}{\lambda_1}\left(\frac{A_2}{A_1}-1\right) \tag{4.34}$$

内通道沿轴向各点的压强、温度、流速和燃速是不同的,基础燃速为

$$r_0=ap^n \tag{4.35}$$

如果考虑侵蚀燃烧,并采用格林公式,那么任意点的燃速为

$$r=r_0\varepsilon=ap^n[1+K_{cr}(\lambda-\lambda_{cr})] \tag{4.36}$$

式中,λ_{cr} 为临界速度系数。

如果 $\lambda\leqslant\lambda_{cr}$,那么 $\varepsilon=1.0$。

对于装药一维流动,取装药末端气流的出口速度等于喷管的入口速度,由 $q(\lambda_{2\text{-}2})=\frac{A_t}{A_i}=\frac{A_t}{A_p}$ 计算装药的出口速度系数 $\lambda_{2\text{-}2}$,式中 A_t 为喉部面积,A_p 为装药末段通气面积。

计算得方法是选定头部压强 $p_{1\text{-}1}$,计算获得装药末端出口截面的速度系数 $\lambda'_{2\text{-}2}$,如果 $\lambda'_{2\text{-}2}$ 足够接近 $\lambda_{2\text{-}2}$,满足迭代的精度要求,本步计算结束,否则,修正头

部压强重新计算：

$$p_{1\text{-}1} = p'_{1\text{-}1} \tag{4.37}$$

式中，$p'_{1\text{-}1}$ 为上一步头部压强。

如果全部无质量加入，那么进入拖尾段。拖尾段为从有效工作 p_{ef} 下降到最小工作压强 p_{af}，这一过程是余药的燃烧和发动机的排气过程并存，采用式(4.37)计算：

$$\left(\frac{p_c}{p_{eq}}\right)^{1-n} = 1 - \left[1 - \left(\frac{p_{ef}}{p_{eq}}\right)^{1-n}\right] e^{-\frac{t}{\tau}} \tag{4.38}$$

式中，p_{eq} 为余药产生的压强；$\tau = \dfrac{1}{1-n} V_c / (\Gamma^2 c^* A_t)$，当压强小于 p_{af} 时全部工作过程结束。

(2) 一维准定常内弹道计算法。平衡段压强计算也可以采用式(4.38)计算：

$$\begin{cases} \dfrac{dp}{dx} = \dfrac{\rho V^2}{A_p} \dfrac{a^2}{a^2 - V^2} \dfrac{dA_p}{dx} - \dfrac{\rho_p r V \Pi}{A_p} \left[\dfrac{2a^2 + (k-1)V^2}{a^2 - V^2}\right] \\ \dfrac{dV}{dx} = \dfrac{\rho_p r \Pi}{\rho A_p} \dfrac{a^2 + kV^2}{a^2 - V^2} - \dfrac{a^2 V}{A_p (a^2 - V^2)} \dfrac{dA_p}{dx} \\ C_p T + \dfrac{V^2}{2} = C_p T_0 \\ p = \rho R T \end{cases} \tag{4.39}$$

总体说来，无论对于何种结构尺度、装药量级的装药，装药设计层面的主要任务是：

(1) 综合配方能量性能、力学性能、工艺性能和制造成本，选择可用的推进剂配方；

(2) 开展药型设计，给出燃面-肉厚曲线的合理性分析，兼顾芯模设计和芯模组装及拆卸工艺，确定装药药型；

(3) 根据装药结构完整性仿真，评估装药结构在单一载荷或联合载荷工况下的适用性；

(4) 最后开展内弹道计算，评估内弹道性能对发动机性能指标的满足情况，视情况围绕配方、药型开展迭代，直至满足技术要求。

对于大型装药设计，还需重点关注以下问题：

(1) 装药结构完整性。大型装药由于结构尺寸大、装药量大，发动机工作过程药柱变形量大，地面试车时需重点关注内压、重力载荷作用下的装药-壳体变形匹配问题，飞行试验时需重点关注内压、加速度载荷作用下的装药-壳体变形匹配问题。为此，除准确掌握推进剂力学性能参数外，还需构建精细结构仿真模型对装药变形量、粘接界面受力状态进行计算与评估，确保装药结构完整。

(2) 发动机工作过程。大型装药由于结构尺寸大，发动机工作过程中随着燃面退移，内腔容积变化大，内部流场变化显著，存在障碍涡、壁面涡、转角涡等复杂涡系结构，对下一时刻的燃面退移、发动机工作过程绝热烧蚀都会产生显著影响，需重点开展内流场精细仿真，获取流场关键参数以评估发动机工作过程的安全性。

(3) 内弹道预示。大型装药相比中、小型装药，在内弹道预示方面，需综合考虑燃气流速、绝热加质等因素对推进剂燃烧的影响，对零维或一维内弹道的数学模型进行修正，从而确保内弹道预示精度满足研制需要。

4.4 装药制造技术

4.4.1 装药制造工艺途径

发动机的装药通常有两种装填方式，即自由装填式和贴壁浇注装填式(图 4.16)。

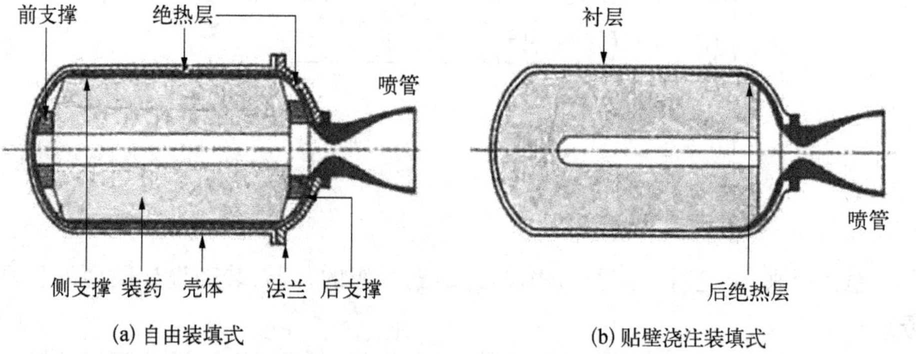

图 4.16 装药装填方式

自由装填式装药通常适用于小型和中等尺寸的发动机，其成本低、容易检测。贴壁浇注式发动机性能较好，因其省略了支撑装置，绝热层也较少，可以提高体积装填分数，但其制造成本高、药柱应力集中多。

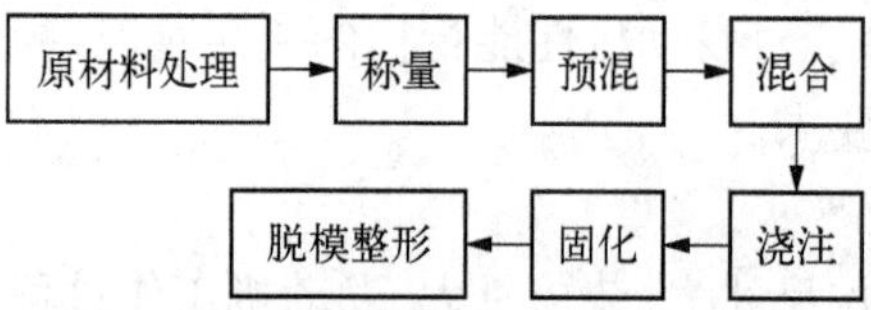

图 4.17 贴壁浇注式装药工艺流程

对于大型固体发动机，一般采用贴壁浇注式装药方式，通过立式混合机进行混合，其主要工艺流程如图 4.17 所示。

此外，对于大型装药固体发动机，除采取贴壁浇注式装药方式外，还可采取新的装药方式，即通过将设计好的药柱预先分块并单独制造，再在壳体内进行组装，从而最终完成药柱制作。

总的来说，选取何种装药方式，需综合考虑装药设计水平、工艺技术成熟度、装药量及装药设备能力、产品质量检测能力等，同时考虑制造周期与成本。下面重点对贴壁浇注式装药和新型装药两种典型的大型装药制造方式进行论述。

4.4.2　装药制造典型方式

1. 贴壁浇注式装药

1）原材料处理

推进剂原材料需进行组批作业，取样并开展理化分析检验以控制原材料的质量。细粒度粉料的粉碎采用扁平式或流化床式气流粉碎机粉碎工艺，需要烘干的原材料根据原材料数量和安全要求采用烘箱、烘房或专用设备烘干，易燃易爆原材料不得采用电烘箱烘干。

2）称量及预混工艺

称量工艺就是采用精度满足要求的衡器，按照固体推进剂配方的设计加入量和规定的加料顺序，依次称取各组分。预混工艺就是将除氧化剂、炸药以外的所有固体组分与除固化剂外的所有液体组分混合成均匀的预混料浆的过程。预混的主要目的就是使金属铝粉表面包覆一层液体组分，避免混合过程中氧化剂与金属铝粉之间产生直接摩擦，提高混合过程的安全性。此外，预混过程也可以减轻混合工艺的负担，不仅有助于含量较小的功能组分分散均匀，也可以缩短混合工艺的时间。

对于小批量装药，可以直接采用手工操作完成称量；对于大批量装药，宜采用自动称量并实现远距离自动控制。自动称量过程中，黏合剂、增塑剂等黏液组分首先经组批槽组批后进入保温料斗。称量时，黏液由保温料斗自动进入黏液自动秤，通过黏液秤按减量法自动称量后，加入混合锅内。为保证称量精度和提高称量效率，保温料斗的下料阀分为快速下料和慢速下料两种。操作时先快后慢。当黏液质量符合要求时，用接料盘接料并关闭下料阀门。

铝粉和 AP 等固体组分的称量应与原材料准备工艺同时进行，在完成过筛和去除杂质后，即可自动称好并放入加料料斗保温、保存。

预混既可以直接在混合锅内进行，也可以采用专用预混机并按规定的预混工艺要求进行操作。对预混机的要求相对简单，能够满足高速旋转。完成升、降操作和正、反转操作即可。预混过程应防止铝粉粉尘飞扬，预混结束后应保证无可见未包覆铝粉。

3）混合工艺

混合工艺的目的是将氧化剂、炸药等固体组分与预混料浆和剩余组分等通过复杂的物理和化学过程分散均匀，形成具有良好流动性、流平性的推进剂药浆。复合推进剂中固体组分含量相当高，同时大部分组分具有相当大的危险性，因此，混合工艺是复合推进剂生产过程中最危险的工序，大部分的安全事故均发生在混合过程。

复合推进剂是一种高固体填充的复合材料，同时也是一种具有高危险性的含能材料。复合推进剂的各种固体和液体原材料由于密度相差很大，而且固体组分的颗粒大小也不同，混合过程既要防止分层和沉积，又要保证固体颗粒分散开来并被液体组分均匀包覆，同时还要确保混合过程的安全性。因此，复合推进剂的混合工艺是一个非常复杂的物理和化学过程，既不同于一般粉体材料的混合，也不同于一般液体和悬浮材料的混合。作为一种高固体填充的复合材料，在加入固化剂之前，几乎处于不流动的干混状态，主要是固体和液体组分的混合及液体组分在固体组分表面上的润湿过程加入固化剂后，变成了一种对剪切速度和温度敏感的具有宾厄姆塑性特征的高黏性流体，传统意义上的混合设备难以满足使用要求。一方面，混合的安全性要求对混合设备的动力特性有严格的要求；另一方面，在较低的转速条件下，流动性差且具有高黏性的流体在离开桨叶后，其动能迅速衰减，无法形成湍流带动周围流体运动，降低了混合的效率，因而必须采用特制的混合设备和混合工艺，这类混合设备通常采用双桨叶设计，通过桨叶与桨叶之间及桨叶与锅壁之间对混合机内各部位的推进剂药浆施加剪切、挤压、拉伸或撕裂作用，使液体组分包覆在固体颗粒表面并使各种组分混合均匀。

已经应用的混合设备有卧式混合机和立式混合机。早期使用的卧式混合机，采用反向运动的一对S形桨叶，其特点是适应性较强，特别适用于高黏度推进剂的混合。但卧式混合机最大的缺点是桨叶的轴瓦浸在推进剂药浆中。混合过程中存在药浆渗入轴瓦并导致燃烧或爆炸的风险。同时，在药浆出料或清理设备时卧式混合机需拆卸桨叶，使用不方便。立式混合机采用了可换混合锅式设计，克服了药浆出料和设备清理不便的缺点。作行星运动的一对桨叶的传动部件安装在立式混合机上部，不与药浆接触。消除了卧式混合机存在的安全隐患。因此，立式混合机已取代卧式混合机成为复合推进剂制造的通用混合装备。

无论卧式混合机还是立式混合机，具有的共同特点都是间断式操作。对于大型固体发动机装药或大批量固体发动机装药，国外除了使用大型立式混合机。还使用了具有连续式生产特点的螺旋挤压式混合系统。

复合推进剂的混合过程不仅与混合设备及混合工艺密切相关，而且与推进剂配方有关。由于推进剂配方组成和流动状态的复杂性，对推进剂物料的混合过程进行数学上的描述和模拟非常困难。只能对混合过程中药浆的受力及流变情况进行简单分析。

4）浇注工艺

为了满足各种飞行器弹道设计要求，固体发动机燃烧室药型设计越来越复杂，由此给芯模和工装设计、装配和浇注工艺带来更大的挑战。加上复合推进剂性能不断提高,推进剂药浆的流变性能更加复杂,使得浇注工艺成为固体发动机燃烧室装药的关键工序。

浇注工艺的主要任务是将混合工艺制得的推进剂药浆安全、无气孔地浇入已装配好芯模和工装的包覆燃烧室中。常用的浇注方法有真空浇注法、插管浇注法和底部浇注法等,其中应用最广泛的是真空浇注法。

真空浇注法的优点体现在两个方面:一是直接利用真空压差和自重使推进剂药浆流入燃烧室中;二是直接利用真空条件去除推进剂药浆中的气体,使推进剂药柱中的残留气体降到最低程度。不过,由于真空浇注过程中药浆的驱动力仅为真空压差和推进剂自重,因而真空浇注工艺对推进剂药浆的流变性能有较高的要求,即推进剂药浆本身必须具备较好的流动性和流平性。具体来说,药浆表观黏度必须在一定的范围内,而药浆在低剪切应力下的屈服值必须低于某个值对流动性较差的推进剂药浆,容易产生气孔而不宜采用真空浇注工艺。

真空浇注装置主要由放置包覆燃烧室的真空浇注缸、带保温和控制浇注速度的浇注料斗、真空系统和温度控制系统等组成。真空浇注缸内可配置液压升降装置,用来调节燃烧室在浇注缸中的位置,以适应不同长度和直径燃烧室的浇注。浇注速度的控制是通过阀门的开、关和开启程度来实现的。既可以采用手工进行控制,也可以采用胶管阀进行远距离自动控制。浇注过程温度的控制通常是通过热水系统来实现的。如果浇注缸同时作为装药燃烧室就地固化炉,除了加热系统,还需配置冷水系统,以保证推进剂固化时进行程序升温和降温控制。

真空浇注工艺除了将推进剂药浆直接浇入包覆燃烧室,实际上还包括装药芯模和工装的准备、涂脱模剂,以及模具和工装装配等工作。虽然燃烧室药型设计是由发动机设计人员提出的,但实际的装药模具和工装必须结合浇注工艺的具体情况,由工艺人员来进行设计和加工。这些模具和工装主要包括组合芯模、底座、固定装置、沸腾圈、吊具等,在首次投入使用前必须进行试装配,以保各部位符合要求脱模剂的涂覆工作对保证产品质量和后续脱模工作的安全性至关重要,必须确保与推进剂药浆接触的芯模和各类工装表面全部涂覆脱模剂,做到不漏涂、不流挂、涂覆均匀,同时要做到防止已涂覆脱模剂的芯模和工装表面被污染。另外,为了保证后续脱模的顺利进行。可在装药芯模表面预先烧结一层聚四氟乙烯膜。装配工作是将装药芯模放入燃烧室中,并将各种工装依次安装并定位,装配工作完成后应进行仔细检查,然后将燃烧室安装到浇注缸中,进行预抽真空和保温系统检查,确保浇注准备工作到位。

5) 固化工艺

固化就是燃烧室中的复合推进剂药浆在一定温度和时间内完成交联固化反应

的过程。相对来说,固化工艺是固体发动机制造过程中较为简单的过程,通常分为两类:一类针对大型固体发动机,浇注工序完成后采用就地固化方式,即在浇注装置内完成推进剂药浆的固化过程,固化过程中的温度通过燃烧室外壁周围和装药芯模内通热空气来维持;另一类针对中小型固体发动机,浇注工序完成后将燃烧室运往专门的固化保温间进行集中固化。根据燃烧室直径和长度来确定是否需采用芯模通热风,或直接对保温间进行恒温控制。

固化工艺的主要控制参数有固化温度和固化时间。固化温度越高,反应速度越快,相应固化时间就越短,越有利于提高生产效率。但固化温度越高,固化后降温过程产生的热应力也越大,对燃烧室装药结构的完整性越不利。从固体发动机设计和使用角度考虑,固化温度应越低,对降低装药的热应力水平越有利。此外,过高的固化温度还存在安全风险,推进剂固化反应过程中将产生一定的热量,当产生的热量不能及时排散时,可能导致推进剂内部的热量积累,进而使温度进一步升高,从而带来严重后果。

固化温度是复合推进剂配方的重要设计参数。由于复合推进剂的交联固化反应历程复杂,存在各种竞争反应和副反应,温度的改变会导致固化反应历程的变化。从而影响推进剂的正常固化,以及固化后推进剂的性能。因此,必须严格控制推进剂的固化温度,并保证固化过程中温度场的均匀性。

固化时间是根据推进剂性能何时达到最佳状态来确定的,该状态通常称为正硫化点。复合推进剂通常采用伸长率与最大抗拉强度的乘积达到最大值来判断是否达到了正硫化点,由此确定固化时间。在燃烧室装药制造工艺中,一般通过监测伸长率与最大抗拉强度的变化情况来确定固化降温时间。

6) 脱模与整形工艺

脱模与整形工艺就是从固化好的燃烧室装药中取出芯模,并对推进剂装药进行适当修整,使其满足装药燃烧室设计尺寸要求的过程。

脱模的主要设备是顶芯装置和起重装置或吊具。脱模过程中,先将固化好的装药燃烧室安装在脱模工位上,用千斤顶或液压顶芯装置将主芯模松动。之后用起重装置或吊具取出芯模。脱模工艺需要注意的事项包括两个方面:一是脱模前需先清理掉工装和模具表面的推进剂药块,起吊芯模前需割开封口材料,确保人工脱粘层完全分离,以防止产生裂纹;二是要预先控制好脱模力,防止因意外原因导致推进剂药柱与工装和模具之间发生粘接而强行脱模带来的安全风险。脱模力的控制根据经验确定,主要由脱模面积和单位面积所需的脱模力决定。此外,脱模力的大小还与模具的复杂性、长径比,降温时间和环境温度,以及推进剂品种有关。

早期的装药结构相对简单,燃烧室两端装药型面通常采用定位环和装药工装进行保证,因此,直接使用整形刀和量尺进行简单的手工修整即可。随着装药结构复杂程度的增加，有些药柱需要进行开槽等精确加工，为了提高生产效率，保证整形过程的安全性，目前已逐渐采用无人数控整形设备远程操作取代了传统的手工整形。需要注意的是，整形过程中必须做好安全防护，特别是控制好进刀量。同时应先完成空车运行，防止损伤燃烧室中其他非整形面或药面。

2. *推进剂模块化装药*

推进剂模块化装药由推进剂模块、密封结构和胶黏剂等组成。推进剂模块制作时采用贴壁浇注式工艺，组装环节需采用专用机构来确保装配质量。因此，推进剂模块化装药药柱成型通常可以分为以下两个环节。

(1) 推进剂模块制作。推进剂模块制作时，模具设计需考虑推进剂收缩变形的影响；制作时采用成熟的贴壁浇注式装药工艺；制作后，需采取激光散斑、X 射线摄影等手段，对各推进剂模块的界面质量、推进剂内部质量进行检测，确保其质量受控；储存和转运期间，需设计专用包装箱，确保各装药模块在运输工况下的产品安全。

(2) 推进剂模块组装。在推进剂模块的组装过程中，需要精准控制装药模块下筒、摆放，并提供必要的辅助支撑等。因此，需要设计专用的装药机构以实现以上功能。组装时，重点是确保推进剂模块与燃烧室壳体粘接可靠，同时由于无再次高温固化的环境，因此，需采用室温固化周期短、粘接力学性能优良、实施工艺性好的粘接胶。推进剂模块间隙需开展有效的封堵，避免附加燃气通道的形成。

总体说来，对于大型装药，装药量通常在 100 t 规模以上，通常选择贴壁浇注装药方式。此时，需重点考虑推进剂混合效率、花瓣下料速率、衬层适用期等，合理优化装药工序。当单台发动机装药量超过衬层适用期内的推进剂料浆混合能力时，为避免药柱内部固化不同步，需对贴壁浇注装药方式进行重新评估，或考虑如模块化装药等新技术途径。

4.5　装药检测技术

固体火箭发动机装药是固体火箭动力系统的核心。固体火箭发动机从工厂生产制造到靶场试验，再到作战使用，发动机装药往往要经过各种加工工艺、长期储存、长途运输等过程，经受各种地面和飞行中环境条件的考验，在这些过程中，固体火箭发动机各组成部分都可能发生变化，导致如脱粘、裂纹、缩孔等这样的缺陷产生。这些缺陷存在到一定程度后，可能导致发动机点火失败、内弹道性能（如燃烧室的压强和推力）偏差超过规定要求，甚至使发动机壳体烧穿、爆炸解体。因此，在固体火箭发动机的制造、储存和服役过程中，必须注重对其质量和缺陷的检测，以确保其工作可靠性和安全性。

4.5.1 表观检测

表观检测通过目视和内窥镜对装药表观进行检查,具体包括:

(1) 保证初始燃面的药型结构完整,尤其在翼尖、翼根部位;

(2) 燃面药末应清理干净;

(3) 燃烧室内的非装药表面不得留有药迹;

(4) 燃面光滑、平整,无裂纹、凹坑、气孔、划痕、多余物;

(5) 人工脱粘层缝隙打开正常,内部无多余物;

(6) 挖药灌浆部位粘接良好、无脱粘。

4.5.2 无损探伤检测

发动机燃烧室装药后表面的缺陷,肉眼容易发现,而当缺陷出现在药柱内部时,只能借助于无损检测技术。发动机药柱的主要成分是 C、H、O、N 等非金属材料,虽然其中添加了少量金属氧化物或盐类,但装药密度却只有 1.6 g/cm^3 左右,成像对比度远远小于金属材料,这给装药的无损检测带来了困难。目前,国内外研究和应用较多的固体发动机装药无损检测技术有目视、敲击、超声、微波、红外、激光全息、X 射线切线照相和 CT 等。我国对发动机装药的无损检测一直沿用超声波探伤仪和 X 射线等设备。

1. *射线计算机断层扫描法*

计算机断层扫描技术起源于 X 射线照相技术,利用 CT 成像技术可以有效地检测先进复合材料中的孔隙、夹杂、裂纹等缺陷,也可以以测量材料内部的密度分布情况,如材料均匀性、微孔隙含量等。

目前,工业 CT 检测技术可以用于直径为 2 500 mm 固体火箭发动机的质量检测。我国也在 20 世纪 90 年代后期成功地将工业 CT 技术应用于 C/C 复合材料和碳/酚醛复合材料等的检测,解决了一些关键性的无损检测技术难题,取得了较好的经济效益和社会效益。研究人员用 CT 成像方法对一含钨丝碳/碳复合材料试样进行缺陷检测,从 CT 扫描图像中清楚地看到钨丝束的排布及断束缺陷;他们还在某种型号炮弹上进行了初步工业 CT 检测试验,结果发现某炮弹引信下面存在装药缩孔缺陷,这类缺陷用射线照相的方法难以检出。

将工业 CT 技术应用于固体火箭发动机的质量检测,实测证明工业 CT 技术对固体火箭发动机的绝热层和药柱中的气孔、夹杂、裂纹及脱粘等常见缺陷具有很高的检测灵敏度,并能准确测定尺寸和部位。用工业 CT 技术检测固体火箭发动机质量是可行的,可以满足较高的检测要求,尤其是对固体火箭发动机多界面的质量检测,是其他常规无损检测方法无法比拟的。工业 CT 检测技术的应用,不但是其他常规无损检测方法在固体火箭发动机质量检测上的补充,而且对固体火箭发动机的研制和生产工艺的制定具有重要作用。

2. 超声波检测技术

超声检测技术,特别是超声C扫描,由于显示直观、检测速度快,已成为大型先进复合材料构件普遍采用的检测技术。应用超声纵波多次反射法,对固体火箭发动机喷管金属与非金属复合构件粘接界面进行无损检测,结果证明采用超声纵波多次反射法能比较准确地发现被测件内部的脱粘缺陷;对比喷管解剖结果,其脱粘位置和面积也与检测结果吻合。

超声波脉冲发射法最早用于固体火箭发动机的无损检测,对检查固体火箭发动机壳体与绝热层的脱粘情况十分有效。经过多年的研究,采用超声纵波多次反射法对喷管金属壳体与非金属粘接界面的粘接质量进行检测,现已可以成功地用于产品的批量探伤。

3. 低频超声波检测技术

推进剂组分与橡胶材料类似,都是一种声阻尼高的材料。因此,以前研究人员认为通过推进剂传播超声波是不太可能的,但如果利用低频探头,这种方法便是可行的。超声波在通过裂纹时会发生反射并衰减,所以通过测量所接收的经过推进剂的超声波强度来判断是否存在缺陷。研究人员通过试件评估这种方法。试件模拟了真实尺寸的固体推进剂(厚度约为1 000 mm),并在其中人为制造了一些缺陷,在所有的人造缺陷中,超声波衰减了5~10 dB。尽管发射波的强度随着传送距离的不同而不同,但研究人员还是能够检测出所在的缺陷。这种方法的检测能力大约为10 mm,因此,检测能力与X射线法相当。

然而,这种方法操作时需要耦合材料。如果检测是手动进行的,接收到的强度将会不断变化,为了解决这个问题,研究人员又开发了非接触检测法,这种方法不需要耦合材料,探头也不直接与发动机接触,便于实现机械化,从而提高工作效率。未来的研究重点在于将非接触超声波法应用于推进剂厚度约1 000 mm的大型固体火箭发动机的检测上。

4. 声-超声检测技术

声-超声(acousto-ultrasonics, AU)技术又称为应力波因子技术。与通常的无损检测技术不同,AU技术主要用于检测和研究材料中分布的细微缺陷群及其对结构力学性能(强度或刚度等)的整体影响,属于材料的完整性评估技术。采用AU振幅C扫描技术也能够对复合材料与金属材料间的粘接界面进行有效检测,而且克服了超声反射技术信号清晰度不高、超声透射技术传感器可及性差的缺点。目前声-超声技术主要集中在物理传播模型的建立上,以期在理论指导下合理解释接收信号,进一步改进评估方法。

5. 激光全息(散斑)无损检测法

激光全息无损检测法的基本原理如下:对被检测构件施加一定载荷后(力载荷或热载荷),构件表面的位移变化与材料内部是否存在分层性缺陷及构件的应力分布有关,内部存在分层性缺陷及应力集中区的位移量大于其他区域的位移量。

与其他检测方法相比,激光全息无损检测是一种干涉计量技术,其干涉计量精度与激光波长数量级相同,因此,可检测出微米数量级的变形;由于激光作为光源,而激光的相加长度很大,可以检验大尺寸产品;对被检对象没有特殊要求,可对任何材料和粗糙表面进行检测;可借助干涉条纹的数量和分布来确定缺陷的大小、部位和深度;具有直观感强、非接触检测,检测结果便于保存等优点。

对于固体火箭发动机而言,激光全息技术是利用光学干涉原理波前记录和再现的一门科学。当固体推进剂药柱受力时,药柱内部缺陷的外表面将发生异常变形,产生不同程度的位移,其变化在全息图相应部位会出现不连续的突变或一些封闭的不规则环形,通过观察变形前后的全息图便可以确定缺陷的有无。激光全息技术将激光全息照相和干涉测量结合起来,在量值(变形量)测量精确度上超过其他方法。该技术主要用于固体推进剂药柱的缺陷及包覆套脱落的检测,灵敏度较高。

上述的探伤检测方法各有所长,但是无法适应大型整体式固体发动机技术的发展,如固体发动机的 CT 扫描在复合材料壳体中的能量衰减较强,扫描装置一般比较庞大、设备昂贵且维护成本极高,超声波检测法对发动机前、后端的脱粘及药柱内部的裂纹检测不适用,激光全息检测法对复合材料壳体的内部缺陷检测能力较低等。

针对大型装药,可以采用光纤植入的方法进行药柱及其界面状态在线监测与评估。光纤传感器是一种新型传感器,其原理是光在光纤中传输时,其特征参量振幅、波长、相位、偏振态等会受到外界因素如温度、应力、应变等调制而发生直接或间接变化,通过解调受调制光的各种本征参数即可获得外界物理量的信息,以此实现对药柱的实时监测。

参考文献

[1] 唐金兰,刘佩进. 固体火箭发动机原理[M]. 北京: 国防工业出版社,2013.
[2] 鲍福廷,侯晓. 固体火箭发动机设计[M]. 北京: 中国宇航出版社,2013.
[3] 庞爱民. 固体火箭推进剂理论与工程[M]. 北京: 中国宇航出版社,2014.
[4] 覃光明,卜昭献,张晓宏. 固体推进剂装药设计[M]. 北京: 国防工业出版社,2013.

第5章 大型燃烧室壳体技术

5.1 概 述

固体火箭发动机燃烧室壳体既是推进剂药柱的储箱和燃烧的场所，又是箭体的一个重要组成部分和承力部段，燃烧室壳体的结构尺寸基本上决定了发动机的尺寸。一般要求能够承受内部燃气产生的高压作用、外部复杂载荷作用（轴力、弯矩、扭转、横剪、冲击及振动等）及飞行中的气动加热作用，还需把固体火箭发动机工作产生的推力传递给整个火箭。为保证燃烧室壳体在各种使用条件下可靠工作，燃烧室壳体必须具有足够的强度和刚度。

一般从两方面评价燃烧室壳体的好坏：一为结构重量；二为在使用过程中的安全可靠性。因此，在满足总体技术要求、几何尺寸及精度的同时，燃烧室壳体应当既要结构质量轻，又要安全可靠。要保证燃烧室壳体结构轻且可靠，首先要选择比强度及比模量高，且对缺陷不敏感的材料作为主体材料；还需将材料在燃烧室壳体上进行合理分配，保证燃烧室壳体各部位的应力尽可能均匀，使燃烧室壳体质量最轻。因此，燃烧室壳体由早期的金属材料燃烧室壳体（以下简称“金属壳体”），逐渐发展出纤维增强树脂基复合材料燃烧室壳体（以下简称“复合材料壳体”），这些燃烧室壳体都是整体式的，典型特点就是燃烧室壳体除了与喷管和点火装置、与舱段连接的外部接口外，燃烧室壳体本身不存在内部接口。

在大型燃烧室壳体的技术发展中，随着直径和长度等结构尺寸的不断增大，燃烧室壳体的制造、检测和运输等难度呈几何式增长，其发展还往往受设备能力的限制。为了能够研制出大型燃烧室壳体，工程师将整体式燃烧室壳体（以下简称“整体式壳体”）从圆筒段分成若干段，再通过机械连接结构将其连接为整体。因此，大型燃烧室壳体的发展，又衍生出分段式燃烧室壳体（以下简称“分段式壳体”）的分类，包括分段式金属壳体和分段式复合材料壳体。

5.2 大型燃烧室壳体材料类型

燃烧室壳体用材料可粗分为金属和复合材料两大类,金属通常为各向同性材料,而复合材料一般表现出明显的各向异性。常用的金属材料有钢、铝合金及钛合金;复合材料有玻璃纤维、芳纶纤维、碳纤维增强树脂基复合材料。与金属材料不同,复合材料不是由材料加工而来的,而是结构与材料同时形成的。因此,金属壳体和复合材料壳体的结构形式、设计方法和加工工艺等存在显著差异,其应力分析和强度校核方法也不相同,例如,金属壳体使用薄膜理论来解决承力结构的应力分析和材料分配问题,复合材料壳体使用网格理论进行相关分析。

5.2.1 金属材料壳体

金属材料壳体与复合材料壳体相比有几个优点:所需要的工艺简单,延展性适中,在断裂前要经历屈服阶段,能够承受较高的温度,通常达到700~1 000℃,这样需要的绝热措施较少。如果用其制造较厚的法兰或接头,那么它可以承受较大的集中载荷,在长时间下性能较为稳定。由于金属密度较高、需要的绝热层少,在相同的外形尺寸,金属壳体能稍微多装填些推进剂。

高强度合金钢是最常用的金属壳体材料,其他金属材料,如铝合金、钛合金和镍合金也经常使用,选材的基本原则如下:

(1) 比强度高,满足总体对发动机的质量要求,是燃烧室壳体材料选用的基本出发点;

(2) 焊接、成型工艺好,是降低成本的关键条件;

(3) 断裂韧性值高,以满足壳体可靠性。

对于大型金属壳体而言,材料的选用不仅要考虑比强度和比刚度,还要综合考虑良好的热处理、机械加工和焊接性能。因此,一般选用超高强度低合金结构钢,常用的大型燃烧室壳体常用金属材料的机械性能对比如表 5.1 所示。

表 5.1 大型燃烧室壳体常用金属材料的机械性能对比

材料牌号	力学性能			品种
	抗拉强度 R_m/MPa	断裂韧性 K_{ic}/(MPa·$m^{\frac{1}{2}}$)	比强度/(10^6 m^2/s^2)	
45CrNiMoVA(D6AC)	≥1 520	≥87	0.19	超高强度低合金结构钢
31Si2MnCrMoVE(D406A)	≥1 620	≥80	0.21	超高强度低合金结构钢
30Cr3SiNiMoVA(30Cr3)	≥1 715	≥93	0.22	超高强度低合金结构钢

5.2.2　复合材料壳体

由两种或两种以上不同性能的材料组成的多相材料称为复合材料。复合材料具有优于其各组分材料的综合性能，通常称复合材料中的连续相为基体材料，称不连续相为增强材料。用于固体火箭发动机壳体的复合材料多是纤维增强树脂基复合材料。与各向同性的单一金属材料相比，纤维增强复合材料有以下优点。

1. 比强度和比刚度高

材料的强度与密度之比称为该材料的比强度。类似地，材料的弹性模量除以密度即得比刚度。对一定的材料，比强度和比刚度都是材料常数。对燃烧室壳体来讲，材料的比强度和比刚度是重要的性能指标。

2. 减振性能好

结构的自振频率与结构的形状有关，也与材料的比刚度有关，自振频率与材料的比刚度的平方根成正比。当结构的自振频率较高时，可以避免工作状态下的共振而引起的早期破坏。同时，纤维与基体界面具有吸振能力，具有较高的振动阻尼。

3. 结构可靠性高

一般金属材料，尤其是高强度金属材料对裂纹缺陷敏感，与此相反，由于纤维增强复合材料的多相性，裂纹缺陷不容易扩展，所以对缺陷不敏感。另外，纤维增强复合材料从结构的角度考虑是典型的静不定体系，当有少量纤维断裂时，其载荷会迅速重新分配在未破坏的纤维上，使结构仍有承载能力，不至于突然破坏。

目前，增强纤维有玻璃纤维、芳纶纤维、碳纤维和聚对苯撑苯并二噁唑纤维等，其中碳纤维具有更高的比强度和比模量，热膨胀系数小，尺寸稳定性好，是复合材料壳体的首选材料。随着碳纤维技术的不断突破，美国赫氏公司发布了 IM10 和 HM54 等高性能碳纤维牌号，日本东丽公司公布了 T1100 和 M40X 等高性能碳纤维信息，国内碳纤维企业也公开了同等性能的碳纤维研发进展，为大型复合材料壳体的材料选择提供了更多可能，如表 5.2 所示。

表 5.2　复合材料壳体常用碳纤维材料及其性能

纤维材料牌号	拉伸强度/MPa	拉伸模量/GPa	线密度/(g/km)	密度/(kg/m^3)	断裂延伸率/%
T700S	4 900	230	800	1.80	2.1
T800S	5 880	294	515	1.80	2.0
T1 000G	6 370	294	485	1.80	2.2
T1100S	7 000	324	505	1.79	2.2
M40X	5 700	377	—	1.77	1.5

续 表

纤维材料牌号	拉伸强度/MPa	拉伸模量/GPa	线密度/(g/km)	密度/(kg/m^3)	断裂延伸率/%
IM7	5 688	276	446	1.78	1.8
IM8	6 170	304	446	1.79	1.9
IM10	6 895	314	324	1.79	2.0
HM54	5 171	372	422	1.76	1.3

但是,对于大型复合材料壳体而言,碳纤维材料的应用量巨大,除了考虑更高的综合性能,还要综合考虑效费比问题,应用于一级发动机或助推发动机的大型复合材料壳体通常采用经济性较好的碳纤维,对于重量要求更苛刻的大型上面级发动机复合材料壳体则选用性能更高的碳纤维。另外,单纯追求碳纤维的强度,会导致壳体刚度偏弱,这会在大型复合材料壳体上引起诸多问题。因此,对于大型复合材料壳体的碳纤维选材,需注意强度和模量的平衡,否则会导致材料浪费。

复合材料壳体的基体材料有环氧树脂、氰酸酯树脂、双马来酰亚胺树脂和聚三唑树脂等。其中,环氧树脂(双酚 A 型)由于其分子结构中含有硬链节,固化收缩率比较低,内应力比较小,且具有良好的工艺性和配方设计的灵活性。氰酸酯树脂、双马来酰亚胺树脂和聚三唑树脂相比于环氧树脂的最大特点就是耐热性好,但是工艺性稍差、成本较高,因此,大型复合材料壳体通常采用环氧树脂作为其基体材料。

5.3 大型燃烧室壳体结构

5.3.1 整体式壳体结构

整体式壳体结构是指壳体本身不存在内部连接接口的结构形式,金属壳体的各组件通过焊接而形成整体,复合材料壳体的各组件通过整体成型或粘接而形成整体。不论是金属壳体,还是复合材料壳体,最基本的结构形式均为整体式,这是效率最高的燃烧室壳体结构。

1. 整体式金属壳体

固体火箭发动机燃烧室金属壳体典型结构如图 5.1 所示,由前后接头、前后封头、圆筒段和前后裙组成。圆筒段可由金属板卷焊或强力旋压成型,封头可由金属板冲压或强力旋压成型,接头采用锻件机加成型,然后将各部件组焊为燃烧室壳体焊接件,最后按照图样要求对燃烧室壳体焊接件进行精加工。

前接头用于与点火装置的连接及密封,后接头用于与喷管连接及密封,大型金

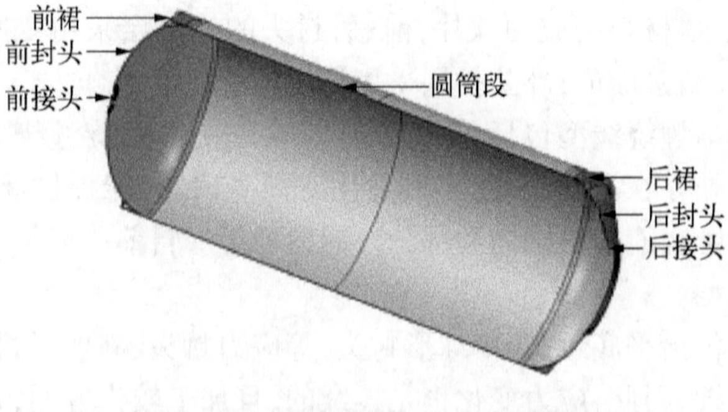

图 5.1 燃烧室金属壳体典型结构

属壳体一般采用法兰螺栓/螺柱连接或卡环连接方式;前后裙用于和全箭的舱段连接,一般采用端框螺栓/螺柱连接;前后封头连接前后接头和圆筒段,主要承受内压载荷;圆筒段连接前后封头和前后裙,承受内压载荷和外载荷。

由于金属材料的比强度和比刚度相对于复合材料的劣势,在大型燃烧室壳体研制中,金属壳体逐渐被复合材料壳体所取代。同时,随着大重型运载火箭的发展,发动机的直径越来越大,造成整体式金属壳体加工、热处理和焊接难度越来越大,且受设备能力限制严重,国内外的大型燃烧室壳体几乎无采用整体式金属壳体结构的报道。

2. 整体式复合材料壳体

复合材料壳体通常包括前后裙、前后接头和纤维缠绕层等,由于其成型工艺的特点,内绝热层与复合材料壳体同时成型,其典型结构示意图如图 5.2 所示。前后接头由金属或复合材料单独成型;筒身段与前后封头整体成型,由经过树脂浸渍的纤维束在芯模上连续缠绕,最终固化形成缠绕复合材料制品,这一结构称为纤维缠绕层;前后裙由金属或复合材料机加而成;绝热层材料是以丁腈或三元乙丙橡胶为

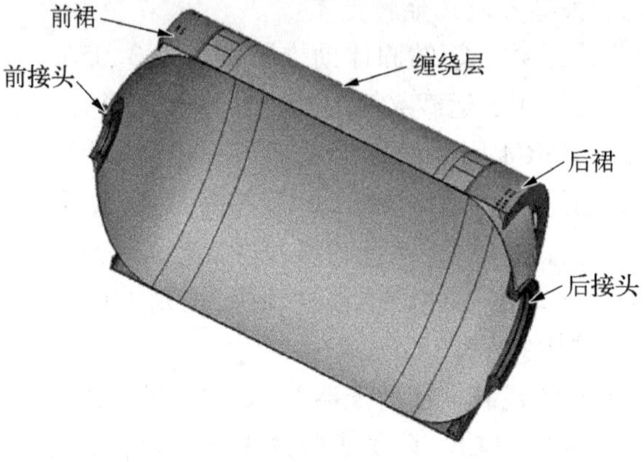

图 5.2 复合材料燃烧室壳体结构形式示意图

基体、添加不同增强材料制成的软片，前、后封头的绝热层采用变厚度整体模压成型，圆柱段用软片粘接而成；外防护层采用涂层式或多层复合式。

缠绕层的基本缠绕线型包括平面缠绕、环向缠绕和螺旋缠绕三种线型。环向缠绕由于在封头处存在滑线问题，主要适用于筒身段，只能提供筒身环向的强度。平面缠绕与螺旋缠绕能提供轴向和部分环向的强度。目前一般采用环向缠绕加螺旋缠绕的缠绕线型。

封头的类型包括平底封头、半球形封头、等应力封头、椭球形封头，其中椭球形封头几何过渡连续，因此，应力变化也是连续的，且加工较为方便，是目前最为广泛采用的封头形式。封头与筒身段连接的位置称为赤道线。

虽然，大型燃烧室壳体越来越多地采用复合材料壳体，但是与大型金属壳体类似，随着直径越来越大，整体式复合材料壳体的芯模制造、缠绕、固化和机械加工等难度大幅度地增长，其发展还往往受设备能力的限制，因此，早期国内外鲜有关于大型整体式复合材料壳体研制的报道。然而，在商业航天引领下，我国近年来大型整体式固体火箭发动机发展迅速。

5.3.2 分段式壳体结构

将燃烧室壳体在圆筒段部位分成若干段，在分段部位设计螺栓连接、环键连接或楔形组件等连接接头，分段部分单独加工制造后，各段通过机械连接结构装配为整体的结构形式，称为分段式壳体结构。由于采用分段式壳体结构，可以通过调整分段数对发动机装药量、推力和工作时间进行调整，使大型固体发动机的研制难度大大降低，早期的大型固体发动机以分段式壳体结构为主。

1. 分段式金属壳体

欧美国家在早期发展大型固体发动机时，致力于分段式金属壳体技术发展，尤其是美国自 20 世纪 50 年代以来，先后研制了“大力神”、航天飞机、SLS 等标志性运载器配套发动机的大型分段式金属壳体。

美国“大力神 3C”运载火箭的固体助推器直径为 3.05 m，采用 5 分段结构方案，在此基础上，“大力神 4A”运载火箭的助推器直径发展为 3.1 m，采用了 7 分段结构方案。航天飞机 RSRM 固体助推器采用了可重复使用的大型分段式金属壳体，直径为 3.71 m，壳体分为 4 段，采用 D6AC 超高强度钢，设计时考虑了材料断裂韧性和足够的安全裕度，并采用了特殊的热处理工艺，该分段式金属壳体设计重复使用次数达到 20 次。SLS 的固体助推器发动机，也是采用分段式金属壳体，直径为 3.71 m，为 5 分段结构(图 5.3)。

欧空局的“阿里安 5”运载火箭助推器 P230 发动机壳体直径为 3.05 m，采用 5 分段结构，于 1998 年首发成功。日本研制的 H-2 运载火箭固体助推器直径为 1.8 m，采用 4 分段结构，为日本首次采用的大型分段式壳体方案。印度为了提升

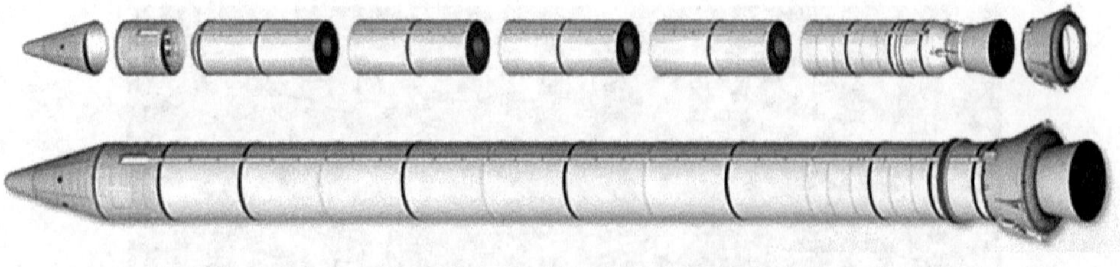

图 5.3　SLS 固体助推器分段钢壳体

运载火箭动力水平，从研制极地轨道卫星运载火箭（Polar Satellite Launch Vehicle, PSLV）开始发展大型分段式金属壳体技术，其中，PSLV 的一级发动机壳体直径为 2.8 m，采用 5 分段金属壳体结构方案，S-200 固体发动机是应用于 PSLV MARK Ⅲ 运载火箭的发动机，其壳体直径达到了 3.2 m，采用 5 分段金属壳体结构方案，该火箭于 2014 年 12 月发射成功。

我国早期的分段式金属壳体的研制主要是应用于小型双脉冲发动机。“十一五”期间全面开展了分段式固体火箭发动机技术攻关，2020 年 12 月，完成了直径为 3.2 m、3 分段式金属壳体固体火箭发动机地面热试车，验证了关键技术。

2. 分段式复合材料壳体

分段式金属壳体技术解决了大型固体发动机的工程研制问题，为了进一步提升大型固体发动机的质量比及其综合性能，大型分段式壳体也逐渐向复合材料壳体技术方向发展。一般典型的大型分段式复合材料壳体固体火箭发动机结构通常包含前封头壳体、后封头壳体及若干筒段壳体，可以是两分段、三分段，也可以是多分段。

为了进一步提升 SLS 的推力，NASA 实施了 SLS 先进助推器开发项目，作为固体助推器的制造商，ATK 公司于 2013 年 10 月宣布，成功地完成先进助推器复合材料壳体的纤维缠绕制造，实现了分段式金属壳体向分段式复合材料壳体的发展。大型分段式复合材料壳体技术的应用，使新助推器比目前的助推器成本降低 40%、可靠性增加 24%。该分段式复合材料壳体样机直径约为 2.34 m，长度约为 8.2 m，如图 5.4 所示。同时，复合材料的应用使消极质量减少了约 1.9 t，可显著地增加有效载荷。

“大力神”系列运载火箭从其 3C 运载火箭开始采用分段式金属壳体固体助推发动机，随着技术发展，“大力神 4B”运载火箭的改进型助推发动机 SRMU 采用了分段式复合材料壳体，该壳体直径 3.2 m，为 3 分段结构。该分段式复合材料壳体的应用使发动机的性能较大力神 4A 运载火箭的助推发动机提高了 25%。

国内在分段式复合材料壳体技术方面申请了一些专利，对大型分段式复合材料壳体的连接结构和成型方式等方面进行了介绍。我国在直径 3.5 m 级大型整体式固体发动机研制成功后，也提出了采用分段式复合材料壳体发动机方案，通过增

图 5.4 SLS 先进助推器的分段式复合材料壳体样机

加分段数量,达到发动机推力千吨级的目标。

3. 分段式燃烧室壳体连接结构

在固体火箭发动机中,连接形式包括螺纹连接、法兰连接、卡环连接、楔形环连接、径向销钉连接和环键连接等,各种连接结构具有其各自的特点。对于小型燃烧室壳体而言,可以根据受力状态的需要,选取合适的连接结构。但是,对于大型燃烧室壳体,分段连接结构在壳体柱段,也就是直径最大的部位,连接结构的尺寸较大,就不是任意的连接形式都能满足分段连接的要求。

不论是分段式金属壳体还是分段式复合材料壳体,分段连接结构的设计都是其关键技术,既要满足连接强度和刚度要求,还必须保证密封可靠。由于分段连接部位的受力状态很复杂,必须合理地设计连接结构的形式,并定量确定连接结构的形状和尺寸,以在满足受力状态要求的前提下,尽可能地降低连接结构的消极质量。金属材料因其加工工艺成熟,易成型复杂结构,在分段式金属壳体和复合材料壳体中,均作为连接结构的可靠材料。在分段式金属壳体中,连接结构与壳体一体加工成型,或者单独加工后焊接成型;在分段式复合材料壳体中,连接结构通常单独加工成型,再通过粘接或粘接+机械连接的方式与复合材料壳体进行可靠连接。

大型分段式壳体的分段连接结构一般主要采用螺栓连接、卡环连接或径向销钉等方式,当然也还包括其他结构。

螺栓连接: 该连接形式与级间段连接结构类似,通过法兰端框上安装 O 形圈实现密封,在连接结构上加工掏空的 U 形结构,预留连接螺栓的安装操作空间。在发动机内压环境下,螺栓承受轴向拉力,同时沿直径方向提供径向偏移,螺栓中心线和薄膜中心线之间会产生一个力矩,使连接接头的内侧保持密封。O 形密封圈固定在连接接头上,从而在工作过程中保证接头处密封。

美国的先进固体火箭发动机分段式金属壳体采用螺栓连接结构，连接结构与壳体本体均采用 9Ni－4CO－0.3C 合金钢，在连接接头中设计了 150 个 U 形凹槽结构，用于安装 M30 连接螺栓，连接螺栓的分度圆直径为 3.77 m，U 形凹槽结构由肋板进行加强。连接结构的内侧设计了止口结构，便于装配定位和降低内压作用下的螺栓剪切载荷[1]。

卡环连接：可分为环键连接和楔形组件连接等方式，其优点是结构简单、连接可靠、结构重量小。连接结构由前壳体段与后壳体段直接搭接组成，直径大的壳体段搭接在直径小的壳体段上。前后连接结构上均有一个环状的开槽，装配到位后，正好形成一个矩形卡环槽，在其中插入环键或楔形组件即可使两段壳体连接。O 形密封圈装在连接接头尾端的开槽中，挤压连接处的两个配合面，从而起到连接密封的作用。

环键连接虽然具有加工工艺和装配简便的优点，但是在环键与卡环槽间存在轴向间隙，连接刚度差。为克服该问题，在大型燃烧室壳体中应用时，可选用楔形组件式卡环连接结构，通过两个楔环挤压使两个连接段相互分开，消除与卡环槽之间的轴向间隙，提升连接刚度，同时承担连接处扭转力矩。但是，当两种结构在大型燃烧室壳体上使用时，在内压载荷下环键/楔环均会与卡环槽挤压而产生较大偏心距，使密封面形成张角而降低密封可靠性。因此，需要在连接接头上设计止口和端面密封结构，以减小偏小距，提升连接和密封可靠性。

径向销钉连接（图 5.5）：优点是结构简单、连接和密封可靠、连接刚度好、能够实现可靠定位，较常应用于大型分段式壳体的连接结构中。径向销钉孔对连接结构有削弱作用，在结构设计时，销钉与销钉孔之间应尽量地采用过盈配合，以保证连接刚度。

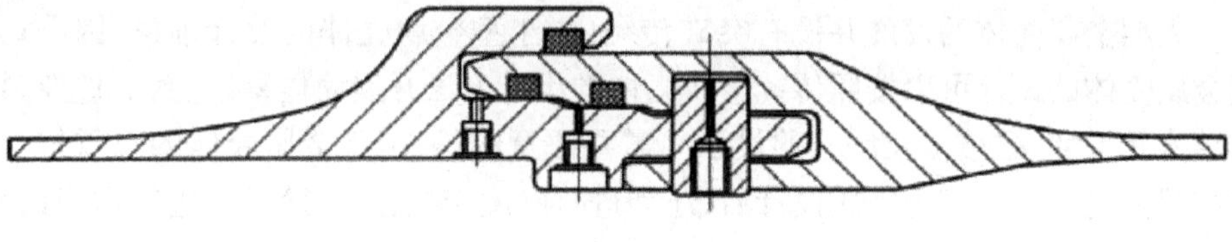

图 5.5　径向销钉连接[2]

2010~2015 年，欧空局在“织女星”（VEGA）运载火箭二子级固体火箭发动机 Zefiro40 的基础上，进行了分段式复合材料壳体固体火箭发动机的研发工作。此分段式复合材料壳体采用了一种 U 形槽、销钉相组合的连接结构，这种结构有效地降低结构重量、提高连接密封可靠性。这种连接接头在连接处采用金属连接件，将连接件设计成 U 形接头与两分段分别连接，两金属连接件沿发动机径向采用两排销钉连接。壳体在承受内压时，销钉的剪切配合 U 形件的接触来承担载荷。这种销钉连接结构目前被广泛地应用于分段式复合材料壳体的连接，是目前公开报道的分段式复合材料壳体的主要连接方式。“大力神 4B”运载火箭的改进型助推发动机的分段式复合材料壳体也采用了径向销钉式连接结构，连接接头采用 D6AC 钢，U 形槽部位设计径向 O 形密封圈，采用了 240 个销钉连接，燃烧室的最大压强可达到 12.5 MPa[3]。

复合材料壳体的分段连接一般采用金属接头进行连接，金属接头除了分段壳体之间的连接结构，还需要金属接头与复合材料壳体之间实现可靠连接。对于大型燃烧室壳体而言，复合材料壳体与金属接头连接设计的原则是，在任何载荷作用下，结构破坏及形式不应是发生在复合材料连接处的拉伸或剪切破坏，可尽量地设计为挤压破坏，且金属接头的强度不应低于复合材料连接部位的强度。金属接头一般设计为 U 形槽结构，这种结构可以避免对接处产生附加弯矩，以及复合材料的分层扩展，具体结构和尺寸可依据载荷大小、方向和结构的安装空间等因素进行设计。

针对金属接头与复合材料壳体的连接，国内外开展了销钉、粘接、绕钉缠绕和棘刺等连接结构技术研究，均取得了良好效果。为了提升金属接头与复合材料的连接强度，不论是采用哪种连接形式，均需要在复合材料壳体连接部位进行纤维补强。通常复合材料壳体连接部位往往需要承受复杂的内外载荷，根据复合材料铺层设计研究，±45°铺层可提升复合材料的开孔挤压性能，因此，在补强层设计时，应充分地考虑载荷方向，多采用 0°、±45°、90°铺层，至少要保证 40%的±45°层，以改善连接部位的压缩和冲击性能。

5.4 大型燃烧室壳体设计方法

5.4.1 金属壳体设计

大型金属壳体的发展并没有突破传统中、小型金属壳体的设计理论，因此，大型金属壳体的设计可以按照传统金属壳体的设计方法开展筒体壁厚、封头壁厚、接头结构及尺寸、裙结构及尺寸的设计。需要注意的是，由于金属壳体的自重较大，在按照传统的强度理论完成设计后，还需进行刚度校核，并在筒身段进行适当的刚度补强。

1. 筒体设计

计算燃烧室壳体壁厚前，需要确定壳体在内压状态下的强度安全系数，即爆破压强与最大预示工作压强的比值，符号定义为 f，当取最大预示工作压强计算时，安全系数在材料许用应力中体现。

当计算燃烧室壳体壁厚时，仅考虑燃气内压的作用，视壳体为承受内压强的密封容器来计算圆筒体壁厚。

根据最大应力强度理论，圆筒体的最小壁厚 δ_{min} 为

$$\delta_{\min} = \frac{\Psi p_{\max} D}{2.3[\sigma] + \Psi p_{\max}} \tag{5.1}$$

式中，$p_{\max}$ 为最大预示工作压强，MPa；Ψ 为载荷波动系数；D 为筒体外径，mm；ξ 为焊缝系数，当壳体圆筒旋压成型时，无纵向焊缝，此时可取值为 1；$[\sigma]$ 为材料在设计温度下的许用应力。

2. 封头设计

封头壁厚设计前，首先要确定封头形状，包括椭球体或三心圆碟形体等，通常采用椭球形封头，椭球形封头的重要参数是椭球比，符号定义为 m。仅考虑封头受力时，m 取 1（半球形）为最优结构，但是半球壳比较深，不利于成型，且在总长约束条件下容积效率不高，因此，椭球比的选取需要综合考虑容积效率、工艺性和受力状态。

椭球形封头壁厚公式：

$$\delta_{\min} = \frac{\psi p_{\max} D m}{4[\sigma]\xi + \psi p_{\max} m} \tag{5.2}$$

式中，m 为椭球比。

碟形封头壁厚公式：

$$\delta_{\min} = \frac{\psi p_{\max} D m_{a}}{4[\sigma]\xi + \psi p_{\max}} \tag{5.3}$$

式中，m_{a} 为碟形封头形状系数，是顶部半径 R 和边缘半径 r 的函数，计算公式如下：

$$m_{a} = (3 + \sqrt{R/r})/4 \tag{5.4}$$

其余符号意义同式(5.1)。

椭球封头由椭圆曲线绕其短轴旋转而成。由于椭球经线曲率是连续变化的，封头上的应力也随之连续变化，当椭球比 $m = 2$ 时，封头上最大应力与筒体上的最大应力相等，且封头深度为筒体半径的 1/2，易于加工。与 $m = 2$ 的椭球封头等强度、等深度的碟形封头尺寸是 $r = D/8$，$R = 0.75D$，球半径 R 与边缘半径 r 交接的截面与旋转轴的夹角为 36.87°。

3. 爆破压强计算

金属壳体的爆破压强计算分为筒体爆破压强计算和封头爆破压强计算。筒体的爆破压强计算按式(5.5)进行：

$$p_{b} = \frac{2}{3^{(n+1)/2}} \frac{\sigma_{b}\delta_{0}}{R_{0}} \tag{5.5}$$

式中，n 为金属材料的硬化指数，根据壳体筒段材料机械性能弹性模量 E、屈服极限 $\sigma_{0.2}$ 及强度极限 σ_b 按照式(5.6)求解。

$$\sigma_{0.2}/\sigma_b = \left[\left(\frac{\sigma_{0.2}}{E} + 0.002\right)\frac{e}{n}\right]^n \tag{5.6}$$

根据第四强度理论，按照如下公式计算封头的爆破压强 p_b：

$$p_b = \frac{2h_0\sigma_b}{mR} \tag{5.7}$$

式中，h_0 为封头壁厚，单位为 mm；m 为椭球比。

4. 接头设计

前后接头是在前后椭球体（或碟形体）上开孔后，焊接的与点火装置、喷管等部件连接的结构。金属壳体的接头结构示意图如图 5.6 所示，其设计主要涉及加强环和锥颈的设计。

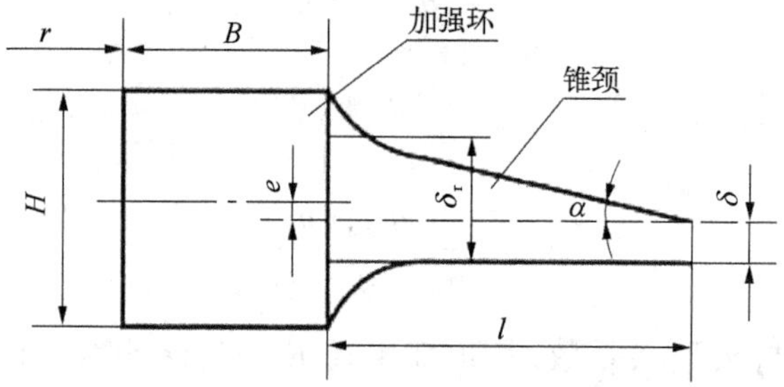

图 5.6 金属壳体的接头结构示意图

接头加强环的横截面积 F 按式(5.8)计算，当开孔半径 $r \leqslant 0.15R$ 时，k 取上限值，当 $r \geqslant 0.5R$ 时，应取下限值。

$$F = BH = kr \times \delta \tag{5.8}$$

式中，H 为加强环厚度，单位为 mm；B 为加强环宽度，单位为 mm；δ 为锥颈尖点厚度，单位为 mm，一般比封头厚度值大 0.5~1.0 mm；r 为接头开孔内半径；k 为比例系数，取 1.20~1.43。

根据接头连接螺栓或接头螺纹的强度及工艺要求首先确定加强环厚度 H，再根据截面积要求确定宽度 B。也可以根据结构需要先确定 B 值，再由式(5.8)计算 H 值。

接头锥颈长 l 为

$$l \geqslant 0.5\sqrt{R_i\delta} \tag{5.9}$$

式中，R_i 为封头曲面在加强环与锥颈连接处的主曲率半径 R_1 和 R_2 中的较大者，单

位为 mm。椭球形封头的主曲率半径分别为

$$R_1 = \frac{ma}{[1 + (m^2 - 1)\sin^2\theta]^{1.5}} \tag{5.10}$$

$$R_2 = \frac{ma}{[1 + (m^2 - 1)\sin^2\theta]^{0.5}} \tag{5.11}$$

$$\sin\theta = \frac{r + B}{\sqrt{m^2a^2 - (m^2 - 1)(r + B)^2}} \tag{5.12}$$

式中，m 为封头椭球比；a 为椭球封头长半轴，单位为 mm；r、B 与式(5.8)中相同。

锥颈根部厚度 δ_r 取值为 $2\delta < \delta_r < H$。

为满足发动机功能性要求，在壳体封头上必须进行开孔，开孔后，壳体封头强度受到很大的削弱，需要进行开孔补强设计。金属壳体的封头开孔补强采用等面积补强方式，即要求局部补强的金属截面积必须等于或大于开孔所减去的壳壁截面积。

5. *裙结构设计*

裙作为发动机与级间段连接和载荷传递的关键部件，其结构可以简化为裙环和端框两部分，裙环是承载的主要部分，端框是连接和传递载荷的主要部分。对于大型金属壳体，裙环长度 L 首先需保证协调尺寸要求，裙环的壁厚 h 可以使用屈曲公式初步计算确定，一般情况下与金属壳体筒段厚度相同；裙端框的厚度 H 需要根据连接载荷和刚度要求，以及裙端面连接孔深度要求确定，但是连接孔的深度可以通过局部加厚实现，裙端框的宽度 B 需满足结构协调图要求。

图 5.7 为金属壳体裙结构示意图。

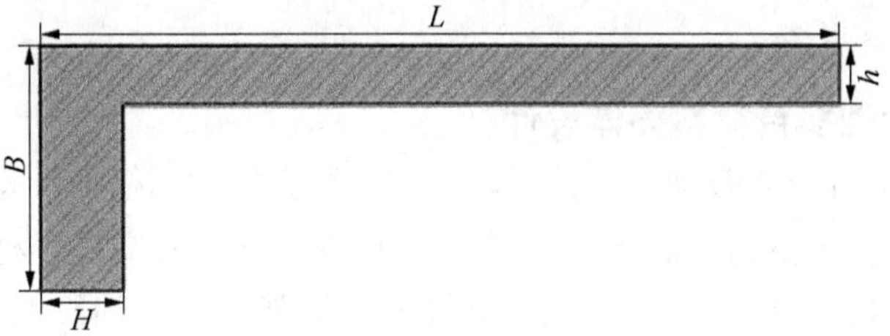

图 5.7　金属壳体裙结构示意图

裙壁厚设计的输入为火箭飞行过程中的外载荷，裙部和壳体除了受轴压载荷 T，还承受弯矩 M 作用。在考虑弯曲失稳时，一般将弯曲作用等效为轴压作用，由弯矩平衡条件可以推导出弯矩等效为轴压的计算公式如下，其中 D 为外径。当轴压和弯矩同时作用时，最大轴压为纯轴压和等效轴压之和 T_m。

$$T = \frac{4M}{D} \tag{5.13}$$

当裙壁厚确定时,需考虑裙在轴压时的刚度失稳和强度破坏两种情况。在考虑其轴压刚度失稳时,裙壁厚 h_1 计算公式如下所示。裙一般都较短,通常采用短柱壳的公式计算。

$$\begin{aligned} h_1 &= \sqrt[3]{\frac{L^2 T_m}{2\pi E R}},\ L \leqslant 2.5\sqrt{R h_1} \\ h_1 &= \sqrt{\frac{T_m}{2\pi k E}},\ L > 2.5\sqrt{R h_1} \end{aligned} \tag{5.14}$$

式中,L 为裙有效长度,单位为 mm;T_m 为最大轴压,单位为 N;R 为裙筒段外半径,单位为 mm;E 为裙材料弹性模量,单位为 MPa;k 为计算系数。

$$k = \frac{1}{\pi}\sqrt[8]{\left(\frac{100 h_1}{R}\right)^3} \tag{5.15}$$

当 $R/h_1 = 100 \sim 1\,500$ 时,长裙的厚度计算值与试验结果符合良好。

当考虑裙受轴压强度破坏时,应采用最大正应力理论的公式确定壁厚,计算公式如下:

$$h_2 = \frac{T_m}{2\pi R \sigma_b} \tag{5.16}$$

式中,σ_b 为裙材料的抗拉强度极限,单位为 MPa。

最终,裙的壁厚 h 取 h_1 和 h_2 中的较大值。

5.4.2 大型复合材料壳体设计

大型复合材料壳体缠绕层设计可以参照传统壳体的网格设计理论进行初步分析计算,再根据燃烧室壳体的刚度要求进行校核。由于大型复合材料壳体的壁厚增加,纤维层的缺陷也会相应地增加,纤维的发挥强度会受到影响,在按照网格设计时,对于纤维强度的选取需要考虑尺寸放大效应带来的影响。另外,大型复合材料壳体封头曲面的面积大幅度地增加,封头补强难度增加,对于封头补强层的设计需要更精细化。

1. 缠绕层设计

按照网格理论,大型复合材料壳体柱段螺旋缠绕纤维的厚度可按照式(5.17)[4]进行计算:

$$h_{f\alpha} = \frac{Rp_b}{2\cos^2\alpha_0\sigma_{f\alpha}} \tag{5.17}$$

环向缠绕纤维的厚度按照式(5.18)进行计算:

$$h_{f\theta} = \frac{Rp_b}{2\sigma_{f\theta}}(2 - \tan^2\alpha_0) \tag{5.18}$$

式中,p_b 为设计爆破压强,单位为 MPa;R 为壳体柱段半径,单位为 mm;α_0 为缠绕角,单位为(°);$\sigma_{f\alpha}$ 为螺旋缠绕纤维强度,单位为 MPa;$\sigma_{f\theta}$ 为环向缠绕纤维强度,单位为 MPa。

由于封头与柱段一体螺旋缠绕成型,当柱段的螺旋缠绕层厚度确定后,封头的铺层也已确定,但是由于封头截面上的变曲率特性,封头上的缠绕角和纤维层厚度是随截面直径呈非线性连续变化的。对封头进行精细化补强设计时,需要对封头的缠绕层厚度进行准确计算。

在封头上,只能实现螺旋缠绕或平面缠绕,其纤维关于子午线对称,呈螺旋网格;纤维缠绕角是变化的,在赤道圆上等于圆筒的螺旋缠绕角 α_0,在极孔处等于($\pi/2$);同时,通过平行圆法截面的纤维总量等于通过赤道圆法截面上的纤维总量,且等于通过圆筒横截面上的纤维总量,由于平行圆半径是变化的,所以封头上的纤维厚度也是变化的。

根据封头测地线缠绕规律封头上的纤维缠绕角为

$$\alpha = \arcsin\left(\frac{r_0}{r}\right) + \left[\alpha_0 - \arcsin\left(\frac{r_0}{R}\right)\right] \times \left(\frac{r - r_0}{R - r_0}\right)^n \tag{5.19}$$

式中,r_0 为封头上的极孔半径,单位为 mm;R 为封头上的赤道半径,单位为 mm;r 为封头上的截面半径,单位为 mm;当 $r = r_0$ 时 $\alpha = 90°$,当 $r = R$ 时,$\alpha = \alpha_0$;α 为封头上的缠绕角,单位为(°);α_0 为筒段缠绕角,单位为(°);n 为修正系数,通常可取 1。

封头厚度是随半径变大而变薄,但是纤维通过封头上任意点法向截面的纤维总量是相同的,因此,封头上任意点法向截面面积是相同的,可以得到封头任意截面纤维厚度如下[5]:

$$t(r_0) = m_1 \times r_0^0 + m_2 \times r_0^1 + m_3 \times r_0^2 + m_4 \times r_0^3 \tag{5.20}$$

2. 封头强度校核及补强

在复合材料壳体上,封头缠绕角和厚度的非线性变化,以及封头曲率的变化,导致封头上的受力异常复杂,通常需要进行针对性补强。在此之前需要通过理论分析和试验结果,分析封头的主要薄弱环节:① 赤道部位纤维断裂。封头赤道附近的薄膜应力并不高,但由于该处纤维层最薄,且存在较高的弯矩和剪力,对断裂应变和断裂韧性较低的碳纤维复合材料极为不利,是封头的薄弱环节1。② 极孔部位纤维断裂。许多壳体的内压试验应变测试发现,开口较大的后极孔处纤维方向应变较大,主要是由于该处纤维层厚度大,导致缠绕线形偏离理论较大,极孔处架空严重、缺陷多,纤维的断裂应变较低,因此,极孔是封头的薄弱环节2。③ 接头肩部纤维剪(弯)断。接头肩部边缘与封头纤维层存在较大的刚度差异,在壳体内压作用下,此处还会产生较大的弯矩和轴向剪力,是封头的薄弱环节3。

为了避免碳纤维壳体封头的低压破坏,必须针对不同的薄弱环节,给出相应的强度校核方法,为封头的补强设计计算提供依据。

1) 封头极孔的强度校核

封头极孔在环向应力作用下发生断裂,除与封头厚度及是否切根缠绕有关,也与接头肩宽比有关。极孔处的纤维层平均厚度可按照式(5.21)进行估算[6]:

$$t = \frac{\eta^2 m(R^2 - b^2)^{\frac{1}{2}}}{(\eta^2 - 1)\sigma_{\theta b}} p_b \tag{5.21}$$

式中,m 为封头椭球比,单位为 mm;R 为封头上的赤道半径,单位为 mm;b 为封头上的极孔半径,单位为 mm;a 为接头肩部外缘半径,单位为 mm;θ 为极孔处封头的法线与封头轴线间夹角,单位为(°);η 为接头肩宽比 $=a/b$;p_b 为壳体爆破压强,单位为 MPa;$\sigma_{\theta b}$ 为螺旋层复合材料强度,单位为 MPa。

图 5.8 为封头结构示意图。

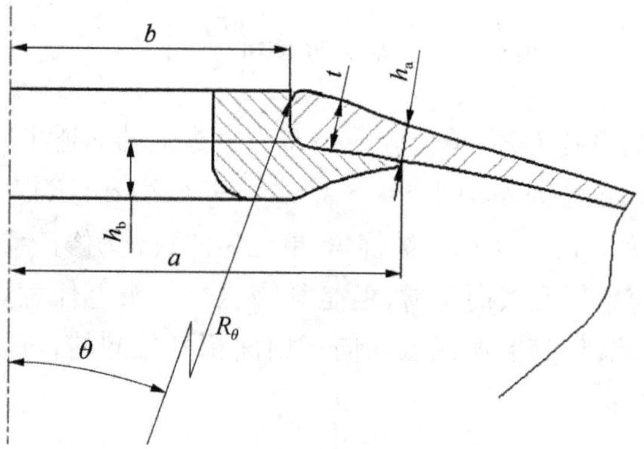

图 5.8　封头结构示意图

为避免封头极孔在环向应力作用下发生断裂,设计时,肩宽比不应取得过小,工艺上应尽量地实现极孔处的切根缠绕,并通过极孔补强以增大厚度 t。

2) 接头肩部边缘处的封头强度校核

封头沿接头肩部外缘被剪(弯)断的薄弱环节,与封头厚度、接头肩宽比及肩

部弯曲刚度有关。肩部外缘处的封头厚度可按照式(5.22)进行估算:

$$h_{a} = \frac{ap_{b}}{2\tau_{zb}} \tag{5.22}$$

式中,τ_{zb} 为封头纤维层等效剪切强度,单位为 MPa;需要通过实验确定,其他参数同上。

封头沿肩部外缘被剪(弯)断,除了与封头厚度及肩宽比有关,与肩部的刚度也有很大关系。以往的接头设计,肩部厚度是从肩根开始以线性关系减小到肩外缘的零厚度,对于大型复合材料壳体,应适当减小肩部外缘的弯曲刚度,使肩部厚度从根部开始,快速减薄到外缘的零厚度。为此,建议肩部厚度采用式(5.23)确定:

$$h(x) = h_{b}\left(1 - \frac{x}{w}\right)^{n} \tag{5.23}$$

式中,h_b 为肩根厚度,单位为 mm;w 为肩部宽度$=a-b$,单位为 mm;x 为从肩根算起的径向坐标,单位为 mm;n 为修正系数,对钢接头,可取 $n=2$; 对钛合金接头,可取 $n=1.5 \sim 1.8$; 对铝合金接头,可取 $n=1.2 \sim 1.5$。

3) 封头补强

根据以上分析,对于普通复合材料壳体,通过适当选取应力平衡系数和肩宽比,以及减小肩部刚度的方法,可有效地提高封头强度、避免封头的低压破坏。对于大型复合材料壳体,载荷大、成本高,必须进行适应性封头补强,以提高燃烧室壳体的质量可靠性。封头补强是非常复杂的问题,目前尚无成熟的定量补强设计方法,但是结合理论分析和实践经验,可以给出定性的补强方案,例如,① 为使封头厚度分布均匀、对称,应"逢纵必补",即相邻纵向层之间都要铺放 1 层补强层;② 尽量地采用碳布作为补强层,使封头极孔附近的经向和纬向都得到加强;③ 封头上的薄弱环节是局部的,对于质量比要求较高的壳体,尽量地采用局部碳布补强,而非封头帽整体补强,即使需要对封头进行整体补强,也可采用碳布进行补强,避免封头帽补强的材料和时间浪费;④ 碳布补强应尽量地依据封头型面裁剪为环形或扇形,避免工艺操作时,纤维褶皱而降低补强效果。

接头附近补强层的形状像一个球带,球带的经向宽度为 L。理论上,L 应尽可能长,但太长的 L 无必要,还会给补强工艺带来困难。为了达到补强效果,L 也不能太短。确定 L 的依据是接头附近弯矩对封头影响的范围。由薄壳理论知,边缘弯矩随着离边缘距离的增大而迅速减小。弯矩减小到最大弯矩的 10%时,该距离约为 $2\sqrt{R_{\theta}h_{a}}$。依此,可取补强层的最大宽度为

$$L = c\sqrt{R_{\theta}h_{a}} \tag{5.24}$$

式中，R_θ 为封头在肩部外缘处的纬向曲率半径，单位为 mm；h_a 为封头在肩部外缘处厚度，单位为 mm；c 为常数，一般可取 $c = 0.5 \sim 1.0$。

对椭球封头：

$$R_\theta = [m^2R^2 - (m^2 - 1)a^2]^{\frac{1}{2}} \tag{5.25}$$

为使补强部位封头的厚度均匀连续变化，补强层的宽度应从内向外逐渐增大到最大宽度 L，即在封头上以阶梯形的"台阶"出现。但为使极孔的环向得以足够加强，在极孔边缘或扩孔边缘处，补强层的每一层尽可能地与该缠绕层边缘齐平。

随着有限元技术的发展，针对封头补强已不再完全依赖于经验和试验，可以在定性分析的基础上，结合有限元手段进行封头精细化补强。

3. 接头设计

接头通常采用金属锻件材料，在金属锻造过程中，金属锻坯中晶粒间的氧化物、硫化物及其他杂质会形成有规律、有方向的纤维组织，从而使金属的力学性能也有了方向性。对于大型锻件，金属力学性能的方向性比较明显，如果不考虑金属力学性能的方向性就不能进行精细化的设计和使用。金属锻环的各向异性取样方向示意图如图 5.9 所示，研究表明锻环轴向的力学性能往往是最薄弱的。因此，在大型复合材料壳体金属接头设计和分析时，需要根据材料的各向异性取强度许用值。

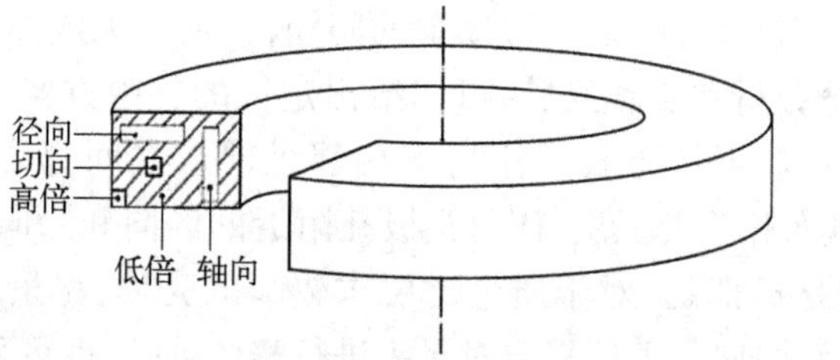

图 5.9　金属锻环的各向异性取样方向示意图

1）接头横截面积计算

纤维缠绕壳体接头设计，首先要确定接头横截面积，过大则增加结构质量，过小接头强度和刚度又会不足，使接头成为薄弱环节，最终造成壳体纤维强度潜力无法充分地发挥。接头开孔加强及离散简化图如图 5.10 所示。计算中，根据总体输入 R_s 和空间尺寸需求 B 计算出接头加强环横截面积，继而计算出接头加强环高度 H。

接头所需横截面积有计算公式：

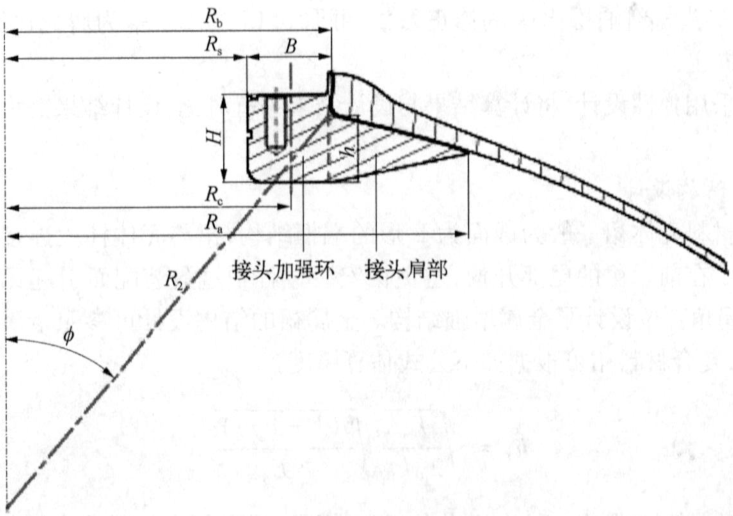

图 5.10　接头开孔加强及离散简化图

$$F = BH = \frac{R_c(2R_s + B)p_{max}}{4[\sigma]}\cot\phi \tag{5.26}$$

$$\cot\phi = \frac{m\sqrt{R^2 - (R_s + B)^2}}{R_s + B} \tag{5.27}$$

式中，F 为接头法兰横截面积，单位为 mm^2；m 为椭球比；R 为椭球长轴，单位为 mm；p_{max} 为发动机最大工作压强，单位为 MPa；ϕ 为接头挂线极孔处曲率半径 R_2 与回转轴的夹角；$[\sigma]$ 为接头材料许用应力，σ_b/f，f 为安全系数，单位为 MPa；R_s、R_b 为接头开口半径和挂线极孔半径，单位为 mm；R_c 为接头加强环中截面半径，单位为 mm；R_a 为接头肩部外圆半径，单位为 mm；H、B 为接头加强环厚度、宽度，单位为 mm。

2）接头肩部厚度计算

壳体在内压作用下，接头肩部是重要的受力部位，其厚度变化规律可以表示为

$$h(r) = \frac{h}{R_a - R_b}(R_a - r) \tag{5.28}$$

式中，r 为确定厚度的计算点至壳体轴线的距离；h 为肩根部厚度；其他符号意义同上。

接头肩部厚度有计算公式：

$$h = R_b\sqrt{\frac{-\left[1 + 3\nu + (1 - \nu)\xi_0^2 + \frac{4(1 + \nu)}{1 - \xi_0^{\ 2}}\ln\xi_0\right]p_{max}}{8k[(1 - \nu)\xi_0^{\ 2} + 1 + \nu][\sigma]}} \tag{5.29}$$

式中，ν 为接头材料泊松比；k 为修正系数，可取 0.15~0.25；ξ_0 为肩宽比倒数；其他符号意义同上。

一般采用弹性设计，将计算结果与设计结果进行对比，设计结果需大于厚度计算结果。

4. 裙结构设计

复合材料壳体裙一般为截面为 L 形的端框结构，裙与壳体柱段连接部位厚度逐渐变薄。在前后裙的尾部开槽，避免裙安装过程中过盈装配而引起无法安装到位。L 形拐角部位设计了金属增强结构。金属裙的结构设计可参照金属壳体裙的确定方法，复合材料裙可根据如下公式估算厚度：

$$h_{\mathrm{T}} = \sqrt{\frac{T_{\mathrm{m}}}{2\pi k_1}} \sqrt[4]{\frac{3(1 - \nu_z \nu_\theta)}{E_z E_\theta}} \tag{5.30}$$

式中，T_{m} 为等效轴力；E_z、E_θ 为裙纵向、环向模量，根据复合材料混合定律计算；ν_z、ν_θ 为裙纵向、环向泊松比；k_1 为试验修正系数。

5. 大型复合材料壳体设计难点

在成型过程中，外部的加热操作和树脂基体自身的固化放热，复合材料壳体不可避免地会产生固化应力和变形，不仅影响复合材料性能极限潜力的发挥，而且作用于复合材料壳体服役的整个阶段，使结构受载情况偏离最初的设计状态。

对于大型复合材料壳体，由于尺寸效应，很难完全避免固化变形和残余应力的产生，过高的固化应力会引起壳体层间分层、树脂开裂；过大的变形给后续的装药和组装带来挑战，甚至可能超出容差导致固体火箭发动机形状位置精度不满足要求而报废。分析影响大型复合材料壳体固化变形和应力分布的主控因素及载荷对结构损伤和破坏的影响规律，揭示含固化残余应力和变形复合材料壳体的失效机理对大型复合材料壳体的设计至关重要。无论从性能指标还是装药要求上，在实际制造中越来越多地要求在保证质量的同时能准确了解含残余应力和变形复合材料壳体的力学行为，这对大型复合材料壳体的设计带来挑战。

5.4.3 连接结构设计

大型固体火箭发动机的点火装置、喷管与燃烧室壳体之间可以通过螺栓或卡环等结构形式密封地装配在一起。发动机工作时，这些连接件是重要的受力结构，需保证其强度和刚度的安全可靠。

1. 螺栓连接结构

螺栓连接是应用较广泛的连接形式，优点是加工、装配性好，缺点是对开口小的壳体采用螺栓连接，其连接部位的结构质量较大。目前，发动机壳体最常用的连接结构还是螺栓连接。

图 5.11 为螺栓连接接头示意图。

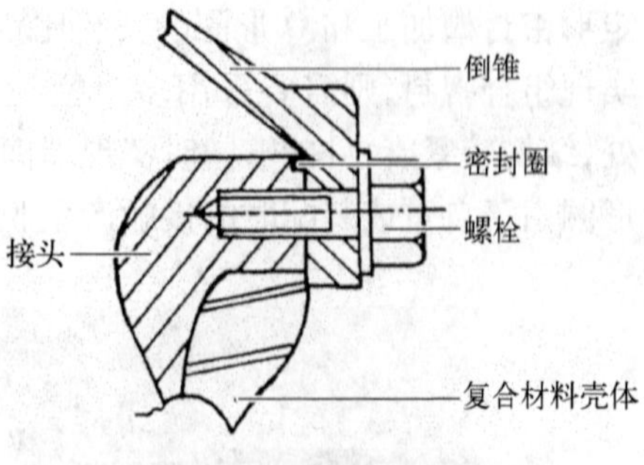

图 5.11　螺栓连接接头示意图

壳体在内压作用下,螺栓承受轴拉、弯曲和横向剪切作用,这些载荷只有在发动机结构给定以后通过结构力学分析才能确定。对于小型壳体,可以在只考虑螺栓的纯轴拉载荷时,提高安全系数来弥补弯曲和剪切载荷的简化。但是,在大型壳体设计时,由于开口直径大幅度地增加,螺栓需要承受的载荷也呈几何增长,同等条件下安全系数会降低,再考虑拧紧力矩后,螺栓的安全系数将进一步降低。

因此,在大型壳体的螺栓连接设计时,可以采用传统的内压平衡条件和安全系数要求进行初步设计,当安全系数满足不了要求时,就需要考虑双排螺栓连接方案或者其他连接结构方案。

2. 卡环连接结构

卡环连接了卡环条、卡环块及胀圈式卡环连接等。目前在大型发动机结构设计上应用较少,在小直径发动机上应用较多。

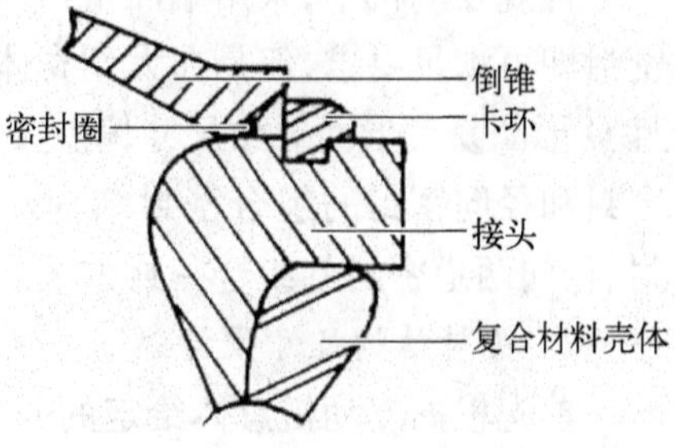

图 5.12　卡环连接接头示意图

卡环连接结构与通常采用的法兰连接结构相比具有结构重量轻、喷管倒锥体弯曲应力低的特点。由图 5.12 可知,喷管倒锥体通过卡环与接头及纤维缠绕壳体相连,受载后各部件之间有变形协调关系。必须把复合材料壳体、弹性层、接头、卡环及倒锥体联系在一起分析,才能较准确地反映卡环连接结构受载后的实际情况。

5.4.4　密封结构设计

1. 密封结构形式

燃烧室壳体与点火装置、喷管之间的密封是发动机技术的重要问题之一。由于 O 形圈具有良好的自紧密封性质,将其安装在连接法兰的密封槽中,即使法兰刚度较小,只要给 O 形圈很小的预压缩量,就可以保证密封,在固体发动机上得到广泛应用。密封结构的设计主要包括密封结构形式选择、密封槽尺寸设计和 O 形圈压缩量的计算。

密封槽的结构一般为矩形和梯形结构形式,如图 5.13 所示。将两种密封槽设计在连接法兰的不同部位又能够实现端面密封、径向密封、端面+径向组合密封。

矩形密封槽加工和 O 形圈的安装比较简单,但只能实现端面密封或径向密封,若要实现组合密封,则需要采用多个密封槽;梯形密封槽一般设计在连接法兰的拐角处,结构较紧凑,且能够同时实现端面+径向组合密封,在 O 形圈装配时,应防止 O 形圈由于自重或装配时的接触产生脱落,需要采取固定措施。

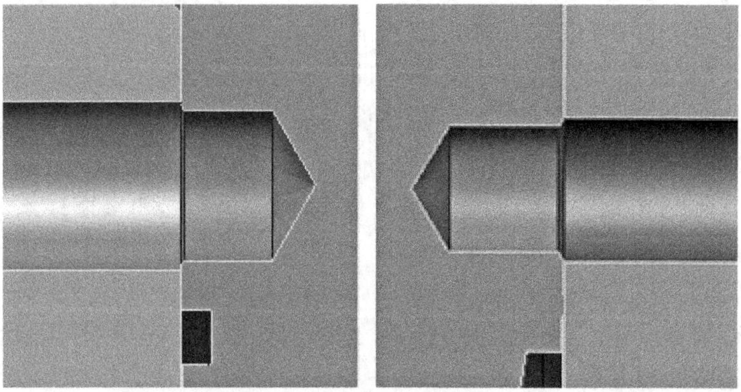

(a) 矩形密封槽　　(b) 梯形密封槽

图 5.13　密封槽结构形式

常规发动机中,采用端面密封、径向密封或端面+径向组合密封中的其中一道密封即可满足要求,但是在大型壳体中,开口直径增大,密封槽加工精度不易保证,且 O 形圈易变形而导致尺寸偏差大,造成密封效果不稳定,一般需要采用多道端面密封和径向密封的组合密封结构。航天飞机助推器发动机就采用了端面一道密封、径向两道密封的组合密封方案。

2. 密封结构尺寸设计

首先根据发动机总体给定的开口直径和密封结构空间,选择密封结构形式和与开口直径相适应的 O 形圈(密封槽)内径 d_1(图 5.14),然后根据使用惯例优选 O

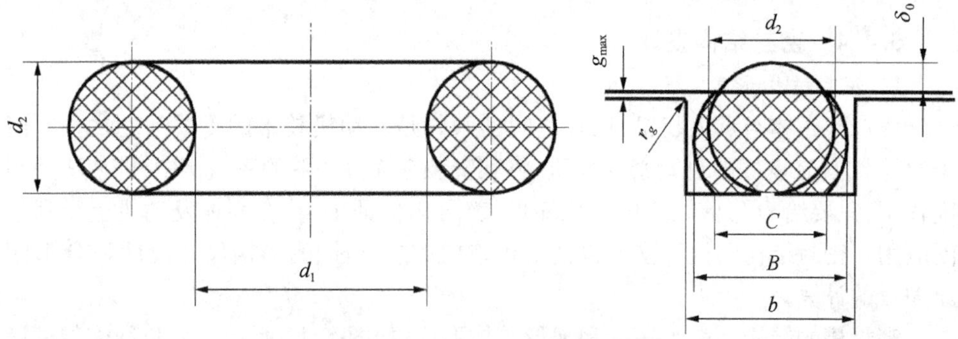

图 5.14　O 形圈参数和初始压缩量示意图

形圈截面直径 d_2 初值。根据O形圈的初始压缩量 δ_0，可以按照式(5.31)计算出初始压缩率 ε_0。

$$\varepsilon_0 = \frac{\delta_0}{d_2} \times 100\% \tag{5.31}$$

O形圈的预先压缩应变 ε_0 一般取0.15~0.25，则O形圈压缩方向厚度即为矩形密封槽的深度 h，可以表示为 $h = (1 - \varepsilon_0)d_2$，O形圈横向宽度 $B = \left(\frac{1}{1-\varepsilon_0} - 0.6\varepsilon_0\right)d_2$。矩形密封槽的宽度一般要大于O形圈压缩后的横向宽度，可以按照式(5.32)确定[7]。

$$b = \frac{A \cdot \pi d_2^2}{4h}$$

$$A = \frac{4bh}{\pi d_2^2} = 1.1 \sim 1.3 \tag{5.32}$$

对于梯形密封槽，槽底斜面的倾斜角一般可取5°~10°，槽底的平均深度和宽度取值可按矩形密封槽的尺寸计算方法进行设计。

5.4.5　大型燃烧室壳体力学分析

大型燃烧室壳体的制造成本高、周期长、试验难度大，基于试验的结构和工艺设计迭代效率低、费用高，因此，在设计时尤其需要注重力学分析和仿真。采用常用的有限元软件建立复合材料壳体模型时，为减少厚度方向的单元数，减少计算时间，通常将缠绕角度相反($\pm\theta$)的相邻两层(螺旋层)材料视为一层，并在有限元建模过程中输入该等效层的性能。解决壳体模拟所需参数的一条高效可行的技术路线是尽可能地准确测试各向同性树脂基体的理化性能，根据纤维在树脂基体内部的分布，基于细观力学预测单层复合材料所需的性能。而对于双层等效层，此时需要借助宏观力学理论，基于单向复合材料的性能预测等效层的性能，详见图5.15。

1. 复合材料弹性常数与性能预测

1) 单向复合材料弹性常数

连续纤维增强复合材料是由纤维和基体组成的，其非均匀性的内部结构决定了其强烈的各向异性，相比金属等各向同性材料，它的力学行为要复杂得多。复合材料单层的基本力学性能是复合材料结构设计和应用的基础，通常包括弹性常数和基本强度。复合材料是一种多相材料，其三维尺寸上参数较多，表现出明显的各向异性。完全基于实验方法获取材料参数，工作量大且厚度方向的性能很难通过实验测试获取，复合材料单层的宏观性能可以通过复合材料细观力

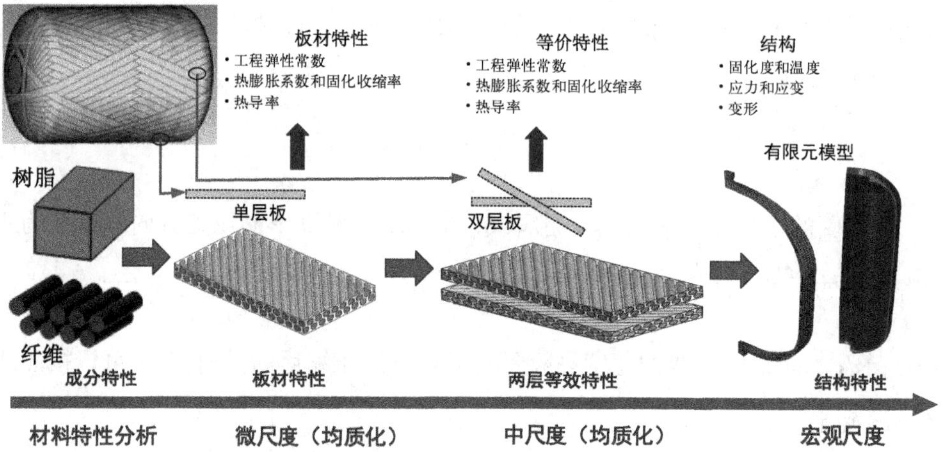

图 5.15 基于多尺度方法的复合材料壳体性能表征

学进行研究和预测。细观力学的研究对象是复合材料的多相结构,但是由于复合材料单层的纤维在基体中是随机排列的,纤维形状具有不规则性,存在复杂的界面相,而且纤维和基体还会因固化存在残余应力,细观力学不可能考虑各相的所有因素。因此,采用细观力学进行复合材料单层宏观性能的工程估算时,需要做一定的简化和假定:

(1) 假定复合材料单层中的纤维和基体,在复合前后性能无变化;

(2) 假定纤维和基体各相间粘接完好,界面无空隙;

(3) 假定复合材料单层是宏观非均匀、线弹性的,并且无初应力;

(4) 假定纤维和基体分别是均质、线弹性的,各向同性或横观各向同性的,形状和分布式规则的;

(5) 假定纤维和基体是小变形的。

基于细观力学预测单层复合材料的性能数值方法预测的性能准确性与代表性体积单元(representative volume element, RVE)的选择有关,RVE 的选择需要反映纤维在树脂中的分布,目前比较常用的 RVE 主要有三种,分别为图 5.16 标注的 A、B 和 C。A 为矩形 RVE,B 循环排列的 RVE,C 为另一种排列形式的矩形 RVE 分布,通常推荐采用纤维六角形排列的复合材料 RVE 模型,见图 5.17。与之相比,单层复合材料工程弹性常数解析方法较多,比较简单的模型有 Reuse 和 Voigt 模型,复杂的有周期分布的微观结构模型(periodic microstructure model, PMM)和自洽场微观力学模型(self consistent field micromechanics model, SCFM)。SCFM 的形式较为简单,其表达式见式(5.33)~式(5.36)。研究表明采用 SCFM 和数值方法预测单层复合材料的基本性能时,差别较小,尤其是针对玻璃态的复合材料性能。

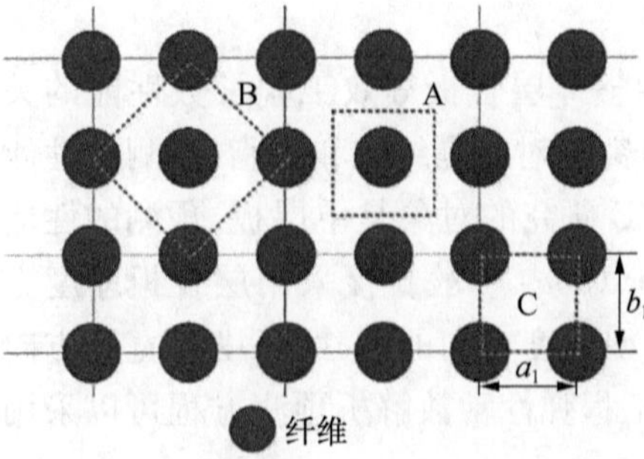

图 5.16　单层复合材料性能预测三个典型 RVE 代表单元

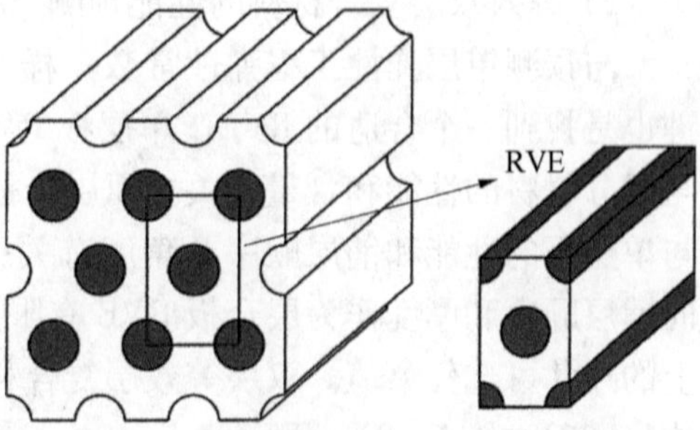

图 5.17　具有纤维六角形排列的复合材料和对应的 RVE

$$
\begin{cases}
E_1 = E_{1f}V_f + E_r(1 - V_f) + \left[\dfrac{4(\nu_r - \nu_{12f}^{2})k_f k_r G_r(1 - V_f)V_f}{(k_f + G_r)k_r + (k_f - k_r)G_r V_f}\right] \\[2ex]
E_2 = E_3 = \dfrac{1}{(4k_T)^{-1} + (4G_{23})^{-1} + (\nu_{12}^{2}/E_{11})} \\[2ex]
G_{12} = G_{13} = G_r\left[\dfrac{(G_{12f} + G_r) + (G_{12f} - G_r)V_f}{(G_{12f} + G_r) - (G_{12f} - G_r)V_f}\right] \\[2ex]
G_{23} = \dfrac{G_r[k_r(G_r + G_{23f}) + 2G_{23f}G_r + k_r(G_{23f} - G_r)V_f]}{k_r(G_r + G_{23f}) + 2G_{23f}G_r - (k_r + 2G_r)(G_{23f} - G_r)V_f} \\[2ex]
\nu_{12} = \nu_{13} = \nu_{12f}V_f + \nu_r(1 - V_f) + \left[\dfrac{(\nu_r - \nu_{12f})(k_r - k_f)G_r(1 - V_f)V_f}{(k_f + G_r)k_r + (k_f - k_r)G_r V_f}\right] \\[2ex]
\nu_{23} = \dfrac{2E_{11}k_T - E_{11}E_{22} - 4\nu_{12}^{2}k_T E_{22}}{2E_{11}k_T}
\end{cases}
\tag{5.33}
$$

$$
\begin{cases}
\alpha_1 = \dfrac{\alpha_{1f}E_{1f}V_f + \alpha_r E_r(1 - V_f)}{E_{1f}V_f + E_r(1 - V_f)} \\[2ex]
\alpha_2 = \alpha_3 = (\alpha_{2f} + \nu_{12f}\alpha_{1f})V_f + (\alpha_r + \nu_r\alpha_r)(1 - V_f) - [\nu_{12f}V_f + \nu_r(1 - V_f)]\alpha_1
\end{cases}
\tag{5.34}
$$

$$
\begin{cases}
C_p = V_f C_{pf} + (1 - V_f)C_{pr} \\
\rho = V_f\rho_f + (1 - V_f)\rho_r
\end{cases}
\tag{5.35}
$$

$$
\begin{cases}
k_1 = V_f k_{1f} + (1 - V_f)k_r \\[2ex]
k_2 = k_3 = k_r\left[(1 - 2\sqrt{V_f/\pi}) + \dfrac{1}{B}\left(\pi - \dfrac{4}{\sqrt{1 - B^2V_f/\pi}}\arctan\dfrac{\sqrt{1 - B^2V_f/\pi}}{1 + B\sqrt{V_f/\pi}}\right)\right]
\end{cases}
\tag{5.36}
$$

2）等效双层复合材料的性能预测

与预测单层弹性工程弹性常数一样，预测整体层合板等效工程常数性能的关键也是找到一个合适的 RVE。单层板 RVE 研究的对象是纤维和树脂，预测的性能与组分材料的性能和含量有关。而层合板 RVE 研究的对象是单层板，预测的性能与单层板的性能和铺层顺序及角度有关（图 5.18）。一般直接采用层合板厚度方向铺层顺序和厚度作为层合板 RVE 有限元模型厚度方向的尺寸，长度和宽度方向上的尺寸可选任意值。双层等效层复合材料工程弹性常数解析预测方程可以采用式（5.37）、式（5.38）预测。

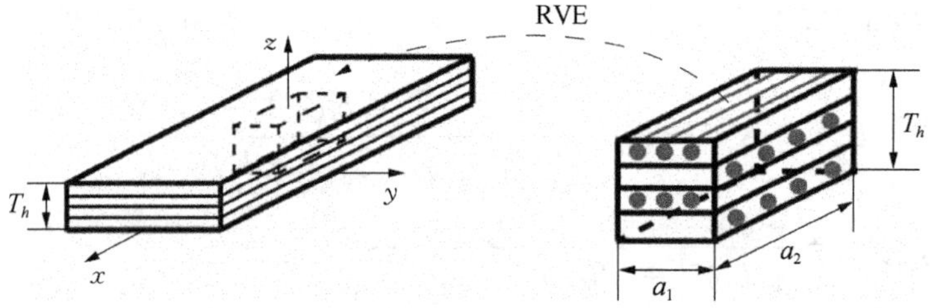

图 5.18　层合板 RVE

$$[S]=\begin{Bmatrix} \dfrac{1}{E_x} & \dfrac{\nu_{yx}}{E_y} & \dfrac{\nu_{zx}}{E_z} & 0 & 0 & 0 \\ \dfrac{\nu_{xy}}{E_x} & \dfrac{1}{E_y} & \dfrac{\nu_{zy}}{E_z} & 0 & 0 & 0 \\ \dfrac{\nu_{xz}}{E_x} & \dfrac{\nu_{yz}}{E_y} & \dfrac{1}{E_z} & 0 & 0 & 0 \\ 0 & 0 & 0 & \dfrac{1}{G_{yz}} & 0 & 0 \\ 0 & 0 & 0 & 0 & \dfrac{1}{G_{xz}} & 0 \\ 0 & 0 & 0 & 0 & 0 & \dfrac{1}{G_{xy}} \end{Bmatrix} \tag{5.37}$$

$$\begin{cases} E_x=\dfrac{1}{S_{11}} \quad E_y=\dfrac{1}{S_{22}} \quad E_z=\dfrac{1}{S_{33}} \\ G_{xy}=\dfrac{1}{S_{66}} \quad G_{yz}=\dfrac{1}{S_{44}} \quad G_{xz}=\dfrac{1}{S_{55}} \\ v_{xy}=\dfrac{S_{21}}{S_{11}} \quad v_{xz}=\dfrac{S_{31}}{S_{11}} \quad v_{yz}=\dfrac{S_{32}}{S_{22}} \end{cases} \tag{5.38}$$

2. 复合材料壳体稳定性预测参数

由于纤维增强树脂复合材料沿纤维方向的拉伸弹性模量与压缩弹性模量并不相同,因此对受压结构进行稳定性分析时,应取压缩弹性模量。

一般来说,复合材料壳体铺层均大于8层。此时耦合效应消失,可以整体视为参考轴与主轴一致的正交各向异性壳。

层合板由单层板组成,每一单层板可以看成层合板中的一层,由单层板正轴刚度矩阵 Q 及坐标转换矩阵 T,可得单层板任意方向上的偏轴刚度矩阵 $\bar{Q}$。

单层板正轴刚度矩阵:

$$Q=\begin{bmatrix} Q_{11} & Q_{12} & \\ Q_{12} & Q_{22} & \\ & & Q_{66} \end{bmatrix} \tag{5.39}$$

式中,$Q_{11}=\dfrac{E_1}{1-\nu_1\nu_2}$;$Q_{12}=\dfrac{\nu_2 E_2}{1-\nu_1\nu_2}=\dfrac{\nu_1 E_1}{1-\nu_1\nu_2}$;$Q_{22}=\dfrac{E_2}{1-\nu_1\nu_2}$;$Q_{66}=G_{12}$。

则单层板第 k 层($k=1,\ 2,\ 3,\ \cdots,\ n$,n 为铺层数)的坐标转换矩阵为

$$T_k=\begin{bmatrix} \cos^2\theta_k & \sin^2\theta_k & 2\sin\theta_k\cos\theta_k \\ \sin^2\theta_k & \cos^2\theta_k & -2\sin\theta_k\cos\theta_k \\ -\sin\theta_k\cos\theta_k & \sin\theta_k\cos\theta_k & \cos^2\theta_k-\sin^2\theta_k \end{bmatrix} \tag{5.40}$$

单层板第 k 层的偏轴刚度矩阵为

$$\bar{Q}_k=T_k^{-1}Q(T_k^{-1})^{\mathrm{T}} \tag{5.41}$$

由此可得,层合板的刚度系数分别为

$$\begin{aligned} A_{ij}&=\sum_{k=1}^{n}(\bar{Q}_{ij})_k(z_k-z_{k-1}) \\ B_{ij}&=\frac{1}{2}\sum_{k=1}^{n}(\bar{Q}_{ij})_k(z_k{}^2-z_{k-1}^2) \\ D_{ij}&=\frac{1}{3}\sum_{k=1}^{n}(\bar{Q}_{ij})_k(z_k{}^3-z_{k-1}{}^3) \end{aligned} \tag{5.42}$$

式中,$i,\ j=1,\ 2,\ 6$;A_{11}、A_{12}、A_{22} 为拉(压)力与中面拉伸(压缩)应变间的刚度系数,A_{66} 为剪切力与中面剪应变之间的刚度系数;B_{11}、B_{12}、B_{22} 为拉伸与弯曲之间的耦合刚度系数,B_{66} 为剪切与扭转之间的耦合刚度系数;D_{11}、D_{12}、D_{22} 为弯矩与曲率之间的刚度系数,D_{66} 为扭转与扭曲率之间的刚度系数。

由此可以计算得到复合材料壳体的轴压临界载荷、外压临界载荷、扭转临界载

荷等刚度性能。

3. 内压载荷下的壳体力学分析

1）含缺陷金属壳体的强度分析

金属壳体制造过程中，难免会存在裂纹缺陷，而大型金属壳体通常采用超高强度钢制造，且具有较高的裂纹敏感性，在使用过程中壳体承载达到某个临界状态时，壳体中的微裂纹会迅速扩展，从而导致壳体低应力爆破。

断裂力学是研究带有裂纹的材料或结构的强度及裂纹扩展规律的一门学科。断裂力学是运用连续体力学的原理，来研究带有缺陷的均值连续材料制成的结构件强度与断裂条件，建立一套适用这类结构理论分析与实验研究的原理和方法。在断裂力学中，对于穿透性裂纹问题，按裂纹位置与应力方向之间的关系，可将裂纹附近的应力场分为三种类型：① 张开型（Ⅰ型）——裂纹在垂直于裂纹面的拉应力作用下的扩展；② 滑开型（Ⅱ型）——裂纹在平行于裂纹面而与裂纹前缘垂直的剪应力作用下的扩展；③ 撕开型（Ⅲ型）——裂纹在平行于裂纹面和裂纹前缘的剪应力作用下的扩展。三种裂纹类型如图 5.19 所示。

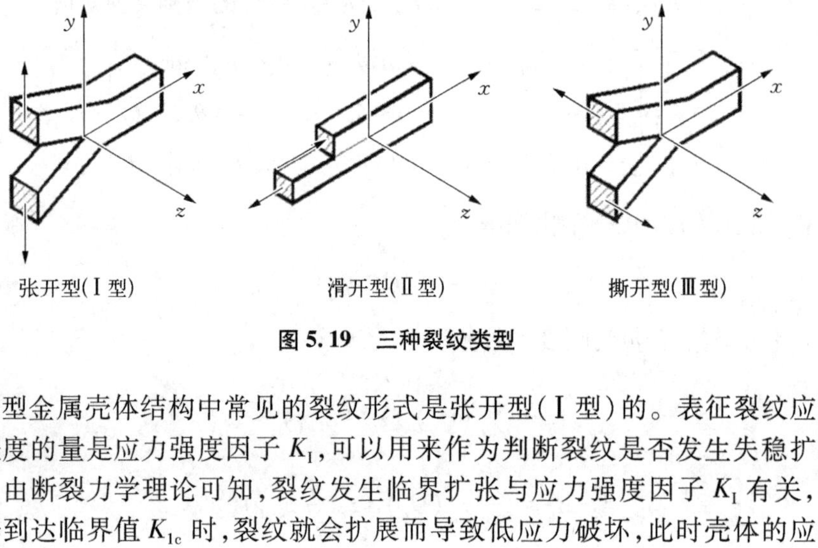

图 5.19 三种裂纹类型

大型金属壳体结构中常见的裂纹形式是张开型（Ⅰ型）的。表征裂纹应力场强弱程度的量是应力强度因子 K_{I}，可以用来作为判断裂纹是否发生失稳扩展的指标。由断裂力学理论可知，裂纹发生临界扩张与应力强度因子 K_{I} 有关，当强度因子到达临界值 K_{1c} 时，裂纹就会扩展而导致低应力破坏，此时壳体的应力为断裂应力[8]

$$\sigma_c = \frac{\phi K_{1c}}{\left[3.8a + 0.212\left(\frac{K_{1c}}{\sigma_s}\right)^2\right]^{\frac{1}{2}}} \tag{5.43}$$

式中，a 为典型的椭圆形表面裂纹的深度；ϕ 为第二类椭圆积分 $\phi = \int_0^{\pi/2}\left(1 - \frac{c^2 - a^2}{c^2}\sin^2\theta\right)^{1/2}\mathrm{d}\theta$；$c$ 为典型的椭圆形表面裂纹的长度。

此时,壳体表面的裂纹深度达到临界值

$$a_c = \frac{\phi^2 - 0.212\left(\dfrac{\sigma_c}{\sigma_s}\right)}{3.8}\frac{K_{1c}^2}{\sigma_c^2} \tag{5.44}$$

当 $\sigma_c < \sigma_s$ 时,壳体破坏属于低应力破坏,即脆性破坏,而当 $\sigma_c > \sigma_s$ 时,壳体破坏属于塑性破坏,故当 $\sigma_c = \sigma_s$ 由式(5.44)可得临界裂纹尺寸:

$$2a_c \approx 1.2\frac{K_{1c}^2}{\sigma_c^2} \tag{5.45}$$

由壳体周向应力等于断裂应力的关系得到,壳体低应力破坏压强:

$$p_b = \frac{\phi}{\left[3.8a + 0.212\left(\dfrac{K_{1c}}{\sigma_s}\right)^2\right]^{\frac{1}{2}}}\frac{K_{1c}\delta}{R} \tag{5.46}$$

2）复合材料壳体内压载荷下的刚度分析

应用网格分析方法能够比较准确地预测壳体的爆破压强,但不能解决壳体的变形问题。复合材料壳体的弹性变形可以采用复合材料结构力学的方法进行分析。复合材料壳体一般为纵向等角螺旋缠绕加环向缠绕而成,由于缠绕层数较多,从而各种耦合效应的刚度系数非常小,可以忽略不计。在进行弹性变形分析时,可将复合材料壳体的圆筒和封头视作正交异性薄壁壳体结构处理。此时,壳体的平衡方程和应变位移关系与各向同性壳体相同,不同的是需要采用正交异性壳体的本构关系。

复合材料壳体圆筒段的位移与压强的关系表达式如下:

$$\begin{cases} u = \dfrac{R_z p}{2E_z h}(1 - 2V_{z\theta}) + u_0 \\ w = \dfrac{R^2 p}{2E_\theta h}(1 - 2V_{\theta z}) \end{cases} \tag{5.47}$$

式中,E_z、E_θ 分别为圆筒轴向和环向弹性模量;V_z、V_θ 分别为圆筒轴向和环向泊松比;h、R 分别为圆筒壁厚和半径;p 为内压强;u 为轴向位移;w 为径向位移;z 为轴向坐标;u_0 为积分常数。若规定 $z = 0$ 处为计算轴向位移的起点,则 $u_0 = 0$。

复合材料壳体封头是随圆筒的纵向缠绕一起成型,同样可将封头作为正交异性旋转薄壳体处理。封头上的位移与压强的关系表达式如下:

$$\begin{cases} R_z = mR[1 + (m^2 - 1)\sin^2\varphi]^{-3/2} \\ R_\theta = mR[1 + (m^2 - 1)\sin^2\varphi]^{-1/2} \end{cases} \tag{5.48}$$

$$h = \frac{R\cos\alpha_0}{r\cos\alpha}h_0 \tag{5.49}$$

式中，R_z、R_θ 为封头的经向和纬向曲率半径，它们是 Φ 的函数；Φ 为 R_θ 与旋转轴线的夹角；m 为椭球比；R 为赤道圆半径；h_0 为赤道圆处的封头厚度；r 为自变量，变形计算点的纬线圆半径。

根据上述分析，封头椭球比是封头变形分析的重要参数，同时也是壳体结构设计的一个重要参数。从受力角度，封头采用平衡型等应力封头最合理，对于椭球封头不可能实现平衡缠绕，实际工程应用时不存在等应力封头，兼顾封头受力和装药空间，复合材料壳体封头椭球比 $m = 1.6 \sim 1.7$ 时，更接近于等应力封头。

3）内压载荷下的壳体应力分析

采用工程算法能够快速地对燃烧室壳体的整体强度和刚度进行分析，然而随着燃烧室壳体的结构和材料分布的复杂化，工程算法难以对燃烧室壳体的强度和刚度进行精确预测。而有限元仿真能够对燃烧室壳体的结构进行详细建模，且可以根据实际材料分布进行性能参数赋值，已越来越广泛地应用于燃烧室壳体的性能分析中。

有限元仿真分析步骤：计算输入要求→分析研究对象→确定分析类型→确定单位制→准备几何模型→建立有限元模型（划分网格→施加边界条件→定义材料→定义单元属性→设置分析工况）→模型校核→分析求解→评价分析结果→后处理及结论→编写分析报告。

金属壳体的内压仿真分析相对简单，根据三维模型对非主要的承载部件进行适当简化后，在有限元仿真软件中建模、施加边界条件和内压载荷，提交计算即可。这里重点介绍复合材料壳体的有限元分析方法。

复合材料壳体仿真分析的难点在于封头部位的建模，这是由于封头部位厚度和缠绕角为非线性连续变化，且封头部位往往需要进行补强，另外，实际缠绕过程中还需要进行扩孔缠绕。为了更精确地对复合材料壳体性能进行分析，可以开发复合材料壳体缠绕层参数化建模插件，其基本思路如下：① 缠绕角预测，复合材料壳体在筒身部位的纤维缠绕角度是相同的，在封头处的纤维缠绕角度可以按照式（5.19）进行预测。② 基于轮廓更新进行几何建模，实际纤维在封头段缠绕的过程中，每缠绕完一层纤维，相当于芯模做了一次轮廓更新。上一层缠绕层的外轮廓相当于新的芯模，下一层缠绕层应该基于新的芯模轮廓重新计算纤维厚度和缠绕角度。如图 5.20 所示，第一层 E_0E_1 缠绕层以绝热层作为内轮廓计算得到第一层缠绕层 S_1。第二层缠绕层应以第一层缠绕层的外轮廓 F_0F_1

作为基础轮廓重新计算纤维厚度，生成第二层缠绕层 S_2，以此类推，计算到 n 层螺旋层厚度。③ 补强层建模，根据补强方式的不同，补强层的厚度不同，其中铺布补强的厚度是均匀的，可以直接按照轮廓更新方法进行建模，缠绕补强的厚度不均匀，可以按照式(5.20)对封头厚度进行预测，由上一层基础轮廓参考绘制补强层的轮廓。

图5.20为轮廓更新示意图。

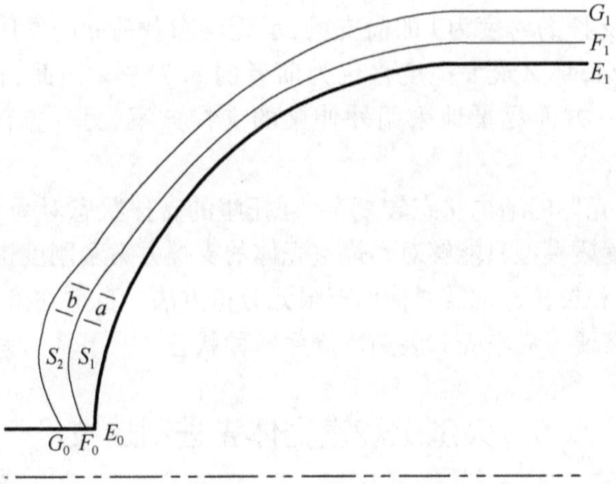

图5.20　轮廓更新示意图

4. 自重载荷下的壳体力学分析

对于中小型燃烧室壳体，一般采用基于强度的设计即能满足刚度要求，而对于大型燃烧室壳体，由于直径和长度尺寸的大幅增加，刚度就显得更弱，尤其是在水平停放状态燃烧室壳体会发生明显的挠度变形。发动机及燃烧室壳体一般在水平支撑状态下进行尺寸和形位公差检测，在形位公差检测时需要选取前后裙或前后接头内孔圆心连线作为检测基准，若燃烧室壳体挠度变形超出许用值，则会影响发动机接口相关的形位公差检测准确性。因此，对于大型燃烧室壳体，需要特别关注自重载荷下的刚度问题。

大型固体发动机在竖直状态下的刚性远强于水平状态，但是发动机总装及检测时，往往会采用水平支撑状态，对于水平支撑状态需要提出许用挠度[δ]或许用转角[θ]，以免影响总装及检测精度。因此，对于水平支撑状态下的壳体刚体条件为

$$w_{\max} \leqslant [\delta] \tag{5.50}$$

$$\theta_{\max} \leqslant [\theta] \tag{5.51}$$

即要求支撑状态下壳体的最大挠度与裙端面转角分别不超过各自的许用值。

大型固体发动机一般采用多点支撑,可简化为多跨度梁模型进行挠度和裙端面转角分析。由于燃烧室壳体设计后,其材料和截面弯曲刚度就已确定,因此,水平支撑状态下壳体的刚度分析就可以转化为支撑方案的优化问题,支撑方案的确定,一是选取托座的宽度,二是确定托座的间距及支撑跨度。一般简支梁的最大挠度与其跨度的三次方成正比[9],这表明梁跨度的微小改变,将引起弯曲变形的显著变化,同时由于力臂的变化,也会改变弯矩载荷。

例如,两端支撑的跨度为 l 的简支梁,承受均布载荷 q 的作用,如果将两端支点各向内移动 l/4,那么最大挠度将仅为前者的 8.75%。因此,在燃烧室壳体支撑方案设计时,一方面尽量地采用外伸梁的支撑方案,另一方面重点考虑支撑跨度。

由于燃烧室壳体的结构状态较复杂,且托座的支撑状态对受力也会产生显著影响,采用多跨度梁模型只能够对燃烧室壳体的支撑方案和刚度进行简化分析,若要进行精确设计和校核通常需要借助有限元分析方法。自重载荷下的大型燃烧室壳体受力分析,需要考虑空壳和装药燃烧室两种状态。

5.5 大型燃烧室壳体先进制造技术

5.5.1 大型金属壳体制造技术

现阶段,金属壳体的制造工艺流程多为:分段筒体旋压→退火(热校形)→零部件焊接→退火、探伤→整体热处理→机加。大型金属壳体一般采用超高强钢零部件经焊接、调质、机加而成,依然可以采用传统工艺流程。对于大型金属壳体,旋压坯料厚度变化大,一般采用强力旋压工艺,需要注意的是材料变形过程始终遵循体积不变原则,随着坯料的壁厚减薄、长度增加,圆筒的刚度下降,脱模后抵抗变形能力弱,需结合大开口薄壁件自身重力和耦合因素导致的变形特性,进行针对性支撑防护,以降低校形难度。

活性化 TIG 焊(activating flux tungsten inert gas welding, A-TIG)是在传统钨极惰性气体保护焊(tungsten inert gas welding, TIG)基础上发展而来的一种新的焊接工艺。其原理是在 TIG 焊前,在待焊区域涂敷特殊的活性焊剂,使得焊接电弧强烈收缩,增强电弧能量密度和电弧力,从而增加焊缝熔深。试验结果显示,D406A 超高强度钢 A-TIG 焊接接头抗拉强度超过母材强度 95%以上,其弯曲角指标也达到固体壳体设计指标要求,其焊接接头的抗拉强度和弯曲角均优于常规 TIG 焊。A-TIG 焊接工艺常作为大型金属壳体的焊接工艺。

大型金属壳体的薄壁结构特性决定了其刚性较差,制造成型后或多或少会存在一定的变形,因此在制造过程中需要进行校形。随着,大型金属壳体技术研究的深入,对于壳体校形量可以建立理论方法进行定量分析：首先对壳体形变后的周圆坐标进行采点,对比分析在目标圆时的坐标点,通过计算,分别拟合出壳体的形变圆,以最小形变圆为基准进行圆周校形。校形工作可以通过设计自动化筒体校形装置完成。

5.5.2　大型复合材料壳体制造技术

1. 大型缠绕芯模制造技术

1）缠绕芯模设计基础

缠绕芯模作为复合材料壳体缠绕成型的模具,其主要要求为：① 几何形状、尺寸精度、尺寸稳定性和表面质量应满足壳体内形面的要求；② 强度、刚度、整体性应能满足缠绕工艺使用要求,即能承受缠绕张力、外载荷及交变载荷的作用；③ 能满足基体树脂固化时的温度、固化方式的要求；④ 具有良好的制造工艺性及可拆性；⑤ 成本低。

常用于复合材料壳体成型的芯模主要有全金属芯模、可冲洗式砂芯模、金属骨架+石膏组合式芯模等。对于小型复合材料壳体,综合考虑产品尺寸和各类芯模的优缺点,能够优选出合适的芯模方案。但是,对于中大型复合材料壳体,全金属芯模和砂芯模均存在重量较大,实际使用中易造成芯轴挠度过大,影响壳体成型及后续加工精度的问题,因此,传统的中大型复合材料壳体通常采用金属骨架+石膏组合式芯模方案。

芯模的金属材料一般选用钢材、铝合金和殷钢等,钢材成本最低,没有特殊要求下,作为芯模的主要材料。铝合金密度最低,在有重量限制较严格的情况下选用。殷钢的热膨胀系数最低,可在加热固化过程中变形最小,但成本较高,一般仅作为精度要求极高的产品中使用。

2）大型缠绕芯模的关键难题

大型复合材料壳体芯模设计的关键难题主要包括：大跨度支撑的挠度问题、固化热匹配问题、外压承载问题和芯轴疲劳破坏问题等。

（1）大跨度支撑的挠度问题。芯轴的挠度计算公式[10]如下：

$$f_{\max} = \frac{PL^3}{384EJ}\left[8 - 4\left(\frac{L_C}{L}\right)^2 + \left(\frac{L_C}{L}\right)^3\right] \tag{5.52}$$

式中,J为芯轴截面的惯性矩,可按式(5.53)计算：

$$J = \pi(R_2^4 - R_1^4)/4 \tag{5.53}$$

式中,P为芯轴自重；E为芯轴材料的弹性模量；L_C为载荷作用长度；L为芯轴支点跨距。

由式(5.53)可见,挠度与跨距的三次方成正比。对于大型复合材料壳体,长度从几米长发展到几十米长,芯模的支撑跨度相应加大,挠度出现了大幅增加,对产品的成型尺寸精度影响较大。

(2) 固化热匹配问题。芯模材料一般选用普通钢材,其热膨胀系数为 $11\times10^{-6}\sim12\times10^{-6}$,而复合材料树脂在固化时存在一定的收缩特性,因此,两者在热固化时存在热匹配性。

(3) 外压承载问题。传统芯模由金属隔板+蒙皮的形式将外压载荷传递到芯轴上。而随着直径越来越大,蒙皮面积越来越大,因此,必须增加大量的金属隔板和加厚蒙皮尺寸,而且芯轴与蒙皮距离也大幅增大,为保持稳定性,金属隔板的截面惯性矩必须进行增加。几个方面综合下来,不仅芯模的重量大大增加,而且大量的金属隔板安装和拆卸均极为困难。

(4) 装配拆卸效率问题。传统的芯模都是基于芯轴装配,主要工作都是串行的,工作效率低下,同时,装配后的检测必须等到全部安装完成后方可进行,若装配数据差别较大,则进行调整极为困难。

3) 大型缠绕芯模结构设计

对于大型复合材料壳体,缠绕芯模的重量高达几十吨,仅芯模的自重载荷就会导致较大的挠度,尤其是具有大长径比特征的缠绕芯模挠度会更大,对缠绕成型及产品质量造成一定影响。然而,目前对于缠绕芯模的挠度指标选取,更多依赖工程经验,给壳体制造带来了极大的困难,因此,芯模的刚度设计成为制约大型复合材料壳体技术发展的关键。

(1) 组合式低挠度芯模。对于大型复合材料壳体成型,传统的芯模方案存在诸多难题,尤其是存在重量大、挠度变形大和生产周期长的问题。根据芯模挠度分析方法,减小芯轴两端的支撑跨度能够大幅度地降低芯模的挠度。外壳的壳板不再采用蒙皮结构,而是改用外蒙皮+几字形型筋+内蒙皮的结构形式,然后模板相互之间拼接成完整圆环结构,同时在圆环结构内部继续增加若干环筋增加外压承载能力。这种空间结构筋的密度与截面抗弯截面系数远远大于蒙皮+隔板结构,大幅度地提高了壳板承受外压和弯矩的能力。通过模块化设计,解决组装、拆卸成本问题:传统的芯模都是基于芯轴装配的,主要工作都是串行的,工作效率低下,而组合式低挠度芯模由前封头、柱段、后封头、轴承组件、芯轴等部件组成,各部件可单独分成各小模块组成,在装配过程中各模块可并行安装和各自检测,各部件也可并行安装和各自检测,最终串行的仅为总装部分,因此,装配效率高,而且检测大量集中在各部件状态,调整效率高。

(2) 轻质气囊芯模。芯模的挠度变形对壳体缠绕特性具有一定影响,一般工程计算中要求芯模最大挠度与芯模跨距的比值不大于0.05%,传统的芯模方案往往难以满足挠度要求。因此,常规的芯模方案难以满足大型复合材料壳体发展需求,本书结合复合材料壳体成型的特点,研究了基于柔性压力容器的轻质气囊芯模技术,利用柔性压力容器重量轻、可重复利用、效率高和成本低等特点,通过调节柔性压力容器的内压以精确控制其尺寸精度和热变形等,以满足复合材料壳体的高精度成型需求。

① 气囊材料技术。基体材料方面,气囊芯模的最大使用温度是由复合材料壳体的固化温度和时间决定的,现有的复合材料壳体的最高固化温度通常为150℃,且时间达到6 h以上,因此,构成气囊芯模的基体材料必需耐高温。气囊的基体材料主要有天然橡胶、硅橡胶、氯丁橡胶、丁基橡胶等,其中硅橡胶具备高可塑性、耐温性等优点,已广泛地应用于复合材料辅助成型过程。

增强材料方面,理论上讲,作为气囊芯模的增强材料可以是任何一种纤维,如凯夫拉纤维、碳纤维、玻璃纤维、尼龙、涤纶等纤维,常规气囊产品的增强材料普遍采用尼龙、涤纶或锦纶线,这几种纤维的断裂伸长率高,不适合用于制备对尺寸精度要求高的缠绕芯模气囊。航天领域常用的纤维材料性能如表5.3所示。

表5.3　航天领域常用的纤维材料性能

材　料	拉伸强度/MPa	拉伸模量/GPa	密度/(g/cm^3)	断裂延伸率/%
玻璃纤维高强2号	3 000	85	2.5	3.0
芳纶纤维 APMOC	4 400	145	1.44	2.5
碳纤维 T700	4 900	230	1.8	2.1

可以看出,碳纤维具有最高的比强度和比刚度,芳纶纤维次之,玻璃纤维最差。但是,三种常用纤维还具有以下特性:碳纤维布的抗剪强度较低,易折断;芳纶纤维韧性好,易于编织缠绕,具有显著的抗冲击性,承受动载和局部冲击更具有优势,但是耐热性相对较差;玻璃纤维具有最低的造价,碳纤维次之,芳纶纤维最高。

② 气囊使用压强确定。气囊设计时应首先确定使用压强,选择依据是气囊内压大于缠绕张力对芯模施加的外压,否则纤维缠绕过程中,气囊芯模将出现局部凹陷,在满足此要求基础上尽量地降低使用压强,否则存在严重的安全问题。

气囊在工作过程中具有危险性,气囊芯模的强度也应该取一定的安全系数,针对大型复合材料壳体气囊芯模,安全系数推荐不小于5。

③ 连续纤维增强橡胶气囊设计。连续纤维增强橡胶气囊本身可以看作一个柔性的复合材料壳体,采用干纱缠绕工艺进行纤维铺放,因此,可以按照网格理论进行气囊的强度设计。

④ 气囊挠度校核。气囊挠度的计算与气囊的自重密切相关,因此,在气囊

的增强材料厚度确定后，还需要确定基体橡胶材料的厚度，以计算气囊的整体重量。

气囊可以简化为圆筒段部分为均布载荷、前后开口端面支撑的结构，最大挠度与芯模的挠度计算公式类似。

⑤ 安全性设计。气囊芯模在工作过程中是一个带压的压力容器，具有一定危险性，必须从设计上保证气囊芯模安全可靠。首先，气囊投入使用之前必须经过内压承载性能验收考核。其次，设计时在气囊端部设计稳压装置和安全泄压装置：保证气囊芯模在工作过程中具有恒定的内压；保证气囊在意外高温或异常情况下能迅速自动排气泄压，不至于爆破。

2. 大型复合材料壳体缠绕技术

1）扩孔缠绕

在缠绕过程中纤维不可避免地会在封头极孔处发生堆积，对于大型燃烧室壳体，纤维层厚度大、层数多，若全部切根缠绕，则极孔处堆积将会非常严重，当后层纤维缠绕时，芯模轮廓偏离理想型面也会越来越严重，不仅纤维架空严重，还会出现纤维滑线而影响正常缠绕。因此，大型复合材料壳体缠绕必须采用扩孔缠绕，使纤维厚度在封头分布均衡，减轻纤维在极孔附近的堆积，不使封头外形曲线发生较大变化，有利于发挥封头处纤维的强度，扩孔缠绕示意图如图5.21所示。

图 5.21 扩孔缠绕示意图

2）缠绕张力设计

缠绕张力是纤维缠绕工艺中的重要参数，对缠绕制品的质量影响较大。在复合材料壳体缠绕过程中，沿着纤维厚度方向的纤维层逐层叠加，会影响各层张力的演变，不合理的张力设计不仅会影响层间树脂的分布，还可能会导致纤维褶皱。大量实践和研究表明，在缠绕过程中，如果纤维张力选择不当或不能得到有效控制，会导致复合材料壳体的强度损失20%~30%。

缠绕过程中纤维是一圈一圈绕到芯模上，见式(5.54)所示的环向缠绕过程每层的张力表达式，后缠绕层向先缠绕层产生径向压力，使内层纤维变松，张力减小。为保证最内层纤维在所有纤维层缠绕完毕后，仍然具有一定的张力，纤维缠绕过程中张力必须遵循递减制度，可以按照式(5.54)进行初步设计。

$$
\begin{aligned}
\sigma_1 &= \frac{T_1}{t_\theta} - \frac{T_2}{t_\theta + t_f} - \frac{T_3}{2t_\theta + t_f} - \cdots - \frac{T_n}{(n-1)t_\theta + t_f} \\
\sigma_2 &= \frac{T_2}{t_\theta} - \frac{T_3}{2t_\theta + t_f} - \frac{T_4}{3t_\theta + t_f} - \cdots - \frac{T_n}{(n-1)t_\theta + t_f} \\
\sigma_{n-1} &= \frac{T_{n-1}}{t_\theta} - \cdots - \frac{T_n}{(n-1)t_\theta + t_f} \\
\sigma_n &= \frac{T_n}{t_\theta}
\end{aligned}
\tag{5.54}
$$

式中,T_n 为第 n 次缠绕时的张力;t_θ 为环向缠绕层的单层厚度;t_f 为芯模层的厚度;σ_n 为第 n 次缠绕层纤维方向的应力。

对于大型复合材料壳体,纤维层可多达几十层甚至上百层,按照传统方法进行张力制度设计,最外层纤维可能就没有张力了。为此,当大型复合材料壳体缠绕时,必须结合分层固化进行张力制度设计。采用分层固化方案,可以提高纤维的初始缠绕张力,在壳体进行预固化后,纤维已经具有较好的刚度,再次缠绕时,可以恢复初始缠绕张力,并循环张力制度。

3) 固化制度

热固性缠绕复合材料几乎都必须进行固化才能达到理想的力学性能。缠绕成型固化有常温固化和加热固化两种,这由树脂体系决定。对于大型复合材料壳体,为了提高固化效率和固化性能,通常采用加热固化制度。固化制度的制定是保证缠绕层能够充分固化的重要条件,直接影响复合材料壳体的力学、耐热和老化等性能。固化制度一般包括以下几个方面。

(1) 加热。高分子物质随着聚合(即固化)过程的进行,分子量增大,分子运动困难,位阻效应增大,活化能增高,因此,需要加热到较高温度下才能反应。加热固化可使固化反应比较完全,因此,加热固化比常温固化的制品强度可以提高20%~25%。此外,加热固化可以提高化学反应速度,缩短固化时间,缩短生产周期,提高生产效率。

(2) 升温。升温阶段要平稳,升温速度不应太快。升温速度太快,由于化学反应激烈,溶剂等低分子物质急剧逸出而形成大量气泡。且由于复合材料热导率小,各部位间的温差必然很大,因而各部位的固化速度和程度也必然不一致,收缩不均衡,内应力作用会使制品变形或开裂,形状复杂的厚壁制品更加严重。通常采用的升温速度为0.5~1℃/min。

(3) 保温。保温一段时间可使树脂充分地固化,产品内部收缩均衡。保温时间的长短不仅与树脂的性质有关,还与结构质量、形状和尺寸有关,对于大型复合材料壳体,热容量较大,需要较长的保温时间。

(4) 降温冷却。降温冷却要缓慢均匀,由于复合材料壳体中,顺纤维方向与垂直纤维方向的线膨胀系数相差近 4 倍,因此,若不从较高温度缓慢冷却,各部位的收缩应力和方向就不一致,特别是垂直纤维方向的树脂基体将承受拉应力,而垂直纤维方向的拉伸强度比纯树脂还低,当承受的拉应力大于复合材料强度时,就发生开裂破坏。

4) 树脂固化度

树脂固化后,并不能全部转化为不溶不熔的固化产物,通常固化程度超过 85%就认为已经固化完全,可以满足力学性能的使用要求。

对于大型复合材料壳体,由于壁厚和尺寸较大,除了考虑常规的固化参数,还需要采用分层固化制度,具体工艺过程如下: 在芯模上缠绕一定厚度纤维后,先进行预固化,即树脂未完全固化,但已具备足够的力学性能;纤维层随芯模冷却至室温后,对纤维层表面打磨粗糙,涂胶后继续进行纤维缠绕;如此循环,直至缠绕到设计缠绕层数后,进行最终固化,即树脂达到设计要求的固化程度。采用分层固化的优势主要有以下几方面: 可以削去环向应力沿壳体壁厚方向分布的高峰;提高纤维初始张力,避免壳体体积变形率增大;可以循环采用理想的张力制度;避免树脂发生严重的由里向外迁移现象,提升壳体内外层纤维质量均匀性;提升树脂的适用性,避免因缠绕周期长导致树脂适用期不满足要求。

5) 分层固化模型

对于大型固体火箭发动机壳体,由于厚度较大,采用分层制造,见图 5.22。对于分层固化,从力学角度而言,不仅是把一个厚容器变成几个紧密套在一起的薄壁容器组合体,而且在分层固化过程中各组合体也会产生部分性能变化。在数值模拟方法上,分层数值模拟比单次模拟的难度更大,主要体现在以下两个方面。

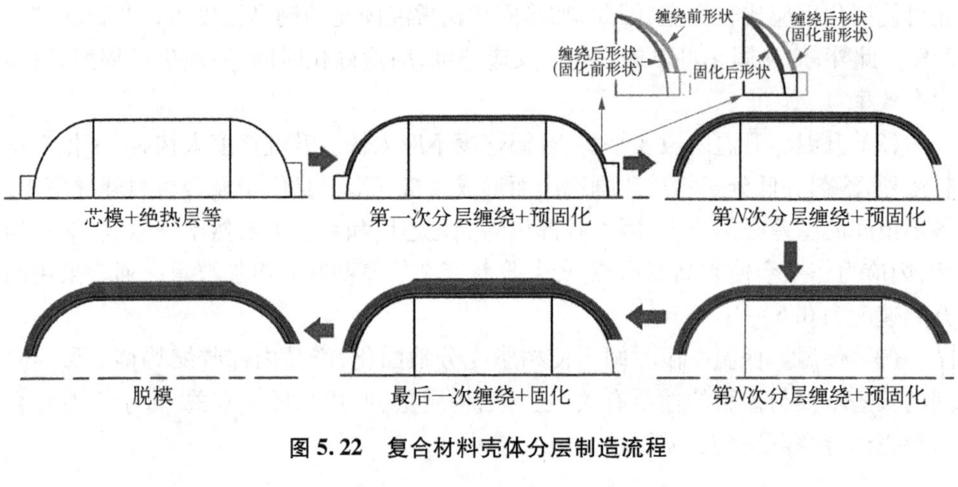

图 5.22 复合材料壳体分层制造流程

结构非线性：每次缠绕后，张力会引起壳体的变形，尤其是封头部分，预固化后，封头也会进一步变形。因此，后续的缠绕是在已经变形的壳体上缠绕，需要考虑到结构的非线性。

多材料状态的共存：先缠绕的壳体纤维层会呈现玻璃态性能，在后续的固化中若温度超过材料的玻璃态状态温度，则会呈现橡胶态，见图5.23。

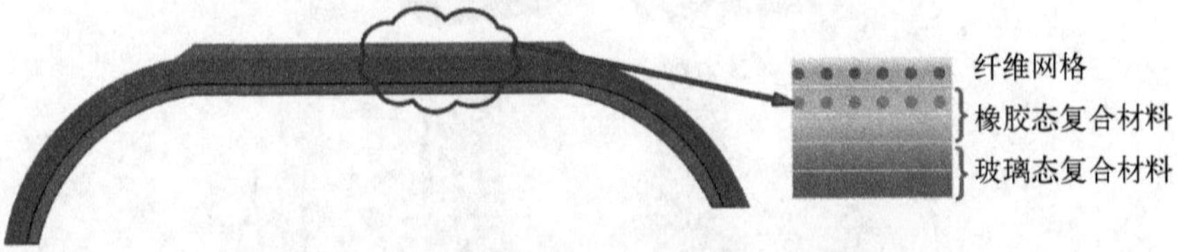

图5.23　成型过程中厚度方向上可能存在的材料状态

6）分段壳体缠绕

对于大型整体式复合材料壳体，缠绕工艺技术除了上述关键控制点，与常规复合材料壳体类似。但是，对于分段式复合材料壳体，分为前封头壳体、后封头壳体和若干筒段壳体，每一段壳体均存在一个大开口，常规缠绕工艺技术无法满足要求。因此，对于大型分段式复合材料壳体，需要采用如下几种缠绕方案。

（1）假封头缠绕。每一段壳体均参照整体式复合材料壳体的缠绕成型方法制作，然后根据需要机加掉前封头、后封头或双封头。由于常规缠绕方法中出于工艺方法的需要，必须要有两个封头段，但分段复合材料壳体成型后需要去掉一个或两个封头，通常这种方法称为假封头缠绕法。在假封头法缠绕分段复合材料壳体时，对于需要去掉的封头段部分，在芯模设计时只需要设计成简易的封头形状即可，起到缠绕工艺挂纱的作用。

（2）挂钉缠绕。挂钉缠绕是无封头筒形件及大开口缠绕件的有效缠绕成型方法，该方法缠绕对于一端或两端无封头的结构件来讲，采用端面的钉柱来实现纤维的挂纱缠绕，制品不用切掉假封头。因此，挂钉缠绕成型效率高、材料利用率高，且容易实现设计角度的缠绕。

（3）棘刺缠绕。为解决大开口复合材料壳体轴向承载能力差的问题，还可以采用棘刺缠绕方案。通过建立内压载荷作用下棘刺连接结构静力学平衡方程，进行棘刺尺寸和数量设计；再结合有限元分析方法，进行棘刺连接接头的结构设计和复合材料补强层设计，减少缠绕层应力集中与增加棘刺孔部位的加压强度和环向强度，从而提升分段复合材料壳体与连接接头之间的轴向承载能力（图5.24）。

7）复合材料壳体成型技术发展方向

传统的复合材料壳体主要采用热固性树脂基复合材料壳体缠绕成型，不论采用湿法缠绕还是干法缠绕，壳体缠绕后，均需要离位入炉固化，影响缠绕成型效率

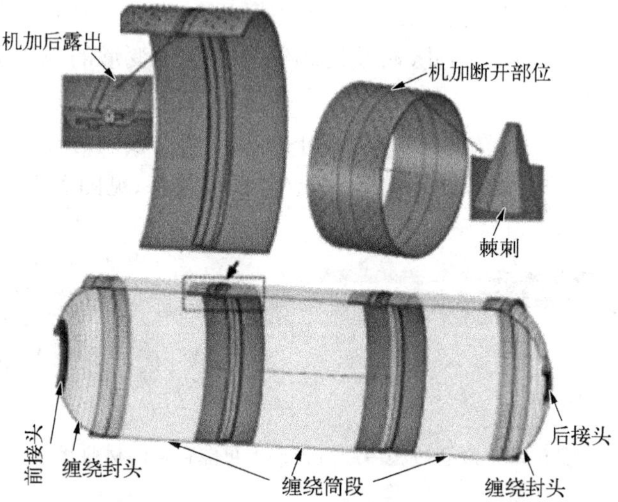

图 5.24 棘刺连接分段式复合材料壳体结构示意图[11]

和成本。因此,国内外在红外加热、电磁加热、紫外线固化、电子束固化等基于新型树脂基体的缠绕技术方面开展了研究,也取得了显著的成果,但离工程化应用还存在一定距离。

热塑性树脂基复合材料由于其树脂的固化是物理过程而非化学过程,即树脂冷却后即固结,加热后又软化而可粘接,因此,可以实现原位固结缠绕成型。连续纤维增强热塑性树脂基复合材料自动铺缠成型技术是一种基于激光辅助自动铺缠设备的复合材料增材制造技术,边缠绕边固化,铺缠成型后不再需要入炉固化。同时,由于热塑性复合材料的铺缠工艺,可以克服传统复合材料壳体缠绕挂线问题,其独特的优势非常适合大型复合材料壳体的成型制造,得到了国内外研究者关注和研究。

欧洲 AST(Astrium Space Transportation)公司是欧盟火箭发射器的主要承包商,也正大力发展热塑性复合材料固体火箭发动机壳体,将激光辅助增材制造技术应用于发射器的上面级、连接裙和固体火箭发动机一、二、三级壳体。该公司于 2014 年制备了 Φ304 mm 的热塑性复合材料壳体样机,爆破压强为 23 MPa。2015 年制备了 Φ800 mm 的热塑性复合材料壳体样机,爆破压强为 23.9 MPa。德国慕尼黑工业大学、MT 宇航公司、Augsburg 大学联合研制了热塑性复合材料发动机壳体、裙和连接区,于 2014 年研制成功 Ariane 6 固体火箭二级发动机壳体样件,该样件尺寸为 Φ1 300 mm×2 500 mm,采用 IM7/PPS 通过激光辅助增材制造。图 5.25 为德国 SGL 公司 CF/PPS 固体火箭发动机壳体。国内也在热塑性树脂基预浸料、铺放设备、成型工艺及理论方面开展了大量研究。可以看出,热塑性复合材料壳体铺缠技术是未来大型复合材料壳体的技术发展方向。

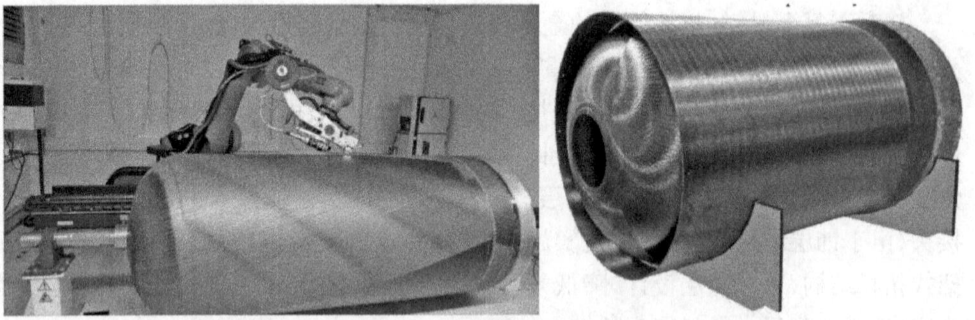

图5.25　德国SGL公司CF/PPS固体火箭发动机壳体

3. 大型复合材料裙成型技术

固体火箭发动机壳体连接裙是发动机与级间段连接或与火箭其他舱段部件连接的重要承力结构部件。连接裙在工作时通常要将巨大的推力由发动机或某主结构传递到另一主结构上，这种大载荷推力的传递对连接裙的轴压载荷、弯矩载荷性能提出了很高的要求。由于质量比和加工工艺的限制，采用比强度高、比模量高的复合材料裙（简称复合裙），降低消极质量和成型设备依赖性，是大型复合材料壳体应用的主要方案。

复合裙与金属裙外形相似，为薄壁圆柱或带法兰翻边薄壁圆柱结构，通常可以采用预浸料铺层模压、预浸料铺层热压罐固化和树脂传递模塑法（resin transfer molding, RTM）等工艺，对于中小型复合裙，上述成型技术各有特点。但是，对于大型复合材料壳体，由于尺寸的放大，模具成本和设备成本呈几何式增加，采用成型工艺更简单、对模具和设备依赖性更低的预浸料铺层热压罐成型工艺更具有优势。

5.5.3　大型轻质接头技术

固体火箭发动机壳体接头是发动机壳体与点火装置或喷管连接的重要连接结构部件。接头在工作过程中受较大的内压载荷作用，若接头设计与制备时安全系数不足，接头强度和刚度降低，将导致接头成为薄弱环节，使得纤维的强度潜力得不到充分发挥。

对于复合材料壳体，接头一般采用铝合金、钛合金等高比强度的金属材料、但是对于大型复合材料壳体，接头的结构尺寸放大，厚度也会大幅度地增加，采用铝合金和钛合金接头，热处理和机械加工将存在困难，因此采用高强度合金钢就是较合适的方案。为了降低消极质量，可以根据接头的承载能力需求，采用拓扑优化的思路，设计轻质框架式或点阵式金属接头，以降低消极质量。对于大型金属壳体，也可以参照该方案进行轻质接头加工成型，再与封头进行焊接。

相对于复合材料,拓扑优化的金属接头的消极质量仍然很大,采用复合材料接头将相比金属接头重量减少 20%~30%。由于复合材料螺纹难以直接承受较大载荷,一般需预埋金属螺套或金属嵌件。复合接头一般采用复合材料本体+金属嵌件/内埋钢丝螺套的方案,其中复合材料本体采用预浸料铺层整体模压成型,铺层角度一般采用 0°、±45°、90°交替铺层,最后合模加压固化成型。对于大型复合材料接头,由于铺层结构厚度大,工艺实施难度大,批次间波动也较大,因此,可采用框架式拓扑结构,通过铺层设计,降低复合材料层厚度,有利于降低复合材料的工艺难度,提升大型复合材料接头的综合性能。

5.6 检测与试验技术

5.6.1 形面在线检测技术

固体发动机壳体的外形尺寸决定了发动机(甚至是火箭)的部分外形尺寸,其准确检测具有重要意义。因此,在复合材料壳体成型过程和交付前均要进行详细检测。现有技术的检测方法主要是采用常规的 π 尺或卡尺,或者是三坐标或激光跟踪仪进行检测,对于小型复合材料壳体,上述方法能够有效地进行外径、长度等检测,但难以对封头型面进行检测。对于大型复合材料壳体而言,需要检测的数据量增加,每次检测都需要先人工定位,再逐次对每个测点检测,难度大、效率低,而且检测过程受人为干扰因素多,检测一致性难以保证。因此,对于大型复合材料壳体的形面尺寸检测,可以采用在线检测装置。

大型复合材料壳体形面在线检测装置主要有以下特点。

(1) 检测装置安装在缠绕机的纱架车上,通过缠绕机控制纱架车移动,实现检测装置的移动,可以保证形面测点通过缠绕机定位,精度和效率均有大幅度提升。通过在缠绕机上编程控制纱架车和检测探头伸臂移动,能够实现检测点自动定位和检测。

(2) 检测装置的检测探头为激光测距仪,通过激光反射原理测距,再进行数据处理得到复合壳体的形面外径尺寸。采用非接触式自动测量,不受人为等主观因素干扰,测量重复性好,准确度高。

(3) 检测装置可以通过伸臂控制检测探头的位置,一次能够检测多个数据,检测效率高。

(4) 检测探头为非接触式激光检测,测点小,能够实现封头部位的形面检测,通过数据处理拟合,能够实时得到封头形面数据。

(5) 检测装置安装在缠绕机上,在缠绕过程中也能够快速检测形面数据,便于过程数据控制和调整,能够提高产品形面控制精度。

5.6.2　无损检测技术

1. *超声波检测技术*

超声波检测技术是复合材料无损检测的核心技术之一，按照检测原理可分为：超声波脉冲反射法、超声波穿透法、反射法结合穿透法；按照检测结果显示方式可分为超声波A扫描、超声波C扫描、超声波B扫描。

超声波脉冲反射法是通过单个探头发射超声波并接收反射信号，根据回波时间和幅度判断缺陷位置及性质，是最早用于固体火箭发动机的无损检测方法，对检测固体火箭发动机壳体与绝热层之间的脱粘情况十分有效，经过多年的研究，已成功用于产品的批量探伤。超声波穿透法是采用两个探头分别置于工件两侧，发射端发送超声波，接收端接收穿透波，通过穿透波能量衰减检测缺陷，比较适用于上下表面平行工件的大面积缺陷检测，结合喷水耦合技术，可实现连续检测。反射法结合穿透法是针对复杂结构，交替使用反射法和穿透法以提高检测准确性的超声波检测法。

超声波A扫描显示以时间为横轴、回波幅度为纵轴的一维波形图，表征超声波传播过程中的信号变化，主要用于反射法，通过分析反射波的幅度和位置判断缺陷深度和性质，能够通过高分辨率定位缺陷深度，适用于小范围精细检测。超声波C扫描通过机械扫描或水浸耦合生成二维平面图像，展示缺陷的分布和形态，常用于穿透法，通过穿透波能量衰减反映缺陷区域，可实现无盲区快速筛查大面积缺陷，适用于自动化检测。超声波B扫描通过叠加多个A扫描截面形成三维图像。

我国也已采用超声波穿透法对大型缠绕壳体进行了大量C扫描成像检测试验与数据积累，可对大型复合材料壳体内部质量进行检测评估。采用超声波C扫描成像检测方法检测碳纤维缠绕壳体，能快速、有效检测出其中的分层、脱粘缺陷，并可通过观察C扫描图像定量、定位分析缺陷。

2. *相控阵超声检测技术*

相控阵超声检测也属于超声探伤检测范畴，该技术是通过对换能器阵列不同单元在发射或接收声波时施加不同时间延迟规则（聚焦法则），实现超声声束移动、偏转和聚焦等功能的超声成像检测技术。在国外，相控阵超声检测技术已广泛地应用于航空航天和核工业等领域，如航空航天特种焊缝检测、复合材料界面粘接缺陷检测等。国内从20世纪90年代末引入该技术以来，在设备开发、技术应用等方面取得了长足的发展。在航空航天领域，通过动态聚焦方法对航空发动机高温合金结构的微小缺陷检测取得了良好检测效果和效率，使用喷水耦合的相控阵超声扫描技术，实现了复合材料脱粘缺陷的快速检测。

相控阵超声具有灵活控制聚焦深度及聚焦角度的特点，不需要移动探头就可以达到全面扫查，检测精度可达1 mm，可以有效表征复合材料和绝热层之间的脱粘缺陷，可以作为大型燃烧室壳体无损检测的有效手段。

5.6.3 大型燃烧室壳体内压试验技术

1. 内压载荷取值

内压试验是固体发动机常用的检测手段之一。燃烧室壳体作为承压部件，为了检验燃烧室壳体的内压承载能力和密封性，在交付出厂前需要进行内压试验，一般进行水压验收试验。

为了保证水压验收试验压强的覆盖性，验收压强不应小于发动机的最大预示压强，一般取最大预示压强的 1.05~1.15 倍[12]。对于金属壳体而言，水压验收试验相对简单，只要在壳体屈服范围内，水压试验后壳体能够恢复到初始状态，因此，水压验收压强的确定必须计算屈服范围内的最大压强。由第四强度理论简化可知：

$$\sqrt{\sigma_\theta^2 + \sigma_x^2 - \sigma_\theta\sigma_x} \leqslant [\sigma_{0.2}] \tag{5.55}$$

将内压 P_b 下圆筒应力公式

$$\sigma_x = p_b/4\delta,\ \sigma_\theta = p_b/2\delta \tag{5.56}$$

代入式(5.55)，并考虑 $D = D_i + \delta$，则水压验收压强最大值为

$$p = 4\sqrt{3}\xi\delta[\sigma_{0.2}]/3(D_i + \delta) \tag{5.57}$$

式中，δ 为壳体壁厚名义值，单位为 mm，其他符号意义同上。

上面的计算给出了壳体水压验收压强的最大值。金属壳体的水压验收压强的确定，在包络最大预示压强的前提下，还需要小于壳体发生屈服的最小压强。

对于复合材料壳体，在水压试验过程中通常会存在树脂开裂现象。因此，其水压验收压强取发动机的最大预示工作压强，保证试验的包络性即可，以保证后续发动机的可靠工作。

2. 内压试验平衡装置

燃烧室壳体进行水压试验时，通常在前后开口处用堵板进行封堵后，注水加压。然而，实际发动机工作时，后开口与喷管连接，可以通过喉部进行泄压，因此，直接用堵板封堵后开口进行水压试验，后接头处的受力状态将明显比实际工况严酷。对于部分壳体的结构进行分析，水压验收试验时，壳体后接头承受的载荷将达到发动机实际工作状态的 1.2 倍以上，对于中小型壳体，这种严酷考核尚且可以接受。但是对于大型燃烧室壳体而言，随着后开口直径和推力的增大，这个比值将更大，对后接头本身和连接结构带来巨大考验。

因此，为避免后接头在内压试验时加严考核，可以采用外平衡活塞式水压试验装置，将喉部面积的压力通过动密封活塞传至外部。水压试验时，壳体水平放置于托座上，前裙顶于另一侧承载墙，实现整体平衡，大型复合材料壳体水压试验示意

图如图 5.26 所示。通过内压试验,可同时考核前裙承载能力,加快研制进度,降低试验成本。

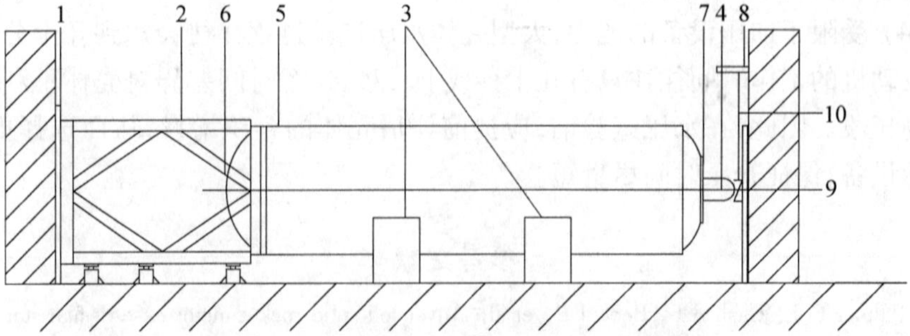

图 5.26　大型复合材料壳体水压试验示意图

1 -承力平台;2 -推力框;3 -托座;4 -压力平衡机构;
5 -燃烧室壳体;6 -前堵盖;7 -后堵盖;8 -吊杆;9 -楔块;10 -绳索

已知发动机推力及其相应的壳体内压,活塞直径由式(5.58)确定[13]:

$$d = \sqrt{\frac{4T}{\pi p}} \tag{5.58}$$

式中,d 为活塞直径;p 为壳体内压;T 为发动机推力。

根据上述平衡关系,通过力的转移,开展转移喷管喉部作用力的结构装置设计进行发动机真实工况的水压验收试验。

3. 水压验收的其他注意事项

大型燃烧室壳体由于尺寸放大,在试验过程中会发生明显异于中小型壳体的现象,在进行水压验收试验时,还需注意以下事项。

(1) 前后开口螺栓的安全系数往往不像中小型壳体那样能够达到 4 倍以上,无法靠较大的安全系数来弥补螺栓的复杂受力带来的承载能力下降。因此,在进行水压验收时应尽量地按照正式产品的连接密封件状态进行设计,以便对连接密封件进行充分考核。同时,也尽量采用前顶盖用于前开口封堵,后开口封堵结构尽量与喷管固定体结构一致,避免单独考核时工装刚度与实际产品的差异造成的考核不充分,提高各零部件的验证可靠性。

(2) 大型壳体在水压试验过程中,轴向将发生较大位移,若按照传统的固定托座方案进行壳体支撑,壳体表面与托座之间将产生较大的摩擦力,容易损伤壳体,且易造成应力集中。因此,在壳体表面与托座支撑面之间应尽量地采用润滑方案,例如,在壳体与托座表面之间依次设置毛毡、聚四氟乙烯弧板(钢板)、润滑油脂、聚四氟乙烯弧板(钢板),以减小壳体轴向伸长所需克服的摩擦力。

(3) 大型壳体的柱段刚度相对较差,在灌满水的状态下,柱段会发生明显的变椭现象,在内压加载过程中,柱段同时存在撑圆、膨胀和中心高度显著变化的趋势,对检测的位移数据分析评估带来困难。因此,在进行位移测试时,尽量包括中心高度的变化、径向和周长的测试。

(4) 受限于加压设备的能力,大型壳体水压试验过程往往会达到几十分钟,而大型发动机的工作时间往往只有几十秒或上百秒,这个时间差异对壳体不利,尤其是在高压段。因此,在水压试验前,应提前评估壳体的容积增量,从而选择更合适的加压设备,保证升压时间尽量短。

参考文献

[1] Palmer G L, Cash S F, Beck J P, et al. Advanced solid rocket motor case design status[C]. Monterey: 29th Joint Propulsion Conference and Exhibit, 1993.

[2] 马亮,李轩,王健儒,等. 多脉冲固体火箭发动机技术[M]. 北京: 中国宇航出版社,2022.

[3] 张雅,刘建超,高克洲. 分段式固体发动机壳体连接技术研究概述[J]. 航天制造技术,2019(6): 63-68,71.

[4] 陈汝训. 固体火箭发动机壳体结构分析与设计[M]. 北京: 中国宇航出版社,2005.

[5] 矫维成,王荣国,刘文博,等. 纤维缠绕复合材料压力容器封头厚度预测[J]. 复合材料学报,2010,27(5): 116-121.

[6] 陈汝训. 炭纤维壳体封头设计的几个问题[J]. 固体火箭技术,2009,32(5): 543-547.

[7] 伍天健. 固体火箭发动机密封结构通用技术要求: QJ 2748A-2004[S]. 北京: 国防科学技术工业委员会,2004.

[8] 王兴林,蔡峨. 固体火箭发动机设计[M]. 西安: 西北工业大学出版社,1994.

[9] 单辉祖. 材料力学(I)[M]. 北京: 高等教育出版社,1999.

[10] 田开谟. 大型缠绕芯模的设计[J]. 玻璃钢/复合材料,1990(1): 27-31.

[11] 刘鎏,孟红磊,周鑫鑫,等. 新型大(全)开口棘刺连接复合材料壳体结构设计与研究[J]. 固体火箭技术,2022,45(6): 844-850.

[12] 阮崇智. 大型纤维缠绕复合材料壳体的结构工艺设计问题[J]. 固体火箭技术,1995,18(2): 1-9.

[13] 王路仙,杜国如. 一种新型纤维缠绕壳体水压试验装置[J]. 固体火箭技术,2003,26(2): 68-70.

第6章

大型燃烧室绝热结构技术

发动机绝热结构位于燃烧室壳体与推进剂药柱之间,在发动机高温高压工作环境下起保护壳体的作用,防止壳体过度温升而被破坏。燃烧室绝热结构通常由多部分组成,含绝热层、衬层和人工脱粘结构(图6.1)。绝热层是绝热结构抗烧蚀、防热的主体结构;衬层用于提升绝热层与药柱之间的粘接可靠性,保证界面完整;人工脱粘结构用于缓解药柱固化收缩及低温下收缩的应力,保证结构完整。

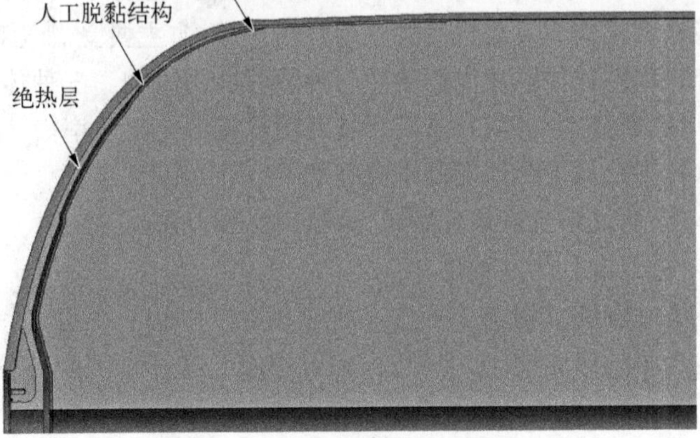

图6.1 燃烧室绝热结构示意图

对于大型固体火箭发动机,其绝热结构技术存在如下特点。

在设计上,大型固体火箭发动机内流场结构与常规发动机存在较大差别,从而导致绝热结构烧蚀率变化,另外为适应大型固体火箭发动机壳体分段式装药或推进剂模块式装药的结构形式,绝热结构需要进行适应性调整,以便于释放可能存在的药柱固化收缩及低温收缩应力。

在制造上,为了提高制造质量,大型固体火箭发动机绝热结构正在探索新型绝热制作工艺,如喷涂及缠绕工艺。另外,由于尺寸较大,难以采取常规的X射线及CT无损检测方法,一般仅进行原位的超声检测。

6.1 绝热层设计及制造

燃烧室中药柱燃烧生成的燃气温度高达 2 000~4 000 K[1]，高温燃气与燃烧室内壁面之间存在强烈的热交换。绝热层是绝热结构抗烧蚀、防热的主体结构。绝热结构设计主要包括绝热材料选择和绝热层厚度设计。为合理选择绝热材料和设计绝热层厚度，首先针对发动机燃烧室内的热环境开展分析。

6.1.1 发动机燃烧室内热环境分析

发动机燃烧室内存在复杂的燃气湍流运动，绝热层壁面热量主要来自燃气热传导、热对流、热辐射及高温凝相颗粒与绝热层碰撞传热，研究这一复杂的耦合换热过程是固体火箭发动机传热学的重要工作，对燃烧室热防护设计有重要意义。

固体火箭发动机药柱燃烧后，燃烧室内传热机制受到燃烧室内热环境、燃烧室几何形状及壳体和绝热材料类型的影响。推进剂燃烧过程中产生高温燃气及颗粒。燃烧室内热环境是根据气体传输特性、操作压力、流场形式，以及燃气颗粒分布确定的。绝热结构作为发动机燃烧室内热防护结构，主要受燃气对流传热、燃气及颗粒辐射传热和颗粒冲刷及沉积传热三种热环境的影响。三种传热参数被确定后，可以计算出从燃烧室气体/粒子混合物到绝热层的传热速率。

燃气及颗粒传热到绝热层的基本机理如下[2]：

(1) 气体/金属燃料及其氧化物粒子混合物的对流，q_{con}；

(2) 气体/粒子混合物的辐射，q_{rad}；

(3) 粒子的冲刷和沉积，q_{par}。

绝热结构表面的热通量 q_{tot} 是对流、辐射和粒子冲刷及沉积传热速率之和(热通量)：

$$q_{tot} = q_{con} + q_{rad} + q_{par} \tag{6.1}$$

由此确定的热通量被直接或间接用于计算绝热层/燃烧室粘接面和整个燃烧室的温升。

1. 对流换热

固体发动机燃烧室内高温燃气的流动属于湍流流动，流体微团杂乱无章的脉动引起流体微团之间及流体微团与壁面之间的能量和动量交换。

工程上把流体流动时和与其直接接触的固体壁面之间的传热过程称为对流换热过程，主要包含“热传导”和“热对流”。对流换热影响的主要因素有流动状态和流动的起因、流体的物理性质及换热表面的形状位置。

1）基本概念

热传导（或称导热）是指物体内部及其界面上质点直接接触而发生的热量传递现象。当物体的一个分子受热而产生强烈振动时，通过分子间的接触或碰撞，温度较高的分子将热能传递给温度较低的分子，或以自由电子的迁移、固体晶格振动等形式传递热能。这种过程不断进行，热量就会由物体的一部分不断地传递到另一部分直到物体的温度平衡。因此，以导热形式的传热，只有当存在导热介质时才能实现，并且即使存在导热介质，也必须存在温度差异才能进行热传导。

实验结果表明，若物体内存在温度差，则热量会从高温区向低温区以热传导的方式转移，此过程可以用傅里叶（Fourier）定律来定量地描述传递的热流量：

$$q = \frac{\Phi}{A} = -\lambda\frac{\partial T}{\partial n} \tag{6.2}$$

式中，Φ 为热流量，即单位时间内所传递的热量，单位为 W；q 为热流密度，即单位时间内通过等温面上单位面积的热流量，单位为 W/m^2；A 为垂直于热流方向的横截面积，单位为 m^2；λ 为材料的导热系数，单位为 W/(m・K)；$\frac{\partial T}{\partial n}$ 为温度梯度。式（6.2）又称为导热的热流速率方程，式中的负号表示热量传递的方向和温度升高的方向（式中温度梯度的正方向）相反。对于一维稳态导热，若取直角坐标系的 x 方向为等温面的法向方向，则有

$$q = -\lambda\frac{\partial T}{\partial x} \tag{6.3}$$

导热系数为物质一个重要的热物理性质参数，它表征了物体传递热量能力的大小，一般而言导热系数与温度有着密切的联系，绝大多数物质的导热系数可以被近似为温度的一个线性函数：

$$\lambda = \lambda_0(1 + \beta T) \tag{6.4}$$

式中，λ_0 为 273.15 K 时测定的导热系数，单位为 W/(m・K)；β 为导热系数的温度系数，单位为 1/K。在实际的计算中往往将给定温度范围内的导热系数看作常数，以温度上下限的平均值对应的导热系数进行计算，既方便计算，也有一定的准确性。

不同物质的导热系数往往有较大差异，以下简单分析气体和固体的导热系数。

气体的导热性能最差，大多数气体的导热系数在 0.006～0.600 W/(m・K) 内变化。气体的导热系数随温度的升高而增大，除了在压强特别高（$p>2\times10^3$ MPa）和很低（$p<2.6\times10^3$ Pa）的情况下，气体的导热系数基本上不随压强而变化。固体火箭发动机的工作压强多处于中等压强范围内，所以压强对燃气导热系数的影响

较小。混合气体的导热系数通常依靠实验方法测定。火箭推进剂燃气成分复杂，主要由 CO_2、CO、H_2、N_2、NO 和 H_2O 蒸气等组成，其导热系数需要进一步精确计算才能确定。

固体的导热系数随材料不同在很大范围内变化。大多数纯金属材料的导热系数随温度升高而有所降低；而铝及其合金、合金钢等却随温度升高而增加，并且与其成分有关。非金属材料的导热系数随温度的升高而增加。此外，还与物质的结构、多孔性及湿度等有关。导热系数小于 0.20 W/(m · K)的材料，常被用于隔热，习惯上称为隔热、绝热或保温材料，如石棉、泡沫塑料等。

热对流(或称对流)是指流体内温度不同时，依靠流体质点的相对运动，将热量由一部分传至另一部分的换热现象。对流传热分为一般可以分为两种：自由对流传热和强迫对流传热。

2) 基本方程

根据牛顿冷却定律，对流换热的机制可以用图 6.2 进行说明。由于流体的黏性作用，紧贴固体壁面有一层很薄边界层，在边界层内存在很大的速度和温度梯度。很显然，对流换热主要发生在边界层内，热传导发生在流体和固体壁面间。

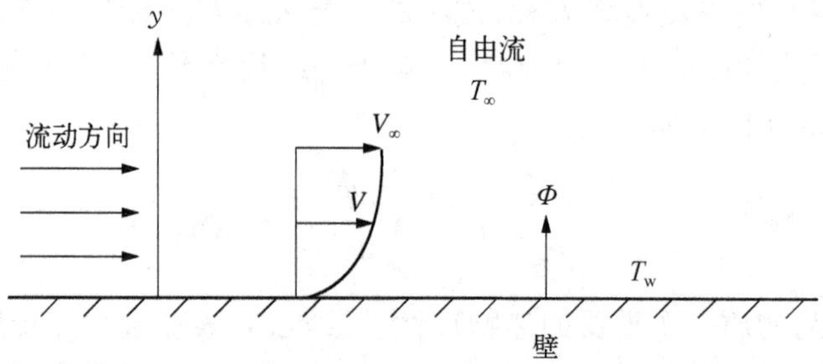

图 6.2 平壁上的对流换热

流体与壁面间对流换热量的大小，首先与二者之间的温差有关，温差越大，传过的热量也越多。同时还和流体与固体壁面直接接触面积的大小有关。为了表示对流的全部效应而引入对流换热系数，对流换热的热流量可以用牛顿冷却定律计算，即

$$q = \frac{\Phi}{A} = h(T_w - T_\infty) \tag{6.5}$$

式中，A 为换热面积，单位为 m^2；T_w 与 T_∞ 分别为壁面和主流温度，单位为 K；h 为对流换热系数，单位为 W/(m^2 · K)。

在流体和固体密切接触的边界，由于流体黏性的作用，紧贴在壁面上的流体的速度为零。该处壁面和流体之间只通过热传导的方式传热，固体壁面以导热的方

式传给流体的热量又通过流体的流动以对流的方式带走。对流换热的微分方程为

$$h(T_w - T_\infty) = -\lambda\left(\frac{dT}{Dy}\right)_w \tag{6.6}$$

这说明用傅里叶定律也可以计算出流体和固体壁面之间对流换热的热流量。但是,要准确确定固体表面处流体的温度梯度是非常困难的。

在确定了驱动势之后,要完成对流换热速率的确定,所需要的只是一种对流换热系数的预测方法。对流换热系数 h 是描述换热强度的物理量,表示当流体和壁面之间温差为 1K 时,在单位时间内通过单位表面积传递的热量。h 和流体的运动状态、速度、黏度、热物性(导热系数、比热容、密度)及与流体接触的固体表面的性质、几何形状等参数密切相关。因为换热系数与壁面上静止流体薄层的热传导过程有关,所以有时也称为膜热导,而 $1/hA$ 则可以理解为对流换热的热阻。

2. 辐射传热

1) 基本概念

热辐射是一种借助于电磁波向外辐射热能的过程。温度大于 0 K 的一切物体都会不断地向外发射热辐射,热辐射所携带的能量称为辐射能。当两个物体温度不同时,依靠物体向外发射热辐射和吸收热辐射来传递能量的过程称为辐射换热。这种形式的换热不仅有能量的传递,而且伴随着能量形式上的转化,即一个物体的热能转化为热辐射的辐射能,被另一物体吸收后又转化为该物体的热能。

辐射换热和对流换热有很大的不同。无论是导热或热对流,物体之间必须通过直接接触来传递热量,所以也统称为接触换热;但发生辐射换热的两物体则可以不直接接触,这是因为电磁波的传播不需要中间介质,在真空中也可以传播。

固体火箭发动机辐射换热是燃气向固体火箭发动机壳体和喷管等部件传热的一种主要方式,涉及气体和固体辐射换热等多种辐射换热方式。研究辐射换热对固体火箭发动机技术具有实际意义。例如,火箭发动机中的烧蚀材料通常都是辐射参与性介质,在辐射传热过程中往往起着重要作用。

2) 基本方程

为了学习和研究热辐射问题,需要引入黑体的概念:能将辐射到它表面上的所有辐射能全部吸收下来的物体称为黑体。理想黑体向外发射辐射能的速率与其温度的 4 次方成正比,即

$$q = \frac{\Phi}{A} = \sigma T^4 \tag{6.7}$$

式中,Φ 为辐射功率,单位为 W;A 为黑体表面积,单位为 m^2;T 为黑体绝对温度,单位为 K;$\sigma = 5.67 \times 10^{-8}$ W($m^2 \cdot K^4$) 为斯忒藩-玻尔兹曼常数。

式(6.7)称为斯忒藩-玻尔兹曼定律,此定律只适用于黑体,并只能应用于热辐

射,其他类型的电磁波辐射不能这样简单处理。两相互平行的温度分别为 T_1 和 T_2,大平板黑体之间的辐射换热量可按式(6.8)进行计算。

$$\Phi = A\sigma(T_1^4 - T_2^4) \tag{6.8}$$

式(6.8)形式简单,实际辐射换热现象涉及的公式较式(6.8)复杂许多。此处仅着重说明辐射换热的一般机理,以及它与热传导及热对流的差异。

3. 颗粒冲刷及沉积传热

固体推进剂在燃烧过程中,将产生一定量的凝聚相微粒(如固体炭黑、金属氧化物 Al_2O_3 等)。这些凝聚相微粒的存在,会对传热产生以下几个方面的影响。

(1) 凝聚相与气相之间存在速度滞后。凝聚相的速度总是滞后于气相,对气流形成阻力,增加了气流的湍流度,湍流脉动将增强对壁面的传热。

(2) 凝聚相与气相之间存在温度滞后。由于凝聚相微粒不能膨胀加速将热能转化为动能,其温度总是高于气相,从而增加了燃气的有效热容,影响对壁面的传热。

(3) 高温凝聚相微粒的导热性比气相高很多,可对壁面通过撞击直接接触进行热传导。

从上述特点可知,固体火箭发动机中两相流动的对流传热非常复杂,很难直接研究两相流动的传热特性。

粒子遇到腔室边界拦截后发生碰撞,利用质点运动方程计算两相流场中质点的运动轨迹。通常采用势流分析和冷流模型来近似气体流场。然后,利用牛顿第二定律,再考虑加速度和适当的阻力定律,追踪单个粒子通过腔室的速度和方向。

横法向飞行过载作用下的颗粒冲刷过程中会使后封头及后柱段绝热层烧蚀较大,烧蚀率主要与燃烧产物粒子的浓度、速度和冲刷角度有关。

熔渣沉积研究对绝热表面金属渣堆积引起的绝热烧蚀也进行了实证分析。虽然理论上可以通过计算燃烧金属聚集物和熔化的氧化物液滴中释放的能量,确定其对绝热材料的影响。但在实践中,不可能有足够的计算精度用于确定沉积的数量、沉积的区域和沉积材料的性质(金属与氧的比例)以供设计使用。具体的结构设计能够有效减少熔渣沉积,通过使用导流器或用灌封材料填充空腔,可以消除熔渣流入空腔的现象。

6.1.2　绝热层材料选择

1. 绝热层材料基本要求

由于内绝热层的特定位置和特殊功能需求,对内绝热层的要求不仅在热学性能、耐烧蚀性能方面,而且在力学性能、相容性、工艺性能及抗老化性能方面都有极为苛刻的要求。从固体发动机的工作条件出发,内绝热层应满足下述性能要求。

1）密度

发动机的消极质量对性能有相当大的影响，特别是顶级发动机或卫星的星上发动机，如果能减少消极质量 1 kg，就可以增大射程 7.2 km 或增加有效载荷 1 kg[3]。

壳体内绝热层是发动机消极质量的一个重要部分，对复合材料壳体而言，其质量通常要占壳体总质量的 15%~30%。因此，应在保证隔热功能的前提下尽可能地降低内绝热层的密度。

2）材料的相容性

选择绝热材料时，必须充分地考虑其与在发动机制造和全周期寿命中一起使用的推进剂和密封剂的相容性。发动机中存在两个多界面区域，绝热层表面一端与壳体粘接，另一端与推进剂粘接，每一个组分必须与其相连的任意组分相容。

相容性指绝热材料对推进剂化学安定性和热安定性的影响程度，以及推进剂与绝热层相接触时抵抗双方溶剂的迁移程度。材料的相容性非常重要，因为推进剂增塑剂和燃速改性剂可能会向绝热层迁移，或者污染物、迁移组分和其他组分会发生反应，从而导致粘接强度下降、绝热层热力学性能和物理性能恶化等失效模式。

相容性包括化学相容性和物理相容性。化学相容性指绝热层与推进剂的组分之间不发生化学反应，不影响推进剂的化学安定性。物理相容性指推进剂中的增塑剂组分向绝热层迁移和绝热层中的增塑剂组分向推进剂中迁移。对于复合推进剂而言，增塑剂和二茂铁类燃烧催化剂向绝热层中迁移，迁移的后果是推进剂燃速降低，弹道性能改变，绝热层阻燃性能下降，力学性能变差，增加绝热层内应力而导致脱粘开裂。迁移往往是推进剂装药使用寿命缩短的主要原因。

3）热力学性能

针对绝热材料的热力学性能来讲，其导热系数和热扩散系数应尽可能小而比热容应尽可能大，在发动机工作过程中能有效阻止热流穿过绝热层向壳体壁面传递，从而避免燃烧室壳体过热失强或损伤壳体外对热量敏感的电子器件。

在浇注粘接式固体发动机里，推进剂药柱通过绝热层与壳体粘接成一个整体，为了尽可能地降低发动机在温度交变的环境中运输与储存时的内应力，绝热材料的线膨胀系数应尽量地与壳体及推进剂相适应。

暴露于燃气中的内绝热层，主要是通过一种“烧蚀机理”来保护燃烧室壳体的。“烧蚀”指材料在高热流作用下，由于材料发生化学、物理状态和结构上的变化，生成坚实的炭化层，并进一步产生表面材料蚀失现象而吸收能量，从而延缓热能向绝热层内部及壳体传导。

内绝热层应当具有高的有效烧蚀热，即烧蚀每单位质量的材料应吸收尽可能多的热量，这也是降低发动机消极质量的一条重要途径。因而要求内绝热层材料在火焰作用下发生结构上的转变，最终形成致密、坚实的炭化层并有较高的残炭率。对内绝热层来说，从降低消极质量的角度考虑，烧蚀率与密度具有同等重要的意义。

4）抗老化性能

老化是高聚物发生链降解的过程，是高聚物普遍存在的问题。发动机装药在长期储存时，绝热层中的高聚物产生降解使绝热层强度降低，严重时出现龟裂、变脆、变软、发黏等不良现象，极大地影响装药的使用寿命。只有绝热材料有很好的抗老化性能，才能保证装药的储存可靠性和延长使用寿命。

影响老化的因素主要为组分迁移导致发生界面作用：绝热层中微量杂质、绝热层加工成型工艺的影响，以及温度、湿度、日照和海水侵蚀等外界因素，特别是光氧化降解的作用影响更甚。需要针对这些影响因素开展研究，以确定绝热材料及装药的储存条件。

5）力学性能

绝热材料必须具有足够的力学性能，从而能够承受发动机在推进剂浇注与硫化、储存、运输及飞行过程中所引起的各种应力的作用，如药柱在硫化后降温时因收缩变形产生的拉应力、发动机工作时的内压对绝热层产生的压应力、飞行过程中的短时大加速度和竖立储存中长时重力作用引起的壳体-绝热层-药柱界面间的剪切应力等。绝热层只有具备较好的力学性能，才能防止在应力作用下开裂损伤。

绝热材料应具有足够的延伸率以适应发动机增压及热循环应变的需要。发动机在点火的瞬间，内压由常压猛增至 3~10 MPa 的工作压强，而为了提高发动机的质量比，燃烧室的壳体通常比较薄，刚性较差，所以，这种增压引起的应变十分可观。复合材料壳体较钢壳体更为显著，如直径和长度均为 800 mm 左右的中小型玻璃纤维/环氧壳体，在内压为 4 MPa 时，前后接头间的轴向增量可达 20~30 mm。海神导弹第二级发动机在点火时，端盖处的轴向位移也超过 20 mm[3]。假如绝热材料没有足够的延伸率来适应这种冲击式的应变，必将产生裂纹，导致发动机工作时发生穿火而使壳体受到热损伤。发动机在运输及储存过程中将遇到各种温度交变的环境而导致热应变，由于内绝热层材料与壳体材料及推进剂的线膨胀系数差异较大，必将出现壳体、内绝热层与推进剂的线膨胀不协调的情况，这也要求内绝热层材料具有足够大的延伸率。

6）工艺性能

绝热材料应具备良好的工艺性能，包括由原材料制备绝热层材料时的制备工艺性能和将绝热材料粘贴于燃烧室内壁时的粘接工艺性能。一般要求绝热层的加工工艺简单，尽量实现机械化、自动化，从而保证绝热层的质量稳定、性能一致。

2. 几种典型的绝热材料

绝热材料主要由基体与填料两大组分构成。填料又可以分为增强纤维与粒状(粉末)填料两类。此外,还有改性剂及交联体系等组分。

基体也称粘接剂,材料中的各种组分通过粘接剂结合成型。选择基体时主要考虑基体的延伸率、密度、成炭特性、热稳定性、粘接性能、工艺性能、交联特性及对环境的适应性和抗老化性能。

填料主要采用纤维(无机和有机纤维)及金属氧化物晶须。为了满足发动机对绝热材料提出的各种性能要求,通常需要加入多种填料,一般来说,填料占绝热材料总质量的1/3~2/3。选用填料时需要考虑其与基体的亲和性及在基体中的分散性能、密度、高温下的稳定性、吸水性和真空下的稳定性。

接下来介绍燃烧室绝热层设计中常用的几种绝热材料[4]。

1) 9621绝热材料

这是一种纯以橡胶为基的柔性绝热材料,其组成和性能与美国的Gen-Gard V-44相近。基本组成如下所示。

基体:丁腈橡胶(nitrile butadiene rubber, NBR)。

填料:石棉纤维、白炭黑(橡胶工业用二氧化硅)。

增塑剂:邻苯二甲酸二丁酯。

9621绝热材料具有良好的柔弹性,较高的拉断延伸率,生料柔软、黏度低,在2 000~3 000℃下具备良好的抗烧蚀、抗冲刷性能的优点。可以采用平板硫化机模压、高压硫化罐、气囊加压、挤出等多种工艺成型。9621绝热材料主要性能参数见表6.1。

表6.1 9621绝热材料主要性能参数

测试项目	测试方法	性能
拉伸强度/MPa	GB/T 528-2009	4.9~9.1
拉断伸长率/%	GB/T 528-2009	500~900
密度/(g/cm^3)	QJ 917A-1997	1.20~1.25
氧乙炔线烧蚀率/(mm/s)	GJB 323A-1996	0.08~0.10
导热系数/[W/(m·K)]	GB/T 10294-2008	≤0.35
外观	目测	青灰色胶料

2) 三元乙丙绝热材料

三元乙丙绝热材料基本组成如下所示。

基体:三元乙丙橡胶(ethylene propylene diene monomer rubber, EPDM)。

填料：芳纶纤维。

EPDM 绝热材料具有抗冲刷、低密度、耐老化、抗增塑剂迁移、耐高温高湿环境及柔弹性良好的特点，在 2 000~4 000℃下具备良好的抗烧蚀性能。可以采用平板硫化机模压、高压硫化罐、气囊加压等多种工艺成型。EPDM 绝热材料主要性能参数见表 6.2。

表 6.2 EPDM 绝热材料主要性能参数

测试项目	测试方法	性能
拉伸强度/MPa	GB/T 528－2009	≥5.5
拉断伸长率/%	GB/T 528－2009	≥500
密度/(g/cm^3)	QJ 917A－1997	1.05~1.07
氧乙炔线烧蚀率/(mm/s)	GJB 323A－1996	0.04~0.06
导热系数/[W/(m·K)]	GB/T 10294－2008	≤0.25
外观	目测	淡黄色胶料

3）丁腈酚醛石棉绝热材料

丁腈酚醛石棉绝热材料主要用于燃烧室后封头烧蚀严酷区域，起到抗粒子冲刷作用。其基本组成如下所示。

基体：丁腈橡胶(NBR)。

填料：石棉纤维、酚醛树脂。

丁腈酚醛石棉绝热材料工艺性好，柔软易成型，抗冲刷性能良好，成本低。但密度相对较大，导致消极质量偏大，且固化后硬度高，变形能力差。丁腈酚醛石棉绝热材料主要性能见表 6.3。

表 6.3 丁腈酚醛石棉绝热材料主要性能参数

测试项目	测试方法	性能
拉伸强度/MPa	GB/T 528－2009	5~17
拉断伸长率/%	GB/T 528－2009	20~70
密度/(g/cm^3)	QJ 917A－1997	≤1.55
氧乙炔线烧蚀率/(mm/s)	GJB 323A－1996	0.12
导热系数/[W/(m·K)]	GB/T 10294－2008	≤0.213

4）碳纤维/酚醛-丁腈橡胶绝热材料

碳纤维整体编织材料，用于后封头层间，主要起到抗粒子冲刷作用。其基本组成如下所示。

基体：丁腈橡胶(NBR)。

填料：碳纤维、酚醛树脂。

碳纤维/酚醛-丁腈橡胶绝热材料密度相对丁腈酚醛石棉绝热材料小，抗冲刷性能较好，可有效地降低绝热层厚度，减少消极质量，但成本高，热导率相对较高。碳纤维/酚醛-丁腈橡胶绝热材料主要性能参数见表6.4。

表6.4　碳纤维/酚醛-丁腈橡胶绝热材料主要性能参数

测试项目	测试方法	性能
拉伸强度/MPa	GB/T 528－2009	11.9~35.2
拉断伸长率/%	GB/T 528－2009	50.1~175.7
密度/(g/cm^3)	QJ917A－1997	≤1.40
氧乙炔线烧蚀率/(mm/s)	GJB 323A－1996	0.011 4~0.039 8
导热系数/[W/(m·K)]	GB/T 10294－2008	≤0.304

为了能够在保证绝热结构烧蚀性能的同时降低成本，在大型推进剂模块式装药固体火箭发动机设计中，常以多种材料组合的方式满足不同部位抗烧蚀及抗冲刷要求。

6.1.3　绝热层烧蚀及传热分析

1. 绝热层炭化烧蚀基本概念

发动机启动工作(点火)后，首先，推进剂燃烧产生高温高压燃气；然后，高温高压燃气在贴附有绝热层的燃烧室内流动；最后，燃气由喷管喷出产生推力。在这一流动过程中，由于高温高压燃气沿贴附于燃烧内表面的绝热层外表面流动，两相燃气与绝热层外表面之间发生对流和辐射换热，使得绝热层表面温度升高。同时，由于温度梯度的存在，绝热层内部发生热传导，将表面导入的热量向绝热层内部传递，使得绝热层内部温度升高。由于绝热层为高分子复合材料，当温度升高时，其内部发生化学变化，材料物理性能随之发生变化。

绝热炭化烧蚀模型如图6.3所示。

绝热层在燃气流作用下，沿其厚度可以分为三个区域。

(1) 没有发生变化的原始材料层。原始材料层的现象相对简单。温度足够低以致材料的化学变化可以忽略不计，热量的传递只通过简单的热传导。

(2) 发生热解现象和化学反应的热解层。在热解层，分子通过破裂吸收能量。随着材料温度上升，降解反应变得更活跃，从而导致材料持续失重，无机填料也发

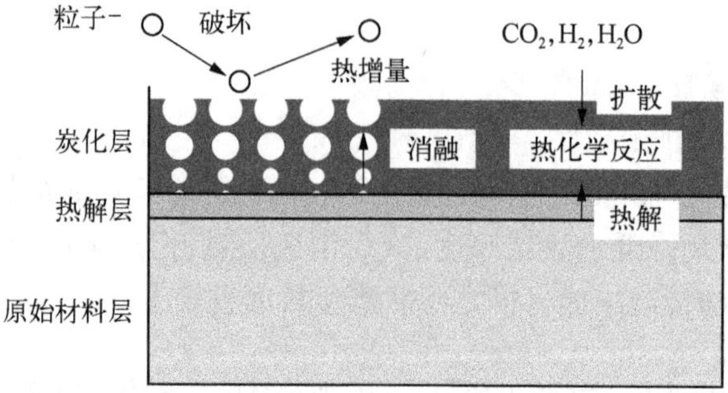

图 6.3 绝热炭化烧蚀模型

生降解失水。在热解层存在两种能量传递模式，热传导及热解。随着反应温度的上升，在整个烧蚀过程中总能量的一大部分都被热解气体的裂解和加热吸收。在通常情况下，大部分是吸热反应，只有相对少量的反应放热。

（3）在高温下完全炭化形成的炭化层。在炭化区发生的现象与热解区的相似，主要区别在于涉及的部分反应。热解反应产生的残留物会继续燃烧，最后基本只有碳元素。无机组分的降解和热解气体的裂解也是这个区域的特征。低温热解气体的裂解可能导致碳在炭化层沉积，即“炼焦”效应。在炭化层，静压力、物质流速和热解气体的组成都会随着时间变化。

绝热层传热过程可以大致分为以下阶段。

第一阶段，发动机绝热层受到燃气流的热辐射与强对流换热，绝热材料吸收大量热量、温度升高。材料受热出现膨胀，但是当绝热材料表层温度低于材料发生热解的临界温度 T_d 时，绝热材料未发生热解，仍然保持其自身的物理化学特征，仅温度升高。因此，绝热层的表层材料结构依然相当紧密，拥有较强的抗剪能力。尽管表层材料在高温下与燃气流中的氧化剂组分会发生氧化还原反应，但是由于表层材料结构紧密及材料温度较低等，化学反应并不剧烈。

第二阶段，绝热层温度持续升高，表层温度突破热解临界温度 T_d，材料结构层次中出现了基体变性后产生的热解层。此时，部分变性的表层材料开始逐步热解，产生热解气。一方面，由于热膨胀效应，绝热层内部结构逐渐松动；另一方面，热解气的产生也使得绝热层内部材料开始出现孔隙。由于材料发生热解，材料密度降低。同时在热解过程中，材料吸收大量热，一部分由热解气带走，另一部分积聚在材料内部，使材料内部温度继续上升。热解气穿越热解层的过程中，会继续分解成为低分子气体。在这个过程中热解气继续吸收周围环境热量。当热解气到达表层与燃气流接触后，热解气中的部分组分产物同燃气流中的氧化剂发生氧化还原反应，反应放热，加剧了表面的热量积聚，增强了换热效果。

第三阶段，绝热层持续升温，一定厚度的热解层趋于稳定，不再产生热解气，组织结构炭化形成炭化层。炭化层组织结构稀松,内部存在大量孔隙,抗剪能力大大下降。燃气流与炭化层交界面上,氧化性组分同炭化层反应,发生化学反应烧蚀。同时,氧化性组分向组分浓度低的炭化层内部渗透,在高温下与炭化层中的碳发生反应,使得炭化层中的孔隙进一步增大。一方面,更多的氧化剂渗透到绝热层中发生反应,破坏绝热层结构;另一方面,也使得炭化层密度进一步降低,组织结构更加疏松,抗剪能力更加脆弱。

随着继续暴露在发动机环境中,表面的材料被侵蚀。"燃面推进"用来描述表面缺失在不同模式下的总影响,具体包括下列影响。

(1) 化学影响。炭化层组分与推进剂气体和凝聚相粒子发生化学反应,以及在炭化层和热解层的亚表面反应(通常是热解)。

(2) 物理影响。粒子冲刷和表面摩擦力引起的剪切力导致的表面被侵蚀,热传递引起的热应力炭化区和热解区亚表面因机械和热应力削弱;如:热解气体引发的内压力导致破裂。

对于贴壁浇注的内孔燃烧药柱发动机,只有在燃烧室的后封头部分(根据药柱类型,前封头有时也暴露)有部分绝热层在发动机工作过程中一直暴露在燃气环境中,其余部分视药柱结构或长或短地,甚至始终不暴露于燃气中。单潜入式喷管粒子流动示意图如图6.4所示,其后封头与喷管连接处基本上是一个环状滞止区,侵蚀效应不显著。

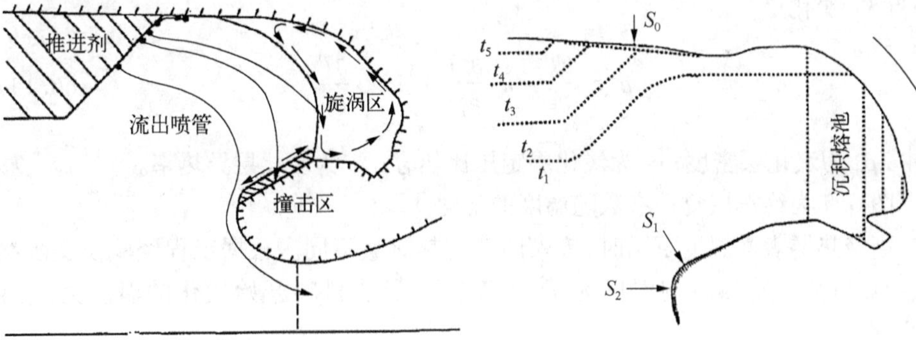

图6.4　潜入式喷管粒子流动示意图[5]

2. 绝热层传热烧蚀数值计算方法

1) 绝热层传热数值分析模型[6]

针对不同烧蚀层,热传导方程不同。

(1) 原始材料层。

$$\rho_{\text{vir}} c_{\text{vir}} \frac{\partial T}{\partial t} = k_{\text{vir}} \frac{\partial^2 T}{\partial y^2} \tag{6.9}$$

（2）热解层。

$$\rho_{\mathrm{pyr}} c_{\mathrm{pyr}} \frac{\partial T}{\partial t} = k_{\mathrm{pyr}} \frac{\partial^2 T}{\partial y^2} + \dot{m} \Delta H_{\mathrm{p}} \tag{6.10}$$

式中，ρ_{vir} 为原始材料层密度；ρ_{pyr} 为热解层密度；c_{pyr} 为原始材料层定压比热容；c_{pyr} 为热解层定压比热容；k_{vir} 为原始材料层导热率；k_{pyr} 为原始材料层导热率；$\dot{m}$ 为热解气体质量流率；热解 ΔH_{p} 为材料的热解吸热率。

热解层的密度、热导率和比热容可近似认为随温度线性变化。

密度：

$$\rho_{\mathrm{pyr}}(T) = \rho_{\mathrm{vir}} + \frac{\rho_{\mathrm{vir}} - \rho_{\mathrm{cs}}}{T_{\mathrm{e}} - T_{\mathrm{f}}}(T - T_{\mathrm{f}}) \tag{6.11}$$

热导率：

$$k_{\mathrm{pyr}}(T) = k_{\mathrm{vir}} + \frac{k_{\mathrm{vir}} - k_{\mathrm{e}}}{T_{\mathrm{e}} - T_{\mathrm{f}}}(T - T_{\mathrm{f}}) \tag{6.12}$$

比热容：

$$c_{\mathrm{pyr}}(T) = c_{\mathrm{vir}} + \frac{c_{\mathrm{vir}} - c_{\mathrm{e}}}{T_{\mathrm{e}} - T_{\mathrm{f}}}(T - T_{\mathrm{f}}) \tag{6.13}$$

（3）炭化层。

$$\rho_{\mathrm{cs}} c_{\mathrm{c}} \frac{\partial T}{\partial t} = k_{\mathrm{e}} \frac{\partial^2 T}{\partial y^2} + \dot{m} c_{\mathrm{pyr}} \frac{\partial T}{\partial y} \tag{6.14}$$

式中，ρ_{c} 为炭化层密度；c_{c} 为炭化层定压比热容；k_{c} 为炭化层导热率。

图 6.5 为绝热层物性参数随温度的变化。

当绝热层表面温度不同时，传入内部的热流量不同。根据工程经验及文献结果，绝热材料开始热解的温度为 $T_{\mathrm{f}} = 600$ K，绝热材料开始炭化的温度为 $T_{\mathrm{c}} = 1\,200$ K。

（4）初始条件。当 $t = 0$ 时，$T_0 = T_{\mathrm{s}}$。

（5）边界条件。当 $T < T_{\mathrm{f}}$ 时，绝热层表面无热解，无化学反应，无质量变化，仅有对流换热和辐射换热，此时：

$$\dot{q}_{\mathrm{in}} = \dot{q}_{\mathrm{rad}} + \dot{q}_{\mathrm{con}} + \dot{q}_{\mathrm{p}} \tag{6.15}$$

当 $T_{\mathrm{f}} < T < T_{\mathrm{c}}$ 时，绝热材料表面有热解，有质量变化，无化学反应，此时：

$$\dot{q}_{\mathrm{in}} = \dot{q}_{\mathrm{rad}} + \frac{\dot{m}}{B}(H_{\mathrm{r}} - H_{\mathrm{w}}) + \dot{q}_{\mathrm{p}} + \dot{q}_{\mathrm{con}} \tag{6.16}$$

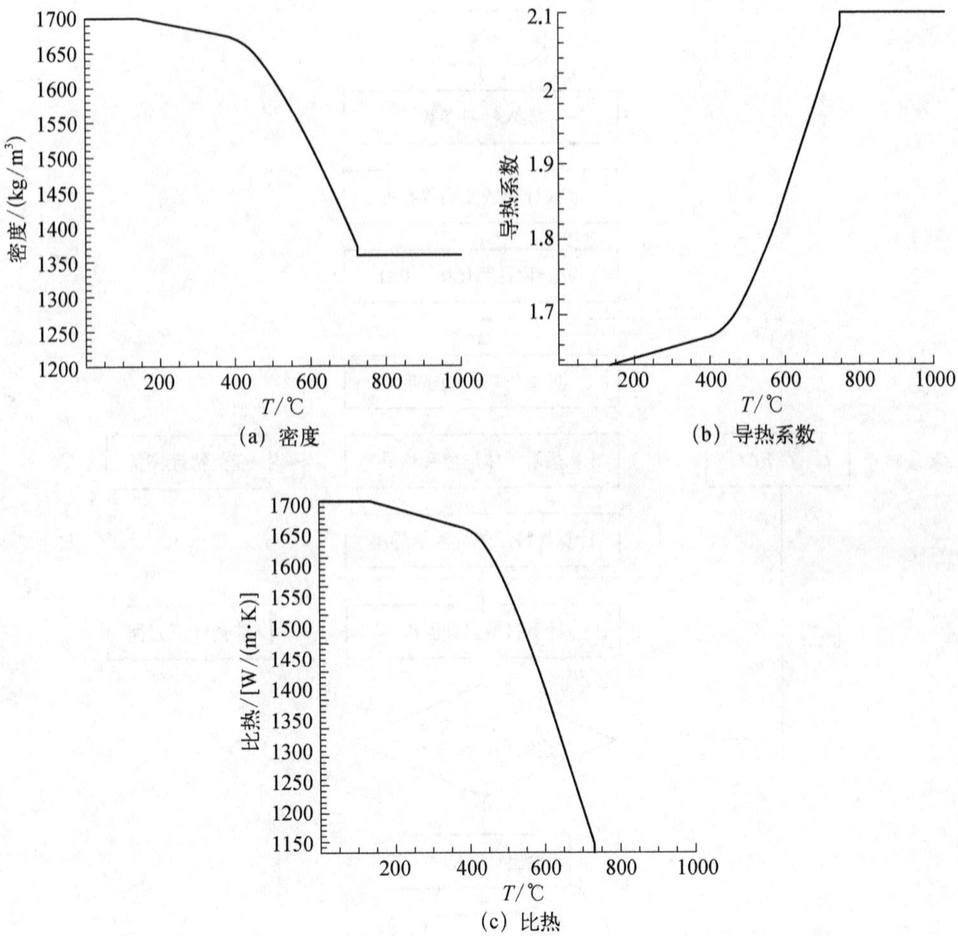

图 6.5　绝热层物性参数随温度的变化

当 $T > T_c$ 时，绝热材料表面开始炭化，绝热材料开始形成三层结构，此时：

$$\dot{q}_{int} = \dot{m}(\dot{H}_s - H_w) + \dot{q}_a + \dot{q}_{rad} - \dot{\Omega} H_w + \frac{\dot{m}}{B}(H_r - H_w) + \dot{q}_{con} \tag{6.17}$$

式中，$\dot{q}_{con}$ 为对流换热热流；$\dot{q}_{rad}$ 为辐射热流；$\dot{q}_p$ 为颗粒冲刷壁面热增量；$\dot{\Omega}$ 为化学反应生成消耗率；H_r 为恢复焓值；H_w 为气动壁焓值。

根据上述传热方程，数值计算流程如图 6.6 所示。

2）绝热层烧蚀数值计算模型

绝热层烧蚀的主要因素包括热化学烧蚀、气流剥蚀和颗粒侵蚀三个主要方面，三者之间紧密耦合，主要体现在以下几个方面。

（1）热化学烧蚀过程不断消耗炭化层，使炭化层变得更加疏松，削弱了炭化层

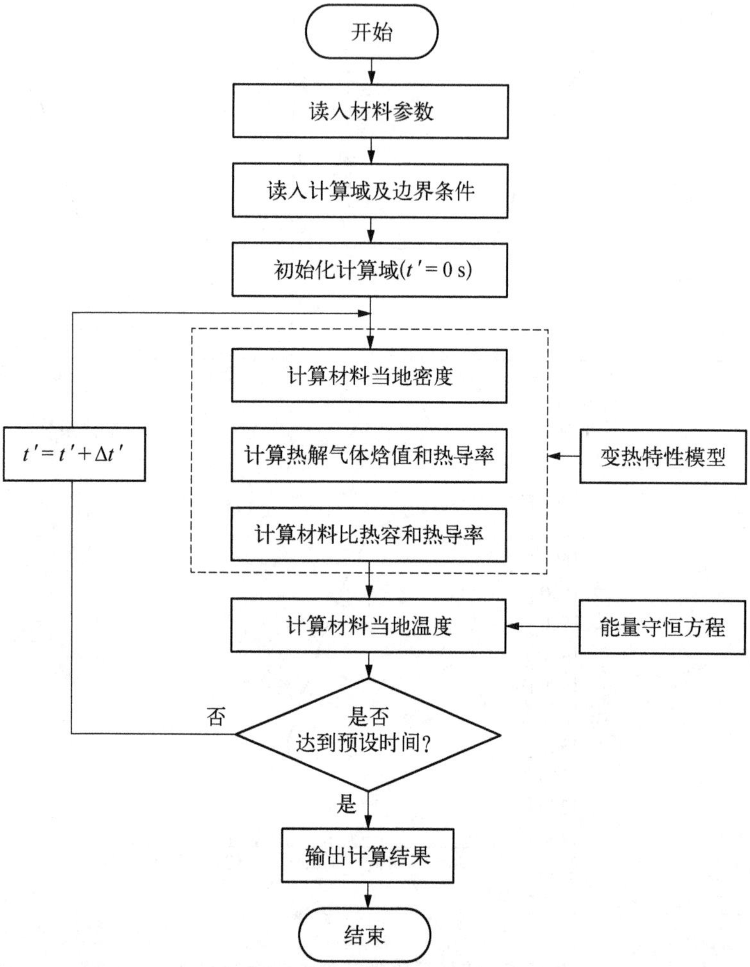

图 6.6　数值计算流程

的抗剪切强度,使炭化层更容易被剥落。

(2) 气流剥蚀和颗粒侵蚀对炭化层形成机械破坏,使得炭化层变薄,影响其内部的传热和组分扩散过程。

(3) 颗粒侵蚀带来的热增量会使绝热层表面热流密度增大,影响绝热材料的热分解和热化学烧蚀过程。

三种方式的内在机理都是通过"热"和"力"的作用促成炭化层消耗。炭化层是三者耦合的桥梁,描述炭化层结构特征的参数或其函数与描述炭化层力学性能参数的有机结合将是最理想的炭化层烧蚀特性表征参数,这不但能很好地将热和力作用统一起来,还可与炭化层的物性参数关联起来,包括密度、热导率、气流扩散速率、力学特性等,为烧蚀机理的耦合和模型建立打下坚实基础。

多种外界耦合因素影响下炭化层结构之间存在明显区别，不仅有疏松/致密结构分布上的差异，还有孔隙直径大小之间的区别。根据多孔材料强度的概念，孔隙率大小与炭化层强度存在对应关系。因此，对于不同的颗粒和燃气冲刷工况，可将对应的临界机械破坏情况下的炭化层的表面孔隙率定义为临界孔隙率。

（1）化学烧蚀。绝热层表面发生化学烧蚀，主要为燃气中氧化性物质与炭化层表面碳元素发生反应，从而消耗炭化层，增大绝热层表面孔隙率，形成化学烧蚀。燃气中氧化性组分与绝热层表面碳元素发生反应，反应化学方程式如下：

$$\begin{gathered} C_{(s)} + CO_2 = 2CO \\ C_{(s)} + H_2O = CO + H_2 \\ 2C_{(s)} + H_2 = C_2H_2 \end{gathered} \tag{6.18}$$

绝热层的热化学烧蚀，一方面，受化学反应动力学控制；另一方面，受燃气组分通过附面层向壁面的扩散速率控制，绝热层表面单位面积的碳消耗率为

$$\dot{\Omega}_c = \frac{M_e}{M_1}\dot{\alpha}_1 + \frac{M_e}{M_2}\dot{\alpha}_2 + \frac{2M_e}{M_3}\dot{\alpha}_3 \tag{6.19}$$

热化学反应导致的碳的消耗会使绝热层的表面孔隙率 ε 增大。由碳的消耗率 $\dot{\Omega}_c$ 可以计算得到 $t+\Delta t$ 时刻表面孔隙率为

$$\varepsilon^{t+\Delta t} = 1 - (1 - \varepsilon^t)(1 - \dot{\Omega} \times A_m \times \Delta t) \tag{6.20}$$

炭化层内部孔隙率与炭化层厚度 δ 呈线性关系。$t+\Delta t$ 时刻炭化层内部各点孔隙率采用经验关系式：

$$\varepsilon_i^{t+\Delta t} = 186.7\delta^{t+\Delta t} + \varepsilon^{t+\Delta t} \tag{6.21}$$

（2）气流剥蚀。影响绝热层气流剥蚀的主要因素有气流速度、环境压强、炭化层高温结构强度、热解气体逸出产生的黏性力和内压等。这些影响气流剥蚀因素的详细作用机制目前还不清楚，因此，气流剥蚀计算只能采用经验关系式。认为气流主要通过剪切力实现剥蚀，如图 6.7 所示，根据实验结果拟合得到炭化层临界孔隙率和炭化层表面剪切力的关系式如下：

$$\varepsilon_{c2} = 0.2 + 0.07 \times 0.896^{\tau} \tag{6.22}$$

（3）颗粒侵蚀。粒子冲刷条件下的耦合烧蚀机理，认为颗粒冲刷条件下的烧蚀是热分解、热化学、剥蚀和侵蚀耦合的过程，其耦合关系如下所示。

① 热分解形成了炭化层的初始孔隙结构。

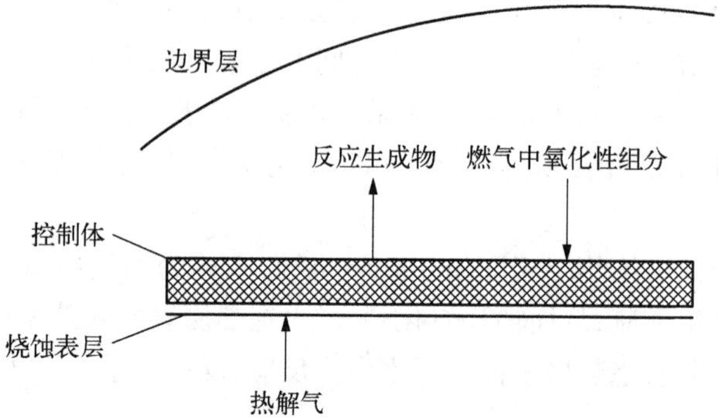

图 6.7 气流剥蚀示意图

② 热化学反应不断消耗炭化层，使炭化层变得更加疏松，当疏松达到一定程度，气流剥蚀和液滴侵蚀使其剥落。

③ 气流剥蚀和液滴侵蚀造成了炭化层剥落，改变了炭化层结构，从而影响了传热、热分解、组分扩散和热化学烧蚀。

④ 热分解气体在炭化层特定温度区域的沉积形成了致密层，致密层的形成改变了炭化层的结构，从而影响到传热、热分解、燃气组分的扩散、热化学反应、气体剥蚀和液滴侵蚀等一系列过程。

⑤ 颗粒侵蚀带来的热增量会使绝热层表面热流密度增大，改变温度分布，影响热分解和热化学烧蚀过程及致密层的位置。

（4）数值计算流程。

绝热烧蚀是以炭化层烧蚀表面的表面孔隙率为耦合参数，对热化学烧蚀、颗粒侵蚀和气流剥蚀等各烧蚀模型进行耦合，建立了多因素耦合计算模型。绝热层多因素耦合计算模型如图 6.8 所示。

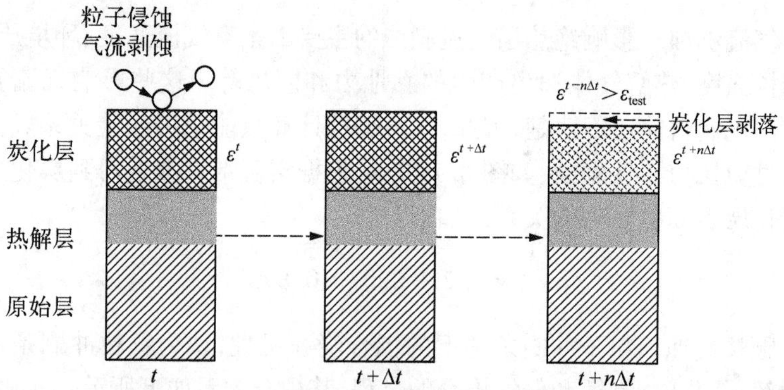

图 6.8 绝热层多因素耦合计算模型

计算流程如下：

① 根据热化学烧蚀模型可以得到 $t+\Delta t$ 时刻下炭化层内部各点的孔隙率 $\varepsilon_i^{t+\Delta t}$，根据气流剥蚀和颗粒侵蚀模型得到表面临界孔隙率 ε_c；

② $t+n\Delta t$ 时刻，若 $\varepsilon_i^{t+n\Delta t} \geqslant \varepsilon_{test}$（绝热层烧蚀实验测得的炭化层平均孔隙率），认为炭化层出现力学破坏；此时，如炭化层内某点的 $\varepsilon_i^{t+n\Delta t} \geqslant \varepsilon_c$，则认为该点以上的炭化层被气流剥蚀和颗粒侵蚀消耗而烧蚀。该点即由原来的炭化层内点变为绝热层烧蚀表面点，而绝热层的炭化线和热解线均下移。

如此循环计算，即可得到烧蚀表面各点的炭化线位置（即烧蚀厚度）和炭化烧蚀率。

根据本节计算方法得到的孔隙率和实验结果对比如图 6.9 和图 6.10 所示。计算得到的绝热材料炭化烧蚀率和测量结果对比如表 6.5 所示[7]。

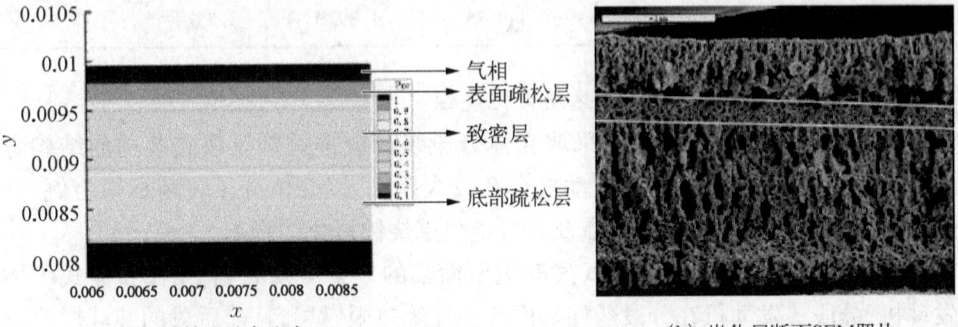

(a) 计算孔隙率分布　　(b) 炭化层断面SEM照片

图 6.9　计算和实验结果炭化层孔隙率分布示意图

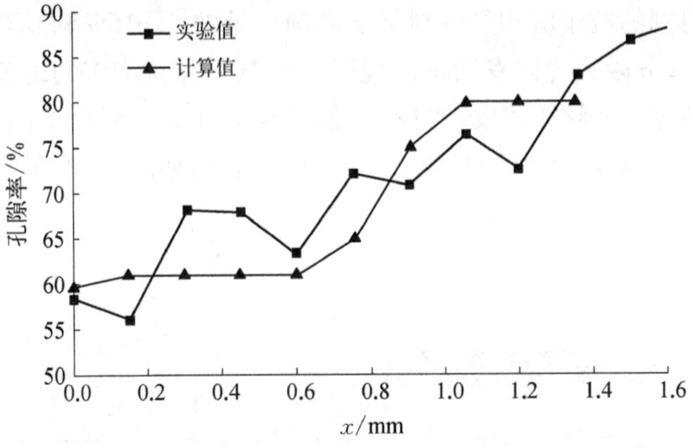

图 6.10　沿烧蚀方向孔隙率分布比较

表 6.5 高过载烧蚀实验和计算结果

实验编号	颗粒冲刷速度/(m/s)	颗粒冲刷角度/(°)	颗粒冲刷浓度/(kg/m³)	绝热材料炭化烧蚀率/(mm/s)		相对误差/%
				测量值	计算值	
1	43	8	123.69	0.717	0.783	9.2
2	44	30	70.97	0.970	0.980	1.0
3	36	24	54.91	0.570	0.526	7.7
4	31	29	49.58	0.385	0.417	8.3
5	15	18	14.26	0.294	0.291	1.0
6	42	45	63.6	1.516	1.354	10.7
7	30	43	42.95	0.395	0.383	3.0
8	13	40	17.72	0.285	0.300	5.3
9	39	62	58.79	1.578	1.721	9.1
10	26	60	39.42	0.349	0.317	9.2
11	38	87	117.75	1.392	1.357	2.5

3. 大型固体火箭发动机绝热层炭化烧蚀

大型固体火箭发动机常常采取壳体分段装药或推进剂模块式装药的结构方式，发动机内流场结构与常规发动机存在较大差别，以壳体分段装药结构为例，介绍大型固体火箭发动机流场特点及其对绝热层烧蚀炭化的影响。

过量的熔渣沉积也是分段式发动机所面临的一个重要问题，相比整体式固体发动机，分段式发动机在分段药柱端面处存在绝热限燃层，且前后段的装药燃速可能存在差异，这些因素也可能导致熔渣沉积量异常增多。

国外对某航天飞机的固体助推器进行了多次地面水平试车，获得的平均熔渣沉积质量高达 280 kg。Jasper 等[8]对 1 m 两分段发动机进行了地面静止水平和垂直试车，试验得到的粒子沉积量分别是推进剂总重的 0.015%和 0.038%。国内某直径 2 m 的大型分段式固体发动机出现了熔渣沉积异常增多的现象[9]，沉积量约为 210 kg，是同等尺寸整体式发动机的 3 倍。我国开展了限燃层高度对熔渣沉积的影响分析[10]，试验发动机设计示意图及实物示意图如图 6.11 和图 6.12 所示。

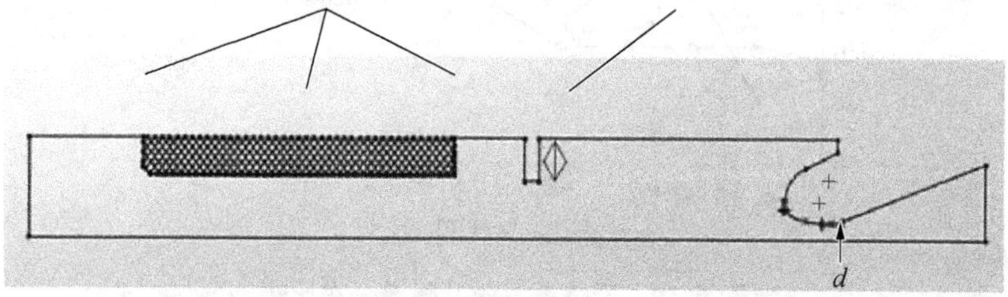

图 6.11 试验发动机结构设计示意图[10]

图 6.12　试验发动机实物示意图[10]

不同限燃层高度下粒子轨迹仿真(0 s 时刻)示意图见图 6.13。

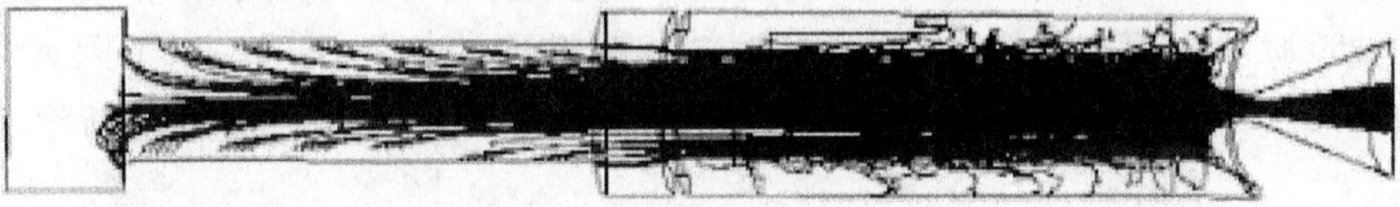

(a) 限燃层高度为20 mm

(b) 限燃层高度为40 mm

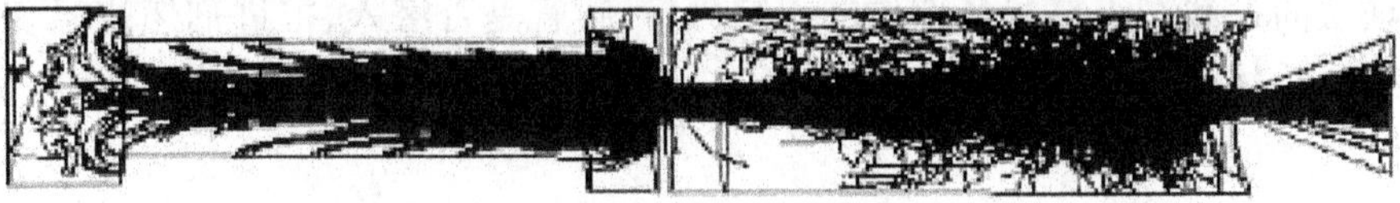

(c) 限燃层高度为70 mm

图 6.13　不同限燃层高度下粒子轨迹仿真(0 s 时刻)示意图[10]

不同限燃层高度下试验发动机熔渣沉积情况见图 6.14。

通过仿真及试验,分析认为造成分段式发动机熔渣沉积质量逐渐增大的原因是随着限燃层高度的逐渐增大,颗粒通过限燃层后速度方向与后段燃烧室壁

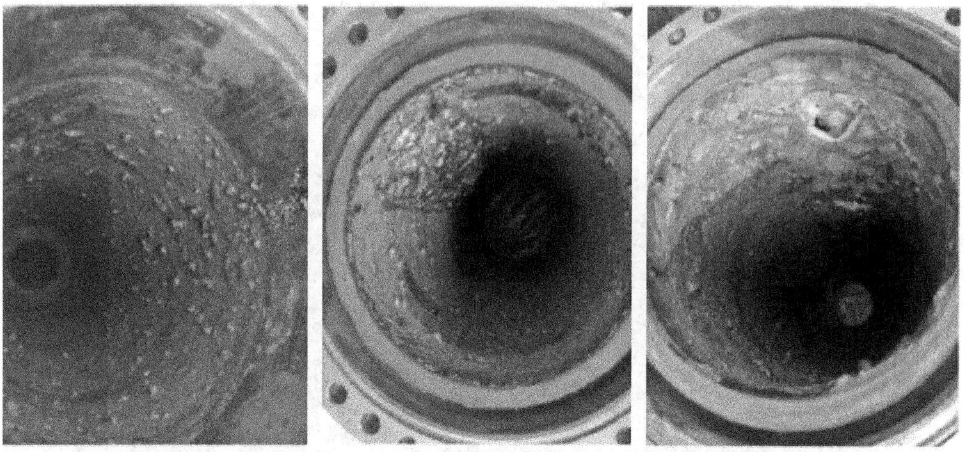

（a）限燃层高度为20 mm （b）限燃层高度为40 mm （c）限燃层高度为70 mm

图 6.14 不同限燃层高度下试验发动机熔渣沉积情况[10]

面的夹角逐渐增大，增大了颗粒与壁面发生碰撞的概率。随着限燃层高度的增大，越来越多的颗粒进入低速气流区域，沉积更易发生。同时，随着限燃层高度的增大，气相和颗粒相流经限燃层所受到的扰动逐渐变大，颗粒在后段燃烧室受到的湍流脉动作用也将增大，增强了颗粒相与壁面的相互作用。以上因素共同作用造成了分段式发动机熔渣沉积质量随限燃层高度的增大而逐渐增大的结果。

当设计分段式固体火箭发动机时，应该充分考虑流场结构造成的气相冲刷及熔渣沉积的影响，采取针对性的绝热层设计方案。

6.1.4 绝热层设计主要内容

绝热结构设计主要为绝热材料选择和绝热层厚度设计。绝热材料依据总体指标，根据绝热材料特点、成本要求、质量比要求等进行选择；绝热层厚度根据轴向、横法向过载对绝热层各部位的影响分析、喷管是否潜入、推进剂燃烧温度、工作压强、总体是否有伴飞温度要求等进行设计，并留有一定安全烧蚀传热安全余量。

一般有如下设计原则：

（1）在满足发动机总体设计要求前提下，应贯彻继承性、先进性、可行性、经济性，并应符合有关标准、设计规范和现行法规的规定；

（2）充分地利用已有的技术成果，并积极、慎重地采用新技术、新材料、新工艺，优先选择有成效的预先研究技术成果；

（3）贯彻标准化综合要求及通用化、系列化、组合化“三化”要求。

6.1.5　大型固体火箭发动机绝热层成型工艺

以复合材料壳体为例,介绍大型固体火箭发动机常规绝热层成型工艺,主要包含封头制备、筒段贴片和绝热结构随缠绕壳体固化成型三部分。为了提高制造效率,大型固体火箭发动机绝热结构常采取新型绝热制作工艺,如缠绕绝热层及厚浆涂料绝热层。

1. 常规成型工艺

1）封头制备

（1）成型工艺。前、后封头绝热层,是固体发动机壳体耐烧蚀、抗冲刷的关键部件。由前、后接头金属件、绝热层材料(EPDM、NBR等)整体模压成型,模压过程中采用胶黏剂粘接。为保证人工脱粘结构的可靠性,前、后封头人工脱粘结构往往采用布基增强人工脱粘结构,并采用专用胶黏剂实施粘接。这种采用大型模具压制的整体封头绝热层,减少了手工粘接面,控制了绝热层材料用量,可有效地提高产品质量,增强可靠性。

在固体发动机的热结构设计中,人工脱粘层厚度直接影响发动机质量比和结构可靠性。如果人工脱粘层厚度设计过薄,在发动机工作过程中,会被高温燃气烧穿或使背壁温度过高,将药柱烤燃,导致发动机工作失效,因此,人工脱粘层的设计是十分重要的。当发动机开始工作时,燃烧室的高温气体会迅速充填绝热层和人工脱粘层的槽缝内。在发动机工作过程中,槽缝内燃气由于与人工脱粘层及绝热层有热交换,与人工脱粘层接触的燃气温度随时间及位置均会发生变化,设计中应同时考虑烧蚀和外界燃气温度的变化状况,才能准确地分析人工脱粘层的烧蚀情况。

模压前、后封头绝热层的一般工艺路线为：橡胶炼胶、出片→探伤→接头喷砂→一段模压成型→探伤→人工脱粘制作→粘接、二段压制→探伤、测厚。

（2）关键工艺因素分析。关键工艺因素含模具设计及成型工艺。

模具设计关键工艺因素：阴阳分模面选择要合理;必须留有流胶槽和溢料空间;有定位销和测温孔;最大限度地使用标准件;尽可能地采用组合设计;模具应便于搬运和设计。

成型工艺关键工艺因素[11]：装模前,根据模具型腔尺寸计算预浸料的数量,并经过试模确定准确的投料量,合模时当阳模触及物料时应放慢合模速度,以避免损伤模具并有利于排出空气。排气是保证制品质量的有效措施,特别对于大尺寸、大厚度制品尤为重要,它可以避免制品内部出现气泡、分层等情况。排气的方法是合模后施加一定的压力,随即卸压并开模,经过几秒后,再合模加压以排除模腔和物料中的气体。排气操作可重复数次,排气次数按照物料的类型及压制速度而定。

2）筒段贴片

（1）成型工艺。筒段绝热层通过在砂芯模或石膏芯模上手工搭接粘贴EPDM

橡胶等生片制得。在制作筒身段绝热层的同时,制作各粘接界面的随炉试件,测试抗拉强度,以确保绝热层各粘接界面的粘接质量满足设计要求。筒身段绝热层与前、后封头绝热层构成燃烧室壳体内绝热结构。

筒段绝热层的一般工艺路线为橡胶炼胶、出片→探伤→出片→绝热层裁片→前、后封头绝热层就位→绝热芯模制作。

(2) 关键工艺因素分析。筒段绝热层由手工粘贴而成,其工艺关键是出片及粘贴。

橡胶的塑炼采用开放式或密闭式炼胶机。为了提高塑炼效果,使胶料具有足够的可塑性便于混炼和压延,在使用开放式炼胶机时,塑炼应分段进行,增塑剂也应分批加入,塑炼时应多次薄通并保持辊筒温度尽量低一些。压延出片通常使用三辊或两辊压延机。所得绝热层片材应光滑、平整、无气泡及明显夹杂,厚度均匀且尺寸偏差在工艺允许范围内。

手工粘贴时,要求各层之间的搭接缝相互错开,搭接部位应当圆滑过渡。

3) 随缠绕壳体固化成型

壳体固化温度应与绝热材料固化温度匹配。壳体固化时间应适宜,保证绝热层固化时间足够,并且避免过固化。

2. 绝热层缠绕成型工艺

目前,复合壳体和大型钢壳体绝热层制造均采取手工贴片工艺,对钢壳体还要进行气囊加压固化,保证粘接质量。手工贴片的劳动强度大,质量一致性差。通过绝热层缠绕技术实现绝热层自动贴片、自动粘接,提高绝热层制造的自动化程度,提高制造效率,保证质量一致性。

美国喷气公司 Aerojet 研制了带缠绕设备进行绝热层制造[12],见图 6. 15。Aerojet 的缠绕机采用微处理器来实时控制缠绕到壳体内表面的带状绝热层的温度、厚度、宽度,以及从出片处到粘接处的带状绝热层的恒定表面速度。机械加压装置压制绝热层的余温保证了绝热层和壳体、绝热层之间的牢固粘接。

经过材料的挤出性研究后,在大直径模拟发动机壳体上进行了带缠绕工艺演示,成功进行了全尺寸(Φ3 810 mm)试验壳体的绝热层带缠绕。最后对Φ1 219 mm 的试验发动机喷砂清理后的壳体进行了绝热层缠绕和热试车,考虑了燃气气流方向、带缠绕角度和方向对绝热层烧蚀性能的影响,结果发现没有明显的影响。

该技术已实用于欧洲 P80 发动机和 P120C 固体发动机,见图 6. 16。

3. 厚浆涂料绝热层制作工艺

厚浆涂料绝热层的粘接剂系统通常以橡胶为主,采用浇注、喷涂、泵挤压、刮涂或者涂抹工艺直接在发动机上成型,性能见表 6. 6。从表 6. 6 中可以看出厚浆涂料弹性体绝热层强度低,断裂伸长率有的较小。厚浆涂料绝热层虽已用于国外大力

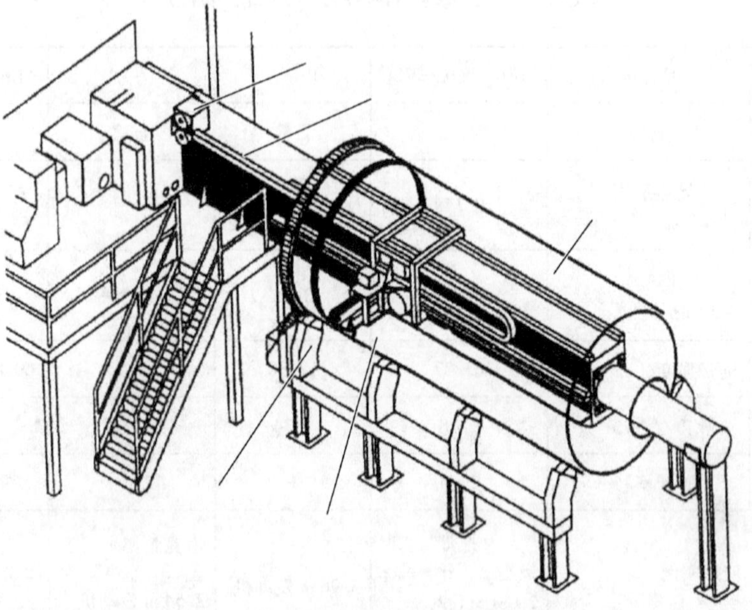

图 6.15　Aerojet 研制的带缠绕设备[12]

图 6.16　P120C 火箭发动机内绝热层缠绕成型

神等大型固体发动机上,但因制品中往往出现气泡,影响绝热层质量,需要采用针对性的工艺措施。

航空喷气战术系统公司自 20 世纪 70 年代开始研制厚浆涂料绝热层,并且成功应用于多种型号发动机。研究表明,厚浆涂料绝热相对于传统绝热,实施方便、设备简单,成本可降低 25%~50%。

表 6.6 国外厚浆涂料弹性体绝热层的性质

成分	黏合剂	NBR -聚硫-环氧	PBAA	—	PBAN -环氧
	填料	石棉	石棉	石棉	石棉
热性质	导热系数/[kcal/(m · h · ℃)]	0.178	0.147	—	0.193
	比热容/[cal/(g · ℃)]	0.33	0.36	0.34	0.36
物理性质	抗张强度/(kg/cm^2)	63.27	12.30	62.15	60.88~115.29
	密度/(g/cm^3)	1.18	1.34	1.31	1.41
	伸长率/%	2-5	1	38	69
使用实例		"大力神Ⅲ","北极星 A_3"第一级;260SL-1,2,3	TCC 直径为 3.96 m 发动机	洛克希德 · 马丁公司直径为 2.54 m 发动机	260SL-3

我国基于硅基绝热材料开展了可喷涂绝热材料的相关工作。该喷涂绝热材料添加耐烧蚀填料、固碳填料及少量助剂,具有力学性能良好、烧蚀性能优异等特点,且该绝热材料可室温固化。

图 6.17 为绝热喷涂后的表现,图 6.18 为绝热封头及人工脱粘层成型示意图。

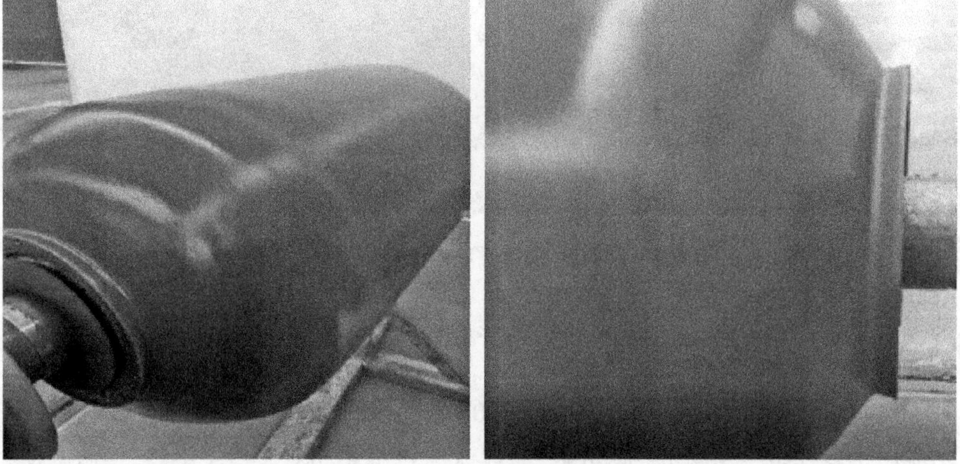

图 6.17 绝热喷涂后的表观

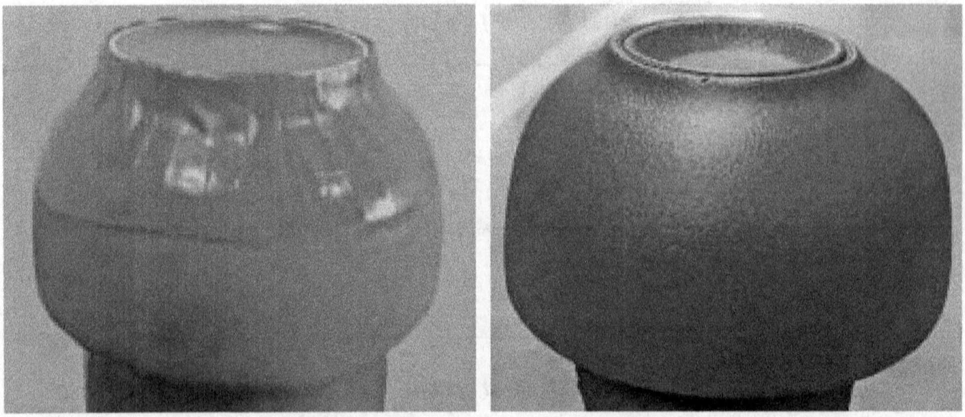

图 6.18　绝热封头及人工脱粘层成型示意图

6.1.6　绝热层制作质量检测

在绝热层制作过程中开展质量检测,保证制作质量,一般检测项目见表 6.7。

表 6.7　绝热层制作过程质量检测项目

序　号	项　目
1	绝热材料及界面粘接性能检验
2	贴片环境检验
3	制造过程检验
4	产品表观检查
5	产品内部质量
6	产品界面粘接质量检验
7	绝热结构厚度检测
8	产品接口尺寸及重量检验

1. 绝热材料及界面粘接性能检验

每台发动机燃烧室绝热结构制造时,制作随炉固化的绝热材料试样和粘接界面试样,材料批次和固化工艺与正式发动机保持一致,保证测试性能代表绝热结构性能,具体检测标准如表 6.8 和表 6.9 所示。

2. 贴片环境检测

应严控贴片环境温湿度及洁净度,保证贴片过程质量。

表 6.8 EPDM、T-1 绝热材料本体试样性能要求

序 号	测 试 项 目	参 考 标 准
1	密度/(g/cm^3)	QJ 917A-1997(EPDM) GB/T 1463-2005(T-1)
2	氧-乙炔线烧蚀率*/(mm/s)	GJB 323A-1996
3	拉伸强度/MPa	GB/T 528-2009
4	拉断伸长率	GB/T 1040.2-2006

表 6.9 EPDM、T-1 绝热材料粘接界面试样性能要求

序 号	测 试 项 目	参 考 标 准
1	扯离强度/MPa	QJ 2038.1A—2004
2	剪切强度/MPa	QJ 2038.2—1991

3. 制造过程检验

绝热层生产过程中，应该根据工艺特点要求，确定制作过程检验点，保证制作过程质量受控，如贴片搭接边应顺气流且均匀分布、贴片时涂刷胶黏剂应按要求进行晾制等。

4. 产品表观检查

产品表观检测含封头模压件及绝热结构表观检测，主要采取目视检测，要求如下所示。

前、后封头模压件：前后封头使用前应保证表观质量。前、后封头模压件表面平整、清洁无污，无多余物，不允许有鼓包(夹气)、裂纹、缺料、疏松、压伤、气孔、划伤、皱褶；

绝热结构：绝热结构随壳体交付前，检验绝热层表观质量，要求表面清洁无污，无多余物；盖层表面不允许凹陷、减薄、裂纹、孔洞、褶皱、凸起、鼓包；绝热层表面不允许存在夹杂、裂纹、缺料、疏松、划伤；绝热层表面凸起打磨至平缓过渡。

5. 产品内部质量

产品内部不允许有裂纹、分层及疏松、气孔等缺陷。检测方法主要有超声检测、X 射线检测及 CT 检测。

6. 产品界面粘接质量检验

前后封头模压件：采用超声波检测装置，对前、后封头各粘接界面进行检测；

绝热结构：采用 X 射线检测设备对前、后封头粘接面、人工脱粘层根部进行检测。

7. 绝热结构厚度检测

绝热结构依据成型特点,可以分别采取如下方法进行厚度检测。

前后封头底层、盖层厚度:盖层结构、底层结构及整体成型后的前后封头可以采取卡钳、超声测厚仪器等设备进行厚度检测。

盖层透光性检测:盖层厚度还可以采取透光性检测方法对厚度偏薄位置进行覆盖性检测。

绝热结构直筒段厚度:记录绝热结构各厚度处对应的石膏芯模外径和贴片后相应位置的绝热层外径,计算各段绝热层厚度。

8. 产品接口尺寸及重量检验

接口尺寸测量:用卡尺等普通量具检测,测量深度及内径结构尺寸。

人工脱粘层深度测量:分别沿母线测量前、后人工脱粘层根部距前、后开口距离。

称重:前后封头绝热层质量直接称重;根据前后封头绝热层质量、绝热层贴片质量计算绝热结构总质量。

6.2 人工脱粘层设计及制造

6.2.1 人工脱粘层设计

1. 人工脱粘层的作用和设计

固体发动机药柱固化及固化降温后,药柱产生收缩。当发动机药柱采取贴壁浇注方案,壳体束缚导致变形不协调,药柱及相关粘接界面会产生较大应力,严重时会造成药柱结构破坏或界面脱粘。人工脱粘层技术的突破有效地解决了该问题。

人工脱粘层是在贴壁式装药燃烧室的前、后封头口处绝热层与药柱之间界面上人为地制作的一个薄弱环节(即自由伸缩界面),它可以有效地使药柱与绝热层脱开,而不损害药柱的完整性。

人工脱粘层可以有效地避免药柱破坏。人工脱粘层的全部功能包括:

(1) 释放前、后封头绝热层与药柱间环境、载荷等因素引起的内应力,使整个药柱处于良好的受力状态,并使绝热层与壳体具有良好的粘接性。这种应力释放的情况,称为人工脱粘层的结构力学特性;

(2) 在固体发动机点火启动瞬变的压强作用下,人工脱粘层可使前、后封头(尤其是后封头)的受力状态得以改善,减缓冲击载荷引起的应力。

在固体发动机结构设计过程中,人们往往较多注意人工脱粘层的力学特性,而较少探讨人工脱粘层在发动机点火瞬变过程中的稳定性。人工脱粘层在发动机工作过程中的受力与环境条件影响因素之间关系十分复杂。例如,在点火瞬变加压过程中,壳体与药柱发生变形,存在壳体与药柱的弹性应力波传播速率的不一致性,以及冲击、振动等影响因素。设计中要精确计算分析这些影响因素十分困难。

2. 人工脱粘层的结构形式

人工脱粘层的结构形式有两种[13]:一种是三层结构,即底层、脱层、盖层,如图6.19所示;另一种是双层结构,即只有脱层和盖层,如图6.19所示。三层结构形式的人工脱粘的脱层材料大都采用泡沫橡胶,而双层结构形式一般都采用网格布、聚四氟乙烯薄膜。

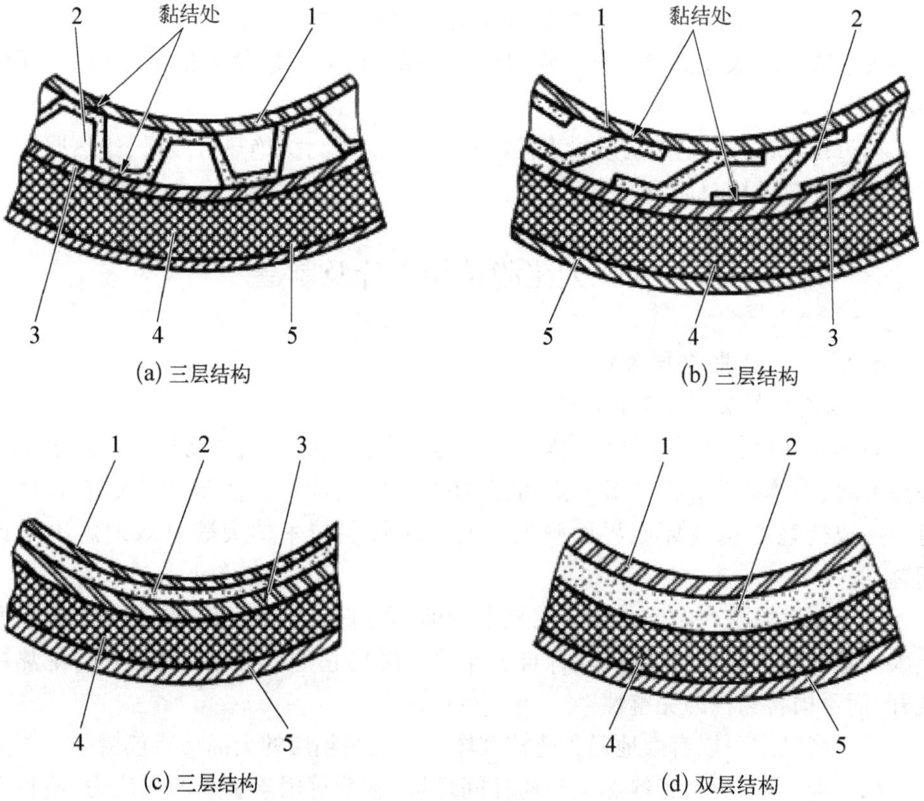

图 6.19 人工脱粘层的结构形式[13]

1 -盖层;2 -脱层;3 -底层;4 -绝热层;5 -壳体

人工脱粘层的盖层通过衬层与推进剂粘接,通过底层用胶粘剂与壳体粘接,二者根部连接在一起,当药柱发生形变时,盖层随药柱一起移动。

纤维缠绕壳体的人工脱粘层大都采用双层结构形式。其成型方法一般是随封头一同模压成型。

6.2.2 人工脱粘层制造

三层结构形式的人工脱粘层一般在绝热层硫化后成型。通常按制作单元，先将底层、盖层材料压制成片状，并根据壳体内型面情况把片材裁制成一定的形状。脱层材料裁制成20~50 mm宽的条状，如图6.19(a)与(b)所示，沿燃烧室壳体环向布设。正反两面分别与底层、盖层交替间断粘接，然后将成型好的每个单元逐一粘贴在绝热层上，使底层的外表面与绝热层的内表面相互粘贴牢靠，并排除粘接界面的空气，两个相邻单元的底层、盖层采用搭接方法粘贴（此处在制片时裁制倒角）。最后将伸向壳体内的一端的底、盖层相互粘接，粘接宽度一般要求大于50 mm。黏结强度应以在发动机点火后该处不被热燃气冲击而破坏为原则，伸向壳体外的一端用适当的绝热层或衬层片材将开口处封住。封口时应尽量地排除脱层内部的多余空气，使盖层尽量地与底层相互吻合，使人工脱粘结构在浇注过程中始终处于良好状态，以保证推进剂药浆不落入脱层内。

双层结构人工脱粘层如图6.19(d)所示，一般是在绝热层粘贴后未固化之前，直接成型于燃烧室内绝热层上。首先在预定部位固定脱层材料，然后直接粘贴盖层，同样，将伸向壳体内的一端与绝热层粘贴牢靠。衬层制作前，同样应将开口处封住，即可进行衬层的成型及后续装药。

6.2.3 人工脱粘层制造检验

人工脱粘层制造质量检测一般包括人工脱粘层深度检测及粘接质量检测。

(1) 深度检测。针对两层结构人工脱粘层，脱粘层深度检测一般采用软尺沿燃烧室母线检测脱粘层开口到脱粘层根部的母线距离；对于特定结构人工脱粘层，不便于软尺测量的情况，也可以通过X射线检测，直接获取脱粘层根部位置。脱粘层深度不足，则药柱固化及降温等应力释放不充分，药柱结构完整性存在风险；脱粘层深度过大，盖层与底层粘接宽度不足，则存在盖层与底层脱粘风险，发动机工作时，燃气可能从人工脱粘层进入，意外接触并引燃药柱。

(2) 粘接质量检测。盖层与底层粘接质量检测一般采取超声检测方法。当人工脱粘层与绝热封头模压件一同制作时，还可以采取本体取样的方法进行粘接质量检测。

6.3 衬层设计及制造

6.3.1 衬层设计

不同的固体火箭发动机有着不同的用途，但对固体推进剂包覆层（衬层）而言,一般有以下基本要求。

1. 衬层与推进剂具有良好的相容性

相容性指衬层材料对推进剂化学安定性和热安定性的影响程度,以及推进剂与衬层相接触时抵抗双方溶剂的迁移程度。相容性的好坏是选用衬层材料的前提。

相容性包括化学相容性和物理相容性:化学相容性是指衬层的组分与推进剂的组分之间不发生化学反应,不影响推进剂的化学安定性。物理相容性是指推进剂中的增塑剂组分向衬层迁移和衬层中的增塑剂组分向推进剂中迁移。对于复合推进剂而言,指增塑剂和二茂铁类燃烧催化剂向衬层迁移。迁移的后果是推进剂燃速降低,弹道性能改变,衬层阻燃性能和力学性能下降,衬层内应力增加而导致脱粘。它往往是推进剂装药使用寿命缩短的主要原因。

2. 衬层要有较好的力学性能

衬层必须具有足够的力学性能,才能保证运输及点火冲击时不会发生破坏。衬层包覆后的装药在储存和使用过程中要承受各种应力,如储存期间因环境温度变化而产生的热应力;因推进剂自身质量或装药结构而造成的内应力;在运输、发动机点火和火箭飞行过程中的振动、冲击等过载产生的应力等。衬层只有具备较好的力学性能,才能防止在应力作用下开裂损伤。

对于自由装填装药,衬层的线膨胀系数应与推进剂的相近,以减少由于温差造成的界面应力,防止衬层开裂或界面脱粘。对于贴壁浇注装药的衬层,由于发动机金属壳体膨胀系数要比聚合物或推进剂的小得多,当推进剂固化冷却时,壳体与衬层的界面产生很强的应力,所以,对衬层的拉伸强度和延伸率要求更高。一般要求衬层的拉伸强度和延伸率大于推进剂的拉伸强度和延伸率。

3. 衬层与推进剂应有良好的粘接性能

衬层与推进剂两者接触面上必须有足够的粘接强度,才能经受高速高压燃气流的冲刷。否则,燃气进入粘接界面,会使燃面突然增大,造成发动机工作不正常,甚至爆炸。

衬层与推进剂的粘接有两种类型:衬层材料直接与推进剂粘接;利用粘接剂将衬层材料与推进剂粘接在一起。前者的粘接方法有:衬层材料加热挤塑到推进剂表面;将衬层材料溶解到溶剂中,配成溶液后,浸渍、涂刷或喷涂到药柱表面;用作衬层的聚合物单体或预聚体浇注到装有药柱的模具中再使之固化等。后者的粘接方法有利用溶剂将衬层材料缠绕到药柱表面,之后溶剂挥发;借助粘接剂采用缠绕、涂布、贴片等方法将衬层粘接到推进剂表面。

衬层材料与推进剂组分中的粘接剂结构相近,则具有良好的粘接强度。选择抗硝化甘油迁移的聚合物作为衬层材料,往往与推进剂粘接性能差,借助于粘接剂才能获得良好的粘接性能。

4. 衬层与推进剂应有良好的抗老化性能

发动机装药在长期储存时，衬层中的高聚物产生降解使衬层强度降低，严重时出现龟裂、变脆、变软等不良现象，极大地影响装药的使用寿命。因此，只有衬层材料有很好的抗老化性能，才能保证装药的储存可靠性和延长使用寿命。

影响老化的因素主要为组分迁移导致发生界面作用：衬层中微量杂质、衬层加工成型工艺的影响及温度、湿度、日光和海水侵蚀等外界因素等，特别是光氧化降解的作用影响更甚。因此，需要针对这些影响因素开展研究，以确定衬层材料及装药的储存条件。

5. 衬层应具有良好的工艺性能

选择易于控制衬层质量的加工工艺，是保证大批量生产的前提。一般要求衬层的加工工艺简单，尽量地实现机械化、自动化，从而保证衬层的质量稳定，性能一致。

衬层的组分要求无毒、无腐蚀性，所用粘接剂或溶剂的蒸气对人的眼睛或呼吸系统刺激性小，以利于操作者身体健康。除上述衬层应具备的基本性能外，对于少烟或无烟推进剂装药，还要求衬层燃烧时烟雾少，这样有利于制导。

6.3.2 衬层材料选择

端羟基聚丁二烯复合推进剂药柱主要采用端羟基聚丁二烯绝热衬层。它是由丁羟胶、甲苯二异氰酸酯、氮杂环膦化氧、补强剂 N、N-双(2-羟丙基)苯胺、耐烧蚀填料、三乙醇胺和癸二酸二辛酯等组成。该衬层适用于壳体粘接式复合推进剂装药，既可作为侧面衬层，又可作为端面衬层。它的原材料来源广泛，工艺性能好。

丁羟胶组成的绝热衬层，具有良好的抗硝酸酯迁移特性，也可作为硝酸酯增塑聚醚推进剂装药绝热衬层。

6.3.3 衬层制造

衬层包覆工艺包括三方面的内容：一是衬层料浆配制；二是将衬层均匀涂覆在绝热壳体的内表面；三是衬层预固化。

1. 衬层料浆配制

衬层料浆配制是将组成衬层的配方组分按规定的加料顺序加入混合机中，按预定的时间和转速混合均匀的过程，必要时可加入适量的溶剂，将衬层料浆稀释至满足工艺要求的黏度。

少量衬层料浆的配置也可以采用手工混合完成。

2. 衬层涂覆

衬层的主要功能是确保绝热层(或壳体)和推进剂之间不发生脱粘。但因衬层材料也是固体发动机消极质量的一部分，在确保界面粘接可靠的情况下，衬层的厚度不宜过厚，一般为0.5~1.0 mm，通常通过控制衬层的涂覆量来控制厚度。衬层涂覆工艺的任务就是按设计的厚度将衬层均匀涂覆在绝热层或壳体的内表面，并预固化，既要防止衬层流挂，也要防止推进剂真空浇注过程中衬层鼓泡而出现质量问题(如脱粘等)。

衬层包覆工艺包括绝热壳体烘干除水、衬层涂覆和衬层预固化等过程。

1）烘干除水

烘干的目的是确保绝热层中的水分或其他物质对界面粘接性能不会产生有害的影响。因此，绝热壳体的烘干条件根据绝热材料的性质和壳体绝热情况进行决定。由于发动机中各部位的绝热层厚度不同，烘干条件的确定应以绝热层的脱水特性及最大厚度为依据，通常以一定温度下烘若干小时来表示。

2）衬层涂覆

衬层涂覆的方法比较多，包括气动喷涂、离心抛涂和刷涂等。

(1) 气动喷涂。气动喷涂时，先将绝热壳体安装在喷涂加热炉中，并以一定速度旋转。采用压缩空气把料浆从储料罐压出送到喷嘴处，同时采用另一路压缩空气使其雾化。通过喷涂车的前进、后退，以及喷枪的摆动，将雾化后的料浆均匀分散在绝热壳体内表面。通过控制喷涂的次数和重量来实现发动机不同部位衬层厚度的控制。气动喷涂过程可以通过程序控制实现，主要控制喷涂车的速度、壳体旋转的速度、衬层料浆的黏度，以及喷涂压力、温度等参数。

(2) 离心抛涂。离心抛涂是通过高速旋转将衬层料浆均匀抛撒于发动机燃烧室内表面的一种包覆工艺，分为立式离心包覆和卧式离心包覆两种方式。立式离心包覆主要适用于发动机带有弧度的头部和尾部的包覆，卧式离心包覆适用于发动机筒体部分的包覆。两种离心包覆工艺基本相同。首先将保温罩升至合适的温度，然后将包覆料浆分次放入发动机内或抛涂盘中，开动离心旋转装置，借助离心力将衬层抛开并均匀涂覆。包覆过程分多次进行，主要控制温度、转速和时间，关键要控制好衬层料浆的黏度，太稠衬层料浆不易流动，难以涂匀；太稀衬层料浆易流挂。通常采用溶剂将其调至合适的黏度。

(3) 刷涂。刷涂工艺适用性强，尤其适用于直径较小、长径比大等难以喷涂的发动机。刷涂可以采用无溶剂或少溶剂料浆。刷涂后将包覆壳体置于保温罩内，保持壳体以一定的速度旋转，防止衬层流挂，直至达到半固化状态。

3）衬层预固化

衬层预固化的目的是保证推进剂药浆真空浇注过程中衬层不会出现流挂、堆积、鼓泡等可能造成质量问题的现象。因此，衬层预固化的程度，即半固化状态的控制，是衬层包覆工艺中最重要的工作。

衬层预固化程度是控制衬层流挂、堆积、鼓包等与包覆质量有关的工艺参数，传统的衬层半固化状态以“黏手不拉丝”来进行定性判断。因此，实际上的预固化程度控制因人而异,由此产生的装药质量问题也时有发生。最新研究表明,一种比较科学的方法是采用直接测量衬层表面的黏附力来进行定量监测,并以某一时刻的黏附力不高于上一时刻的黏附力来判断衬层是否已达到半固化状态。

6.3.4 衬层制造检验

发动机衬层制造时,采用衬层制作同批材料,以相同或相近工艺历程,制作如下试样(表6.10和表6.11),对衬层制造质量进行检测。

表6.10 衬层随机本体试样性能要求

序号	测试项目	单位	参考标准
1	密度	g/cm³	QJ 917A—1997
2	拉伸强度	MPa	QJ 916—1985
3	扯断伸长率	%	QJ 916—1985

表6.11 衬层粘接界面试样性能要求

序号	测试项目	界面类型	单位	参考标准
1	扯离强度	绝热层/衬层界面 衬层/推进剂界面	MPa	QJ 2038.1A—2004
2	剪切强度			QJ 2038.2—1991

6.4 绝热结构验证试验

6.4.1 烧蚀率验证试验

目前,固体火箭发动机绝热材料的烧蚀性能评估主要采用氧-乙炔烧蚀试验。氧-乙炔试验以稳定的氧-乙炔焰为稳定热源,将约3 000℃的焰流以90°角冲烧到圆形试样上,对试样进行烧蚀,同时测量试样表面温度变化和烧蚀时间,测量烧蚀后试样厚度和质量的变化。氧-乙炔试验不仅用于材料初步筛选,还用于生产过程中绝热材料性能检验。

为了进一步地评估绝热材料在实际固体火箭发动机环境中的烧蚀性能,还会采取小尺寸发动机试车的方法。图6.20和图6.21为国外介绍的两种小尺寸的测试发动机[2]。这两种测试发动机的优点在于一次性获取不同燃气气流冲刷速度下的绝热层实际烧蚀率。测试结果不仅可以用于评估绝热层材料,还可以为全尺寸发动机绝热层设计提供依据。采用小尺寸测试发动机绝热层烧蚀率来开展全尺寸发动机绝热层设计时,应充分地考虑流场环境的差别。

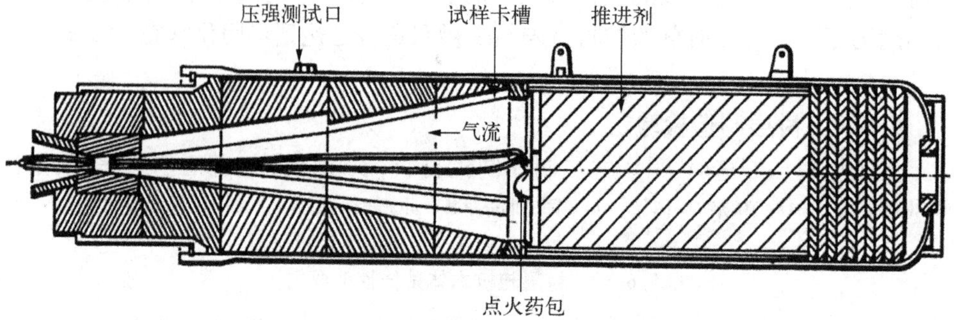

图 6.20　绝热层烧蚀率测试发动机构型 1 [2]

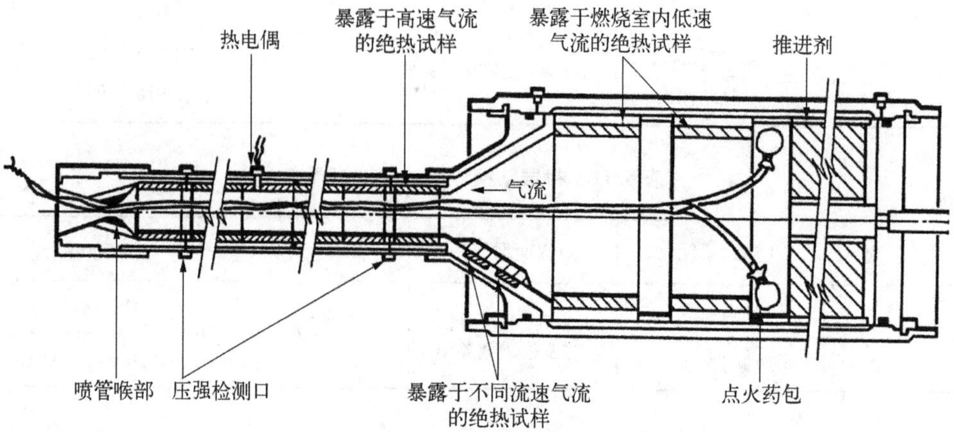

图 6.21　绝热层烧蚀率测试发动机构型 2 [2]

6.4.2　过载烧蚀试验

发动机在飞行条件下工作时,燃气中的粒子可能在轴向及横法向飞行过载作用下冲刷发动机后段绝热层,造成后段绝热层烧蚀情况与地面状态存在较大的差别。

1. 弯管冲刷试验

弯管冲刷试验是目前国内用于评估绝热层在粒子冲刷情况下烧蚀率的主流方法之一[14]。为了达到地面状态下评估发动机绝热层在飞行条件下烧蚀率的目的,采取的方法为:通过发动机两相流仿真确定飞行条件下发动机绝热层位置的燃气粒子浓度、速度等,按此粒子冲刷参数设计弯管试验发动机,使弯管试验发动机中的粒子冲刷参数与发动机预期考核状态一致,示意图见图 6.22。通过弯管试验获得绝热层烧蚀率,用于评估飞行条件下发动机后段绝热层烧蚀率。

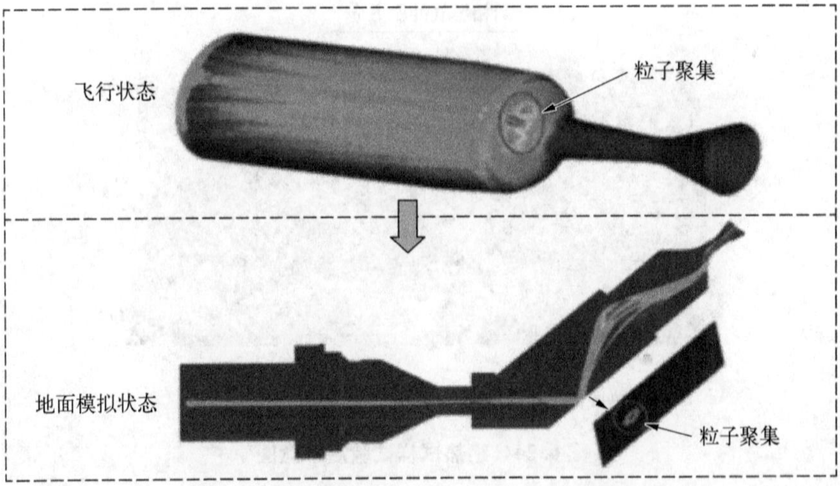

图 6.22　弯管发动机设计思路示意图[14]

弯管发动机由调节顶杆组件、燃烧室组件、收敛段组件、试验段组件、喷管组件五部分组成，如图 6.23 所示。当燃烧室内产生的两相流燃气经过收敛段时，粒子被聚集加速，形成稠密粒子流，在试验段以一定的浓度、速度和角度冲刷绝热层试件。通过更换不同直径的调节环和不同转折角的试验段组合可以模拟不同浓度、速度和角度下的冲刷状态。

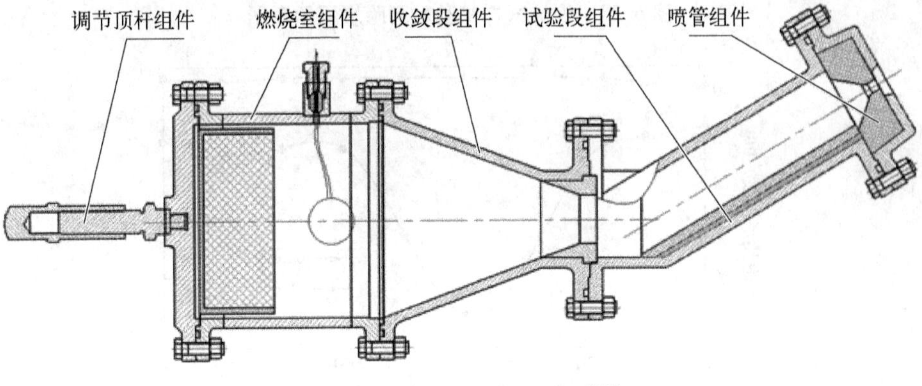

图 6.23　弯管发动机示意图[15]

某绝热材料弯管试验结果示意见图 6.24，可以看出在两相燃烧产物的高温作用下，绝热层表面炭化十分严重，并且伴随着两相燃烧产物的冲刷，部分炭化层被剥蚀。图中强冲刷区域对应调节环出口处的稠密两相燃气直接冲刷的位置，此处的绝热层烧蚀尤为严重。从剥除烧蚀炭化层后的残余绝热材料可以看出，在燃气直接冲刷区域存在明显的凹坑，如图 6.25 和图 6.26 所示。

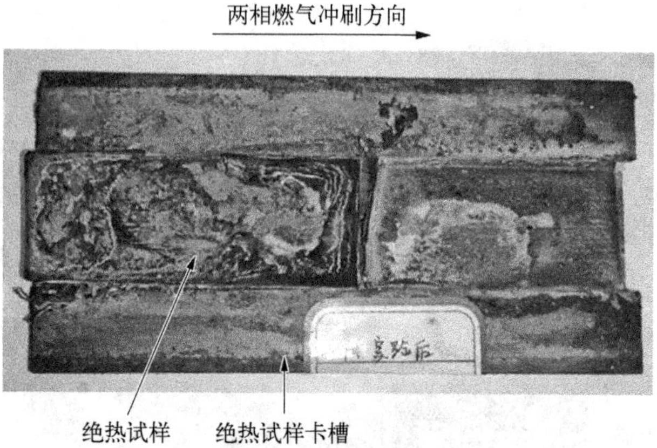

图 6.24　绝热试样试验后示意图

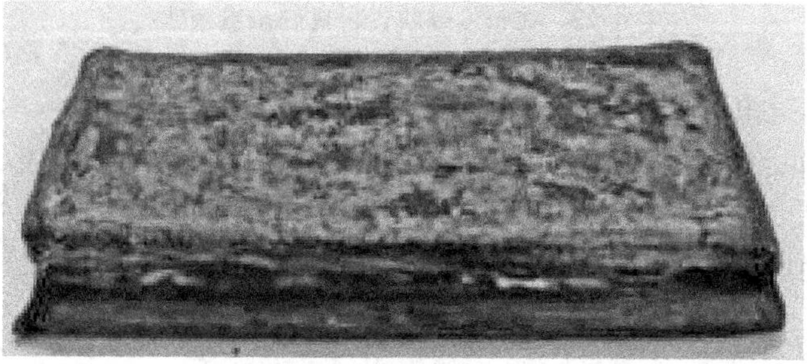

图 6.25　绝热试样试验后剥除炭层示意图

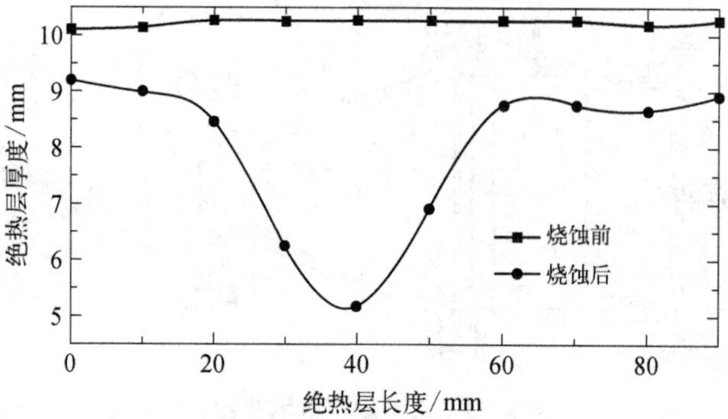

图 6.26　试验前后沿燃气流动方向绝热层厚度曲线示意图

受试验原理及目前常规试验工装规模和成本限制，弯管试验仍存在如下缺陷。

(1) 为保证粒子冲刷状态与正式发动机一致，通过两相流仿真获得弯管试验参数。受粒子分布及仿真精度的影响，目前无法精确识别仿真结果和试验状态的实际差异，对绝热层在粒子冲刷条件下的烧蚀情况影响未知。

(2) 在固定的试验工装下,弯管试验中的粒子速度与浓度相互关联,不能单独变化,可能造成验证状态与实际状态存在差别。

(3) 弯管试验的粒子冲刷状态与潜入喷管结构发动机存在较大差别,因此,难以准确模拟潜入喷管结构下发动机后段绝热层烧蚀情况。

尽管存在以上缺陷,但弯管试验可以较低成本(准备时间短,工装可复用,单次试验耗材成本低)提供固体火箭发动机粒子冲刷燃气环境,目前仍是考核绝热层在粒子冲刷情况下烧蚀最常用的试验方法。

2. 地面旋转试车试验

地面旋转试车试验[16]利用离心运动原理,模拟发动机工作过程中的横法向过载。以离心加速度来模拟空中的横向过载时,定轴转动中粒子在发动机内部受到科氏加速度的影响。以发动机为参考坐标系,粒子所受加速度载荷情况如下所示。

轴向加速度按式(6.23)计算:

$$a_t = r \cdot \omega^2 \cdot \sin\beta \tag{6.23}$$

侧向加速度按式(6.24)计算:

$$a_n = r \cdot \omega^2 \cdot \cos\beta \tag{6.24}$$

哥氏加速度按式(6.25)计算:

$$a_K = 2\omega \times v \tag{6.25}$$

式中,ω 为旋转角速度,单位为 rad/s;r 为粒子所在位置半径,单位为 m;β 为发动机安装倾斜角度,单位为 rad。

由于哥氏加速度 a_K 的存在,旋转试验中粒子分布和真实飞行状态下存在差别。虽不能准确反映飞行过载状态下发动机内粒子的分布情况,但可以通过理论计算对试验结果进行修正。目前,一般认为通过地面旋转过载试验考核的发动机热防护设计也能通过空中飞行试验考核。

立式旋转试验台由试验发动机、配重发动机、电机拖动系统、制动系统、轴承、悬臂支架和等组成,如图 6.27 所示。试验时,将试验发动机固定在试验架悬臂上,通过传动系统带动悬臂旋转,从而将离心载荷作用在发动机上。调整悬臂长 r(测量点到中心轴线距离)、旋转轴的旋转角速度 ω 及发动机与旋转轴的夹角 β,可进行多

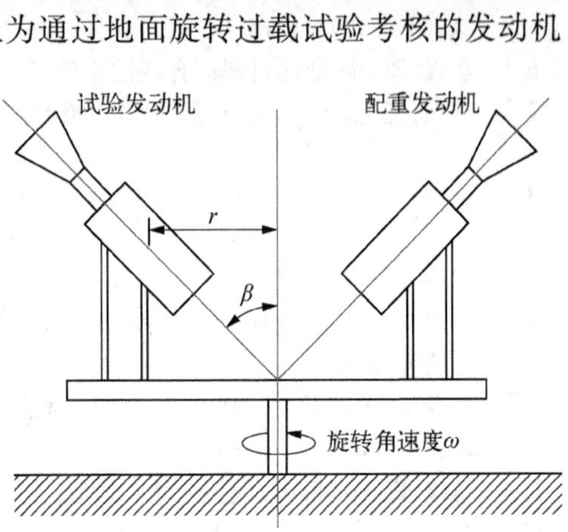

图 6.27　发动机旋转试验台示意图

点测量、多过载值的模拟。

6.4.3 正式产品解剖验证

发动机地试或飞试后,对发动机残骸进行解剖,确定绝热层剩余厚度,能够获取发动机实际工作情况下绝热层烧蚀率数据,是对绝热层烧蚀防热设计最直接的验证,另外,通过发动机残骸解剖,还能获取燃气中粒子在燃烧室内的沉积情况。

发动机绝热解剖一般沿着指定象限角度(如Ⅰ、Ⅱ、Ⅲ、Ⅳ象限线位置),测量剩余厚度。根据绝热层制作厚度,计算绝热层各部位烧蚀量,进而根据不同位置的暴露时间,确定绝热层烧蚀率。

发动机地试时,朝地象限可能存在发动机工作结束段的粒子沉积,造成烧蚀率偏大;朝天象限在发动机工作结束后,会受到后效燃烧产生燃气上浮后的烘烤,造成烧蚀率偏大。故一般确定靠近水平角度位置的绝热层烧蚀情况计算绝热层地面试验烧蚀率。

发动机飞试时,根据横法向过载方向确定粒子冲刷角度位置,除在规定解剖角度位置外,通常在粒子冲刷角度位置增加解剖,以获取过载作用方向下的绝热层烧蚀率。

参考文献

[1] 李兆民. 固体火箭发动机燃气温度测量研究[J]. 推进剂技术,2012,35(1):148-153.

[2] Twichell S E, Keller R B Jr. Solid rocket motor internal insulation[R]. NASA-SP-8093, 1976.

[3] 陈汝训. 固体火箭发动机设计与研究[M]. 北京:中国宇航出版社,1991.

[4] 丘哲明. 固体火箭发动机材料与工艺[M]. 北京:中国宇航出版社,1995.

[5] 魏超,侯晓,潜入喷管背壁区熔渣沉积的机理分析与数值模拟[J]. 航空动力学报,2006,21(6):1109-1115.

[6] 李强. EPDM绝热材料耦合烧蚀模型[J]. 固体火箭技术,1991,6(3).76-82.

[7] 李强,杨飒,李江,何国强. EPDM绝热材料耦合烧蚀模型[J]. 固体火箭技术,2012,35(1):114-122.

[8] Jasper Lal C, Sridharan P, Krishnaraj K, et al. Investigation of slag accumulation in solid rocket motors[C]. San Jose: 49th AIAA/ASME/SAE/ASEE Joint Propulsion Conference, 2013.

[9] 苗志文. 分段式固体火箭发动机粒子沉积及扩张段粒子冲刷研究[D]. 西安:航天动力技术研究院,2017.

[10] 秦少东,田维平,王健儒,等. 分段式固体发动机颗粒沉积规律研究[J]. 固体火箭技术,2018,41(6):671-676.

[11] 傅政. 橡胶材料与工艺学[M]. 北京:化学工业出版社,2013.

[12] 张永侠,贾小峰,苏昌银. 固体火箭发动机装药与总装工艺学[M]. 西安:西北工业大学出版社,2017.

[13] 谭惠民. 固体推进剂化学与技术[M]. 北京：北京理工大学出版社,2015.
[14] 许团委,陆贺建,王健儒,等. 稠密粒子流作用下三元乙丙绝热材料烧蚀性能分析[J]. 推进技术,2018,39(12)：2845-2852.
[15] 田维平,许团委,王健儒,过载下燃烧室粒子特性与绝热层烧蚀研究进展[J]. 固体火箭技术,2015,38：30-36.
[16] 刘世东. 过载对固体火箭发动机影响的研究[J]. 航空兵器,2006,6：42-44.

第 7 章
大型固体火箭发动机喷管技术

7.1　大型固体火箭发动机喷管功能和分类

7.1.1　喷管功能和作用

喷管是使固体火箭发动机燃烧室中产生的高温、高压燃气膨胀加速排出，进而产生推力的能量转换装置，其通常位于发动机的尾部，由收敛段、喉部和扩张段三部分组成，典型喷管结构示意图如图 7.1 所示。固体火箭发动机喷管不同于液体火箭发动机喷管，它是一种非冷却结构，在工作过程中，喷管需要承受极高的温度（高达近 4 000 K）和压强（高压强能到 20 MPa 量级），对其抗烧蚀、热防护、热结构设计及采用的材料要求很高。

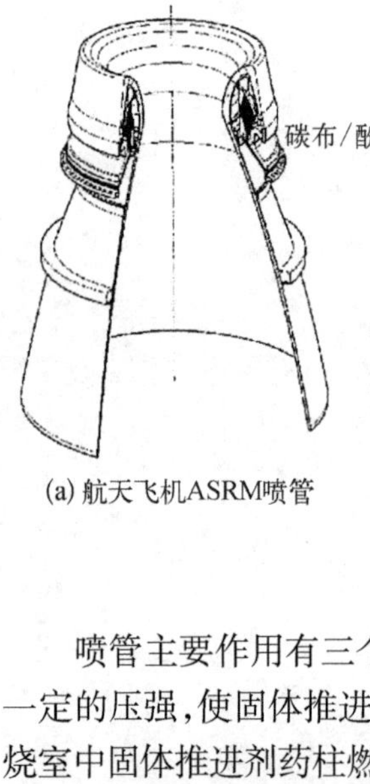

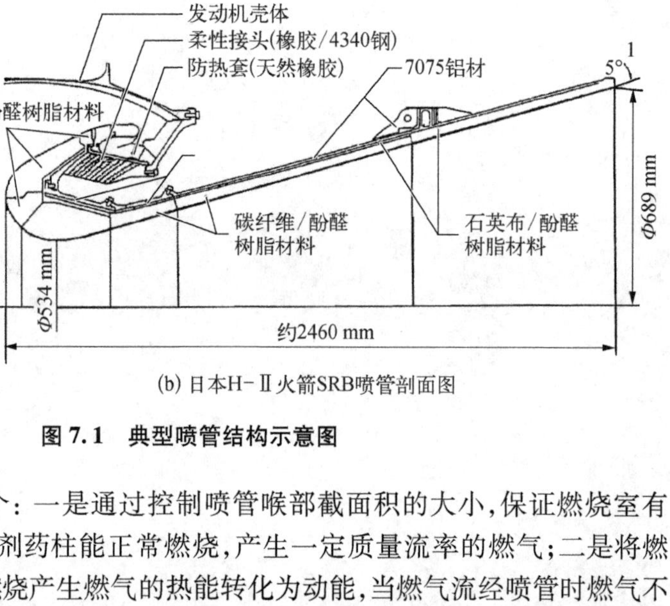

图 7.1　典型喷管结构示意图

喷管主要作用有三个：一是通过控制喷管喉部截面积的大小，保证燃烧室有一定的压强，使固体推进剂药柱能正常燃烧，产生一定质量流率的燃气；二是将燃烧室中固体推进剂药柱燃烧产生燃气的热能转化为动能，当燃气流经喷管时燃气不断加速，最后以高速从喷管出口排出，形成发动机的推力；三是为了控制火箭的飞行姿态，通过喷管来实施推力方向控制。另外，为适应火箭的特殊要求，部分喷管采用特殊结构或其他装置来改变喷管喉部面积的大小，实现对推力大小的调节。

7.1.2　典型大型固体火箭发动机喷管

由于大型固体火箭的推力增大，装药量增加，喷管流量随之增大，大型固发喷管的尺寸向大型化方向发展，工作时长也大幅增长。表 7.1 列出了各国典型的大型固体火箭发动机喷管主要指标。大型固体火箭发动机喷管的喉径通常在 300～1 500 mm，工作时长为 100 s 左右，重量一般为 2～10 t，大部分喷管具备推力矢量控制能力，且目前世界上直径超过 3.0 m 的大型固体火箭发动机主流的推力矢量控制方式为柔性喷管。图 7.2 和图 7.3 为国外大型固体火箭发动机的喷管。

表 7.1　世界各国大型固体火箭发动机喷管主要指标

喷 管 名 称	发动机直径/m	喷管喉径/mm	喷管总质量/t	工作时间/s	推力矢量控制方式
美国航天飞机 RSRM 喷管	3.7	1 384	10.23	120	柔性接头
美国航天飞机 ASRM 喷管	3.7	1 384	8.23	120	柔性接头
日本 H－Ⅱ火箭 SRB 喷管	2.5	534	2	85	柔性接头
阿里安－5 火箭 MPS－A 型喷管	3.05	900	6.4	130	柔性接头
阿里安－5 火箭 MPS－B 型喷管	3.05	900	6.1	130	柔性接头
欧洲织女星 P80 喷管	3.0	496	2.2	109	柔性接头
欧洲织女星 P120C 喷管	3.4	577	2.7	135	柔性接头
印度 PSLVS－138 喷管	2.8	836	—	100	液体二次喷射
印度 S200 助推器喷管	3.2	886	—	130	柔性接头

(a) P80发动机喷管

(b) S－138发动机喷管

图 7.2　国外大型固体火箭发动机喷管

大型固体火箭发动机尺寸和工作时间增加后，烧蚀量和热应力的升高对喷管的耐烧蚀性能和热结构完整性提出了更高的要求，与此同时，大尺寸喷管的轻量化设计对发动机性能提升也至关重要。此外，对一些需要特殊矢量控制的发动机，喷管气动载荷的大幅增加对推力矢量控制装置的设计也提出了更大的挑战。

图 7.3　欧洲 P120C 大型固体火箭发动机及其喷管

7.1.3　喷管的分类和典型结构形式

根据喷管不同结构、功能及特点，有多种不同的分类方法。根据喷管是否摆动，喷管可分为固定喷管和推力矢量控制喷管两大类。

1. 固定喷管

根据喷管收敛段在发动机燃烧室外还是燃烧室内，喷管可分为非潜入喷管和潜入喷管，见图 7.4。非潜入喷管中又有长尾喷管等特种喷管。

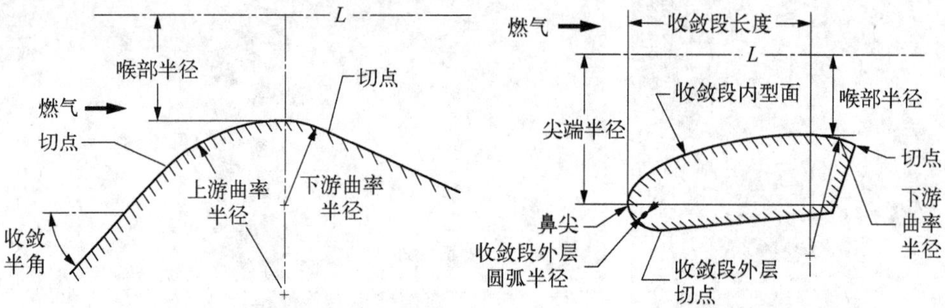

(a) 非潜入喷管　　(b) 潜入喷管

图 7.4　两种喷管形式

2. 推力矢量控制喷管

为了得到足够的控制力矩,大型固体火箭发动机大多装备了全轴摆动单喷管,可以说摆动喷管是提升大型固体火箭发动机性能的关键技术。目前已在大型固体火箭发动机上得到成熟应用的摆动喷管主要有柔性喷管和液体二次喷射喷管,而其他摆动喷管,如结构简单、空间紧凑的球窝喷管,则在中、小型固体火箭发动机上得到了广泛应用。

表7.2列出了几种典型推力矢量控制喷管技术路线的优缺点。目前世界各国主要采用结构轻、工作可靠性高的柔性全轴摆动喷管方案,也有采用珠承和球窝全轴摆动喷管方案的,早期采用过的单轴四喷管摆动、液体或燃气二次喷射方案已经很少应用。下面主要介绍在大型固体火箭发动机上有过实际应用的柔性喷管和二次喷射喷管。

表7.2　几种典型推力矢量控制喷管技术路线优缺点

系　统	优　点	缺　点
球窝/珠承喷管	摆动结构尺寸包络小; 摆动角度大; 摆心位置设计灵活; 密封圈处偏转较小并且阴阳球面压力分布均匀	库仑力矩大; 摩擦力矩不可预测; 动密封问题难以解决; 需要加装防扭装置; 轴向推力损失大
液体二次喷射喷管	液体喷射可增加轴向推力; 发射前需要的检查较少; 高响应速度	偏转推力较小; 液体燃料不适合长期储存; 控制调整的灵活性很低
液体轴承喷管	内型面没有分离线; 推力损失小; 摆动角度大; 无密封问题; 较快的响应速度; 结构空间需求小; 较低的弹性力矩	液体轴承需要严格的热防护,可靠性低; 在不受工作压强的条件下转动刚度太低; 摆心随着燃烧室压强和摆角不断变化; 在非设计压强下会产生一定偏斜角,需要通过地面试验修正
柔性喷管	内型面没有分离线; 摆动角度大; 摆心位置设计灵活; 推力损失小; 不存在动密封问题; 能够被应用在深潜入喷管上; 高响应速度; 质量轻	接头需要进行热防护设计; 存储过程中弹性件需要进行保护措施; 柔性接头只能受压应力; 根据所受压强大小和摆动角度,会发生一定程度的摆心漂移; 在非设计压强下会产生一定偏斜角,需要通过地面试验修正

1) 柔性喷管

柔性喷管通常有前摆心及后摆心两种结构,摆心在喷管喉部下游称为后摆心柔性喷管,如图7.5所示,摆心在喷管喉部上游称为前摆心柔性喷管,如图7.6所示。两者各有优缺点。前摆心柔性喷管在结构质量、活动空间上优于后摆心柔性喷管;前摆心柔性喷管要求作动器行程大而作动力小,后摆心刚好相反。后摆心柔性喷管容易做到深潜入,有利于减小发动机长度。后摆心柔性喷管摆心离全弹质心较远,与前摆心相比,同样摆角下,能产生较大的控制力矩。目前后摆心柔性喷管应用范围远大于前摆心喷管,国内外现有绝大多数柔性喷管采用后摆心方案,见图 7.7 所示航天飞机 ASRM 发动机的后摆心柔性喷管。

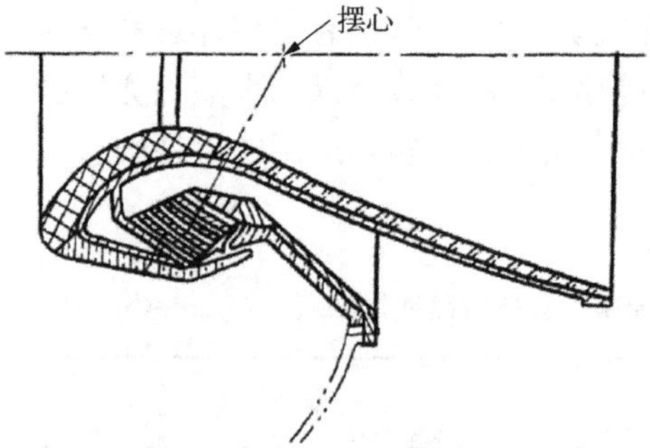

图 7.5 后摆心柔性喷管方案

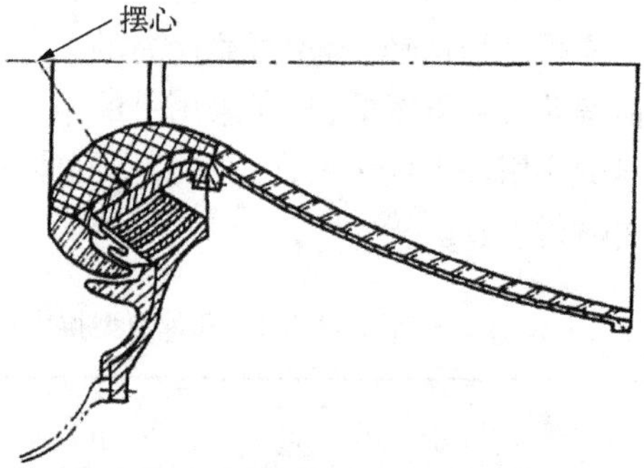

图 7.6 前摆心柔性喷管方案

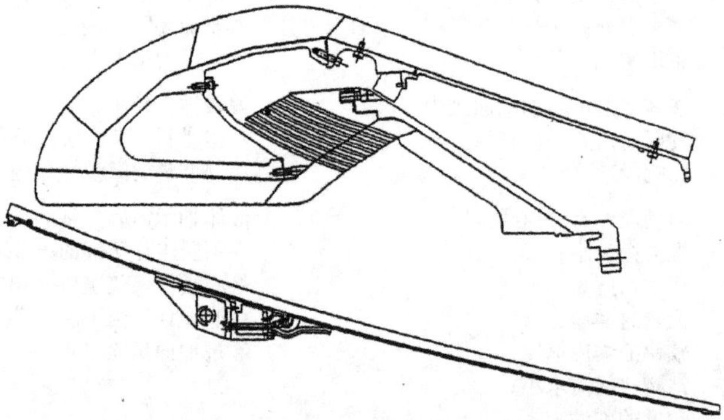

图 7.7 美国航天飞机 ASRM 发动机柔性喷管结构简图

2）二次喷射喷管

二次喷射是通过固体火箭发动机喷管扩张段上的小孔向超声速燃气流喷射第二股流体(液体或气体),当喷管中超声速燃气受到第二股流体干扰后,产生斜激波,超声速燃气通过斜激波面后,气流方向发生偏转,使排气方向与喷管轴线成一定的夹角,从而产生侧向力。二次喷射产生的侧向力一般较小,同时由于系统结构较为复杂,消极质量较大。目前国际上使用二次喷射作为推力矢量控制的大型固体火箭发动机有印度 PSLV 火箭的一级 S－138 固体火箭发动机,其结构图示意图如图 7.8 所示。该发动机喷管采用液体二次喷射形式提供侧向力,工质为高氯酸锶,在工作时,24 个喷射孔通过伺服活门进行控制,将铝合金储罐中液体挤压入喷管扩张段超声速燃气流中产生斜激波,使扩张段壁面形成不对称压强,从而产生侧向推力。

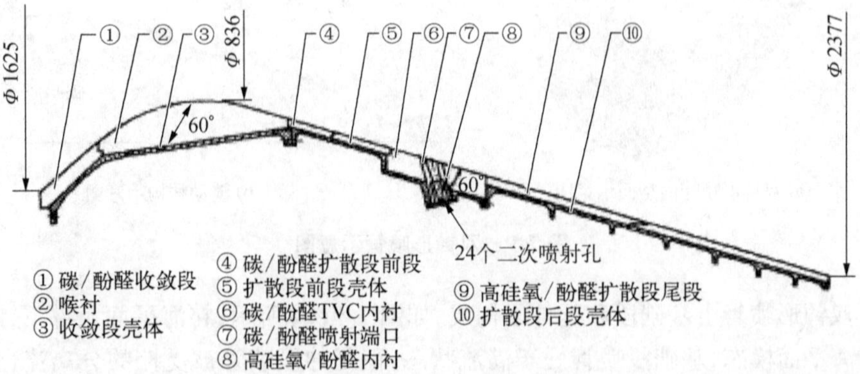

图 7.8　PSLV 火箭的一级 S－138 发动机喷管结构示意图

3. 高度补偿喷管

传统固定型面的喷管只在设计工作背压下才能处于最佳工作状态。但是,作为为航天运载提供推力的部件,其工作高度是随着运载器一同不断发生变化的。随着高度的增加,大气环境压力逐渐偏离喷管设计出口压力,导致喷管往往无法工作在最佳状态。环境背压比出口压力大时,喷管工作处于过膨胀状态,严重时喷管内会出现流动分离现象,危害喷管安全性;当环境背压小于出口压力时,喷管工作在欠膨胀状态下,此时流体膨胀不完全,会造成较大的能量损失。为解决这个问题就需要能够实现自适应背压变化的高度补偿喷管,这也是国内外火箭发动机的重要研究方向。高度补偿喷管的主要形式有采用型面突变的绊环喷管、双钟形喷管和台阶喷管,采用变几何结构的延伸喷管、内嵌式喷管,采用射流的尾部二次流喷管、通风喷管、缝隙喷管、双模态喷管,以及具有连续高度补偿能力的塞式喷管和膨胀偏流喷管等。国内外在近几年对高度补偿喷管开展了大量工程应用研究,有的已经进入了实际使用阶段,例如,X－33 飞行器项目采用 XRS－2200 塞式喷管发动机、MX 第二、三级发动机采用平移式延伸出口锥喷管等。

1）双钟形

双钟形喷管属于型面突变喷管,此外还有绊环喷管和台阶喷管,其特点都是通过改变喷管内型面使喷管在不同工作高度下具有不同的流动结构且处于较好的膨胀状态,从而达到提高喷管全弹道推进性能的目的。双钟形喷管典型结构如 7.9(a)所示。

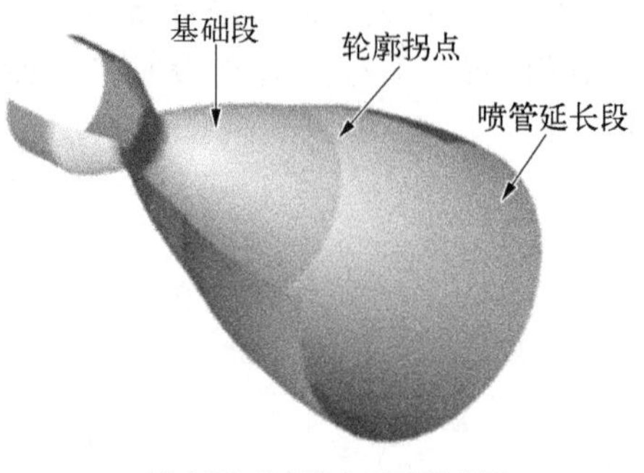

(a) 双钟形喷管内型面示意图

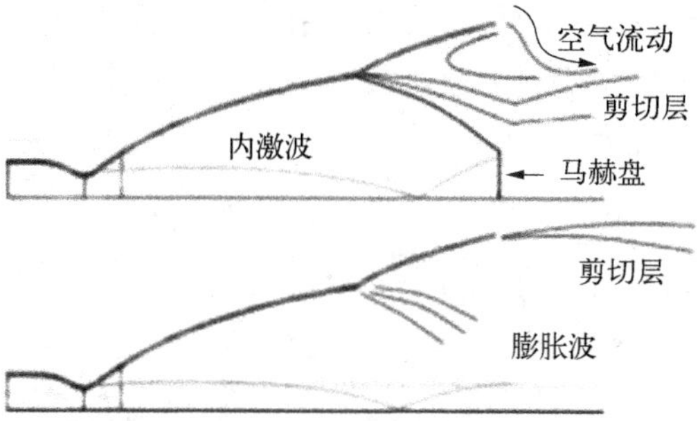

(b) 流动结构示意图

图 7.9 双钟形喷管示意图

双钟形喷管由基础段和延伸段构成，如图 7.9(b) 所示，在海平面条件下，喷管处于海平面模态，基础段喷管处于满流状态，而延伸段喷管被受控的分离流占据，避免了非对称分离和侧向载荷的出现。在高空条件下，喷管处于高空模态，延伸段喷管流动再附着，工作在满流状态下，显著地增加了喷管面积比，提高了发动机性能。

2）塞式喷管

塞式喷管主要由内喷管和塞锥构成，如图 7.10 所示，塞锥裸露在大气中，燃气流经内喷管后，在塞锥上进行自适应环境压力的膨胀加速，避免了过膨胀现象的出现。塞式喷管在工作过程中流体流动边界分为由塞锥组成的物理边界和由高速燃气与环境气体之间生成剪切层组成的气动边界，随着环境压强增大，塞锥型面不会发生变化，因此，物理边界不会发生变化，而气动边界会随着背压减小而往外扩张，喷管扩张比变大。因此，区别于双钟形喷管和延伸喷管，塞式喷管具有连续补偿能力，其流动变化也是连续变化的，没有明显的从一种工作模式突然变为另一种工作模式的过程，大量文献将塞式喷管分为过膨胀和欠膨胀两种典型工作模式。如图

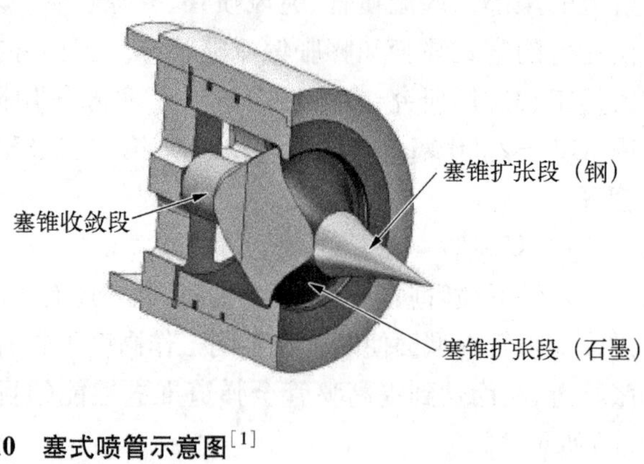

图 7.10 塞式喷管示意图[1]

7.11 所示，当塞式喷管处于海平面工作状态下，由于环境背压大，喷管处于过膨胀工作模式，有效扩张比较小，在高空状态下，喷管处于欠膨胀工作模式，有效扩张比大。

图 7.11　塞式喷管试车图[2]

3）延伸喷管

延伸喷管是典型的变几何结构的高度补偿喷管，采用变几何的方式改变喷管面积比，以达到高度补偿的目的。延伸喷管的扩张段分为固定段和活动段，一种典型延伸喷管的实物图如图 7.12 所示。在海平面状态下，活动段处于收缩状态，仅小面积比的固定段喷管工作，避免了过膨胀现象的出现。当其工作在高空条件下时，通过伸展机构将可动段喷管展开到位，大幅度地增加了喷管面积比，提高了喷管高空性能。在美国循环氢氧发动机 RL10B－2 中，延伸喷管能够将喷管面积比从 77∶1 增加到 285∶1，比冲提高约 30 s。尽管延伸喷管存在以上诸多优点，但是其需要额外的机械机构以将可动段展开，降低了发动机可靠性，增加了发动机总体重量。此外，发动机外流与可动段相干扰，造成一定的压力载荷。

(a) 未展开状态　(b) 展开过程　(c) 延伸段展开状态

图 7.12　一种典型延伸喷管的实物图

7.2 喷管工作原理

7.2.1 流体力学基础

喷管的作用是将高温高压燃气由亚声速逐渐加速至超声速，为了获得较大的推力，喷管的内型面需要满足一定的几何条件和力学边界条件，对喷管内燃气流场进行分析具有重要意义，其分析结果也可用于后续计算喷管传热、推力系数和空气动力载荷。

1. 一维等熵流动原理

在气体动力学中，面积变化、摩擦、传热、质量加入、彻体力等能够独立驱动流动发生变化的影响因素称为驱动势，若摩擦、传热、彻体力等驱动势可以忽略，则流动过程为绝热无摩擦的，称该过程为等熵流动。对燃气通过时间极短暂的固体火箭发动机喷管而言，截面积变化是促使无黏性燃气绝热流动发生变化的主要因素，其流动过程可视为一维定常等熵流动。

在喷管设计计算中，常将内流场流动简化为只跟其截面积变化有关的控制方程组来表达，从而得到火箭发动机喷管流动的一般规律。喷管任意截面上的燃气温度 T、压强 p 、马赫数 Ma 按一维等熵流计算的具体表达式为

$$\frac{A}{A_t}=\frac{1}{Ma}\cdot\left[\frac{(\gamma-1)Ma^2+2}{\gamma+1}\right]^{\frac{\gamma+1}{2(\gamma-1)}} \tag{7.1}$$

$$\frac{T_0}{T}=1+\frac{\gamma-1}{2}\cdot Ma^2 \tag{7.2}$$

$$\frac{p_0}{p}=\left(1+\frac{\gamma-1}{2}\cdot Ma^2\right)^{\frac{\gamma}{\gamma-1}} \tag{7.3}$$

式中，p_0、T_0 为燃烧室滞止压力和滞止温度；γ 为燃气比热比；A_t 为喷管喉部面积；A 为喷管内型面任意截面的截面积。

2. 超声速流动的几何条件

对于燃气在喷管中的等熵流动，喷管的截面积、流速和比体积变化关系如下：

$$\frac{dV}{V}=Ma^2\frac{dc}{c} \tag{7.4}$$

$$\frac{dA}{A}=(Ma^2-1)\frac{dc}{c} \tag{7.5}$$

式中，V 为燃气比体积；c 为喷管内任意截面的气体流速。燃气在喷管内是不断加速（$dc/c > 0$）和膨胀（$dV/V > 0$）的，从上面两式可以看出，在亚声速流动阶段（$Ma < 1$），截面是渐缩的（$dA/A < 0$）；在喷管的喉部截面燃气加速到声速（$Ma = 1$）；随后在超声速流动阶段（$Ma > 1$），截面应是渐放的（$dA/A > 0$）。这种截面先收敛、后扩张的喷管称为拉瓦尔喷管，如图 7.13 所示。在整个拉瓦尔喷管中，流动均为膨胀加速的，并且随着流速的逐渐增大，其压强、温度和密度逐渐减小。从能量转换的观点看，拉瓦尔喷管中的流动过程实际是一个能量转换过程，伴随着流速的增加，静焓转化为流体定向流动的动能。

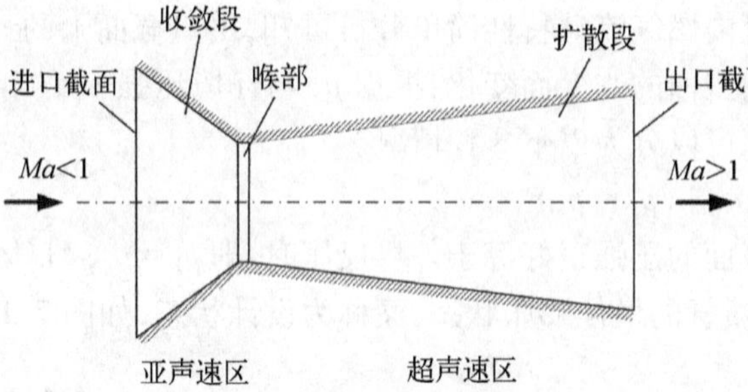

图 7.13　拉瓦尔喷管原理图

3. *超声速流动的力学条件*

拉瓦尔喷管是亚声速流连续膨胀到超声速流的几何条件，但它仅是一个必要条件。为了实现亚声速流向超声速流的连续变化，还必须对喷管出口截面下游的环境压强 p_a（外界反压）与燃烧室压强 p_0（滞止压强）间的关系作出限制，称为力学条件。

根据喷管流动特性，当外界反压 p_a 大于喷管出口压强 p_e 时，开始在喷管出口截面之外出现斜激波。随着反压 p_a 的继续提高，斜激波将逐渐向喷管的出口靠拢，当反压增大到某一极限压强 p_2 时，激波将恰好位于喷管出口截面，并变成覆盖在喷管出口上的正激波，此时激波前的流动仍是超声速，但是激波后的流动则为亚声速，则 p_2 是喷管获得超声速流动的反压上限值，被定义为第二临界反压。由正激波关系式和超声速喷管出口压强公式可得 p_2 与 p_0 关系如下[3]：

$$\frac{p_2}{p_0} = \frac{p_e}{p_0}\left(\frac{2\gamma}{\gamma + 1}Ma_e^2 - \frac{\gamma - 1}{\gamma + 1}\right) = \frac{\dfrac{2\gamma}{\gamma + 1}Ma_e^2 - \dfrac{\gamma - 1}{\gamma + 1}}{\left(1 + \dfrac{\gamma - 1}{2}Ma_e^2\right)^{\frac{\gamma}{\gamma-1}}} \tag{7.6}$$

式中，Ma_e 为喷管出口处马赫数。则拉瓦尔喷管获得超声速流动的力学条件是喷

管外界反压 p_a 小于第二临界反压 p_2，将其表示为反压与燃烧室压强的关系如下：

$$\frac{p_a}{p_0} < \frac{\frac{2\gamma}{\gamma+1}Ma_e^2 - \frac{\gamma-1}{\gamma+1}}{\left(1+\frac{\gamma-1}{2}Ma_e^2\right)^{\frac{\gamma}{\gamma-1}}} \tag{7.7}$$

火箭发动机喷管只有同时满足几何条件和力学条件，才能使亚声速流动连续膨胀加速到超声速流动。

4. 喷管流动状态

由上面的喷管内燃气流动特性简单分析可知，出口截面上的气体压强 p_e 随着滞止压强和喷管内型面的改变而变化，根据 p_e 与环境压强 p_a 的相对大小，气体在喷管中的流动状态可以分为以下 3 种情况。

1）最佳膨胀状态（$p_e = p_a$）

当喷管出口截面的压强正好等于外界反压时，即 $p_e = p_a$，气体在喷管中得到了完全膨胀，这就是喷管的最佳膨胀状态，又称为设计状态，如图 7.14 所示。这种流动的主要特点是：

（1）喷管喉部达到了临界状态，出口流动为超声速，即 $Ma_e > 1$。

（2）流体流出喷管后，既不膨胀，也不压缩，而是平行射流。

（3）由于管内流动为超声速，当外界环境发生微小扰动时，扰动的传播速度（即声速）小于流动速度，扰动不能传进喷管内部，或说喷管中的流动察觉不到外界反压的变化。

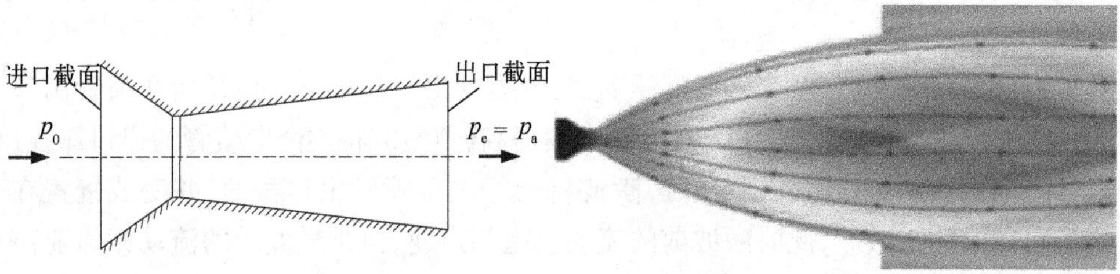

图 7.14 喷管最佳膨胀时的流动

2）欠膨胀状态（$p_e > p_a$）

如果在最佳膨胀状态的基础上提高喷管进口的滞止压力 p_0，那么喷管出口压强 p_e 也将增大，使得 $p_e > p_a$。虽然火箭喷管的推力随之提高了，但它小于 p_0 提高后所对应的设计状态推力值。这是因为此时气体在喷管中没有得到完全膨胀，气体的热能没有最大限度地转变成定向流动动能。喷管的这种流动状态称为欠膨胀状态，如图 7.15 所示。欠膨胀状态的流动特点主要是：

（1）喷管喉部达到了临界状态，出口流动仍为超声速 $Ma_e > 1$。

（2）气体在喷管外继续膨胀，直到压强等于 p_a 时，所以喷管出口有一系列膨胀波。

（3）喷管外的压强扰动也不能逆向传入喷管。

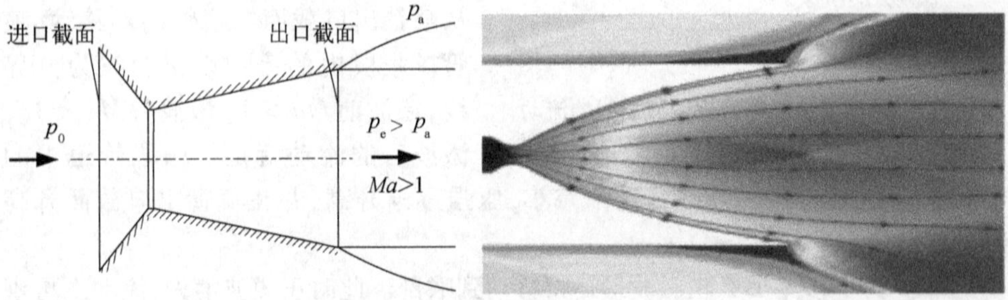

图 7.15　喷管欠膨胀状态时的流动

3）过膨胀状态（$p_e < p_a$）

与欠膨胀状态相反，如果在最佳膨胀状态的基础上减小喷管进口的滞止压强 p_0，那么喷管出口的气体压强将小于外界反压，即 $p_e < p_a$，这说明气体在喷管中做了过分的膨胀，称为膨胀过度状态，或过膨胀状态。此时，在喷管的出口将产生激波，并有可能影响到喷管内的流动。根据 p_e 小于 p_a 的程度大小，气体在喷管中的流动状态可以分为以下 3 种情况。

（1）p_e 稍小于 p_a。此时喷管出口的气体流动仍为超声速。在喷管外气体由于受到反压的突然压缩而产生不连续的压强增加，形成激波。因为 p_e 稍小于 p_a，激波是附着在扩散段出口截面上的斜激波（图 7.16）。气体经过斜激波后，压强升高到 p_a。

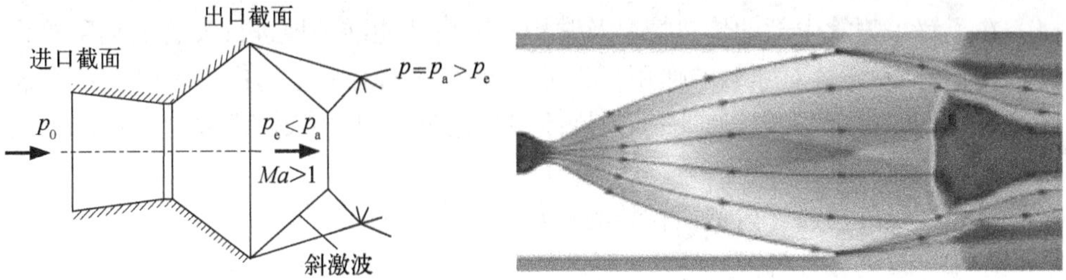

图 7.16　喷管过膨胀状态时的流动

（2）p_e 小于 p_a，大于 p_2。随着压强差值 $p_a - p_e$ 的增大，喷管外的斜激波逐渐向喷管口收拢，并最终在 p_e 小于 p_a 一定值时演变为覆盖在喷管出口截面上的正激

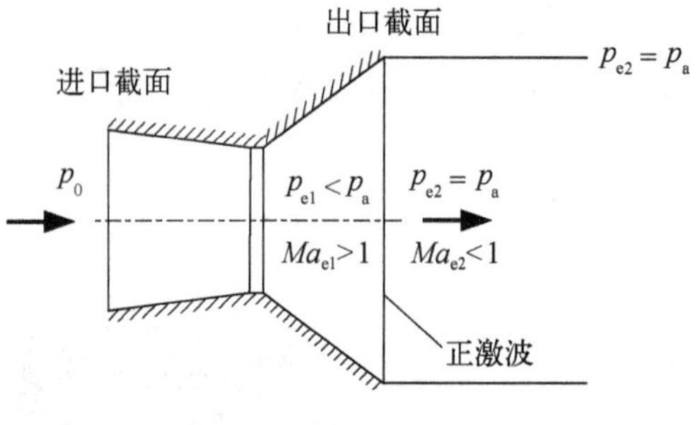

图 7.17　正激波位于喷管出口截面时的流动

波,如图 7.17 所示。气体压强经过正激波压缩后升高到 p_a,这时的外界反压 p_a 称为第二临界反压 p_2。p_2 随滞止压力 p_0 的变化而动态变化。

(3) p_e 大幅小于 p_a。此时正激波从喷管出口截面向喷管内部移动,喷管扩张段内的流动以正激波为分界线,激波前 $Ma>1$,激波后 $Ma<1$。激波后的流动就是扩张段管道中的亚声速流动,流动的马赫数将逐渐减小,压强逐渐升高,并在喷管出口截面升高到 p_a。

如果 $p_e \ll p_a$,那么正激波最终将移动到喉部。此时正激波消失,流动不再壅塞,全部喷管内的流动均为亚声速流,气体的压强、流速和质量流率都为外界反压所控制。这种流动状态称为亚临界流动状态,即喉部达不到临界状态。

7.2.2　喷管传热及热防护基础

在工作过程中喷管不仅与高温高压的燃气直接接触并承受燃气冲刷,而且在固体火箭发动机中喷管还会承受金属氧化物颗粒的撞击和沉积,喷管中的热环境可以说是十分恶劣。因此,在设计喷管时,就要了解喷管的基本传热情况,了解喷管中各部件的受热组成及温度分布,在实际的受热强度指导下采取热防护措施,如此方可保证喷管的可靠稳定工作。

1. 喷管传热基础理论

喷管传热是一种非常复杂的过程,其不同物质之间和物体内部热量的传递分为 3 种不同的基本形式,即为热传导、热对流和热辐射,相关基础理论见 6.1.1 节。

2. 燃气与喷管内型面材料相互作用的常用模型

在了解了喷管内部的传热情况及常用材料后才能准确地进行喷管的热防护设计。在喷管中,燃气对喷管的作用可以分为燃气气相对喷管的作用和燃气中金属颗粒对喷管的作用,一般针对喷管内烧蚀层常用复合材料:碳/碳复合材料和纤维增强树脂基材料进行分析。

首先为燃气与喷管内型面材料的相互作用。

1) 碳/碳复合材料

碳/碳复合材料的主要成分是碳,燃气对于碳/碳复合材料的作用分为化学作用和气流剥蚀作用,接下来分别介绍。

(1) 化学作用。燃气中的主要成分有 CO_2、CO、H_2、N_2、NO 和 H_2O 蒸气等,在燃气的高温高压环境下其中的某些成分如 H_2O、CO_2 和 OH 会表现出强氧化性并与喷管壁面材料发生反应，消耗壁面的材料。根据已经开展的研究，针对燃气和壁面中碳的反应，总结出了“三方程模型”来表征燃气与壁面的反应中占据主导的三个氧化还原反应，三个化学反应方程为

$$\begin{cases} C + H_2O \longrightarrow CO + H_2 \\ C + CO_2 \longrightarrow 2CO \\ C + OH \longrightarrow CO + H \end{cases} \tag{7.8}$$

研究表明，OH 的反应部分较 H_2O 和 CO_2 的反应部分所占份额较少，若只考虑 H_2O 和 CO_2 与碳的反应，则形成两方程模型，计算方法相同，但是要精确计算则仍需考虑 OH 的反应，工程中一般采用三方程模型。

根据阿伦尼乌斯(Arrhenius)热化学动力公式，可以得到化学反应的反应速率为：

$$k_i = A_i T_w^b \exp[-E_i/(RT_w)] \tag{7.9}$$

式中，i 表示第 i 组反应；E_i、A_i 分别为壁面材料和燃气中 i 组分的反应活化能和频率因子；R 为普适气体常数；T_w 为壁面温度；b 为反应相关的化学动力指数。相应可以计算出氧化性组分的质量消耗为：

$$w_i = k_i P_{iw}^n \tag{7.10}$$

式中，E_{iw} 为 i 组分的分压；n 为压力指数。分压可使用气体状态方程得到。

在化学烧蚀中的主要控制机制为化学动力学控制机制以及扩散控制机制，二者的区别在于反应中化学反应速率和组分扩散速率的相对大小。在化学动力控制机制中认为氧化性气体扩散相对较快，能充分地满足反应的需求，此时化学反应的速率决定了烧蚀的速率，即由化学反应动力控制，即

$$\dot{r}_m = \dot{r}_{m-chem} \tag{7.11}$$

扩散控制机制认为化学反应能够迅速发生，而附面层扩散到烧蚀壁面的氧化性组分不能充分地提供化学反应的需求，此时烧蚀速率受到扩散过程的限制，即

$$\dot{r}_m = \dot{r}_{m-diff} \tag{7.12}$$

双控机制将化学反应的速率和扩散速率进行平均计算，认为计算后的反应速率才是正确的反应速率，计算公式为

$$\dot{r}_m = \frac{1}{\dfrac{1}{\dot{r}_{m-chem}} + \dfrac{1}{\dot{r}_{m-diff}}} \tag{7.13}$$

最小控制机制将化学动力控制机制和扩散控制机制的反应速率分别计算出来,认为较小的速率才是实际反应中的速率,计算公式为

$$\dot{r}_{m} = \min(\dot{r}_{m-chem}, \dot{r}_{m-diff}) \tag{7.14}$$

目前最小控制机制计算得到的结果与实际较为符合,是工程中常使用的反应控制机制。

(2)气流剥蚀作用。燃气气流不仅当中的组分会与壁面发生化学反应,燃气本身高速高温高压的状态也会与壁面发生物理上的相互作用,产生气流的机械剥蚀。机械剥蚀是指在气流压力和剪切力作用下因基体和纤维密度不同造成烧蚀差异而引起的颗粒状剥落或因热应力破坏引起的片状剥落。其计算模型主要与气流的速度和壁面材料的剪切强度等有关。

2)树脂基材料

在壁面材料与燃气发生作用时,碳/碳复合材料直接与燃气发生反应,而树脂基材料则要先经历自身材料的反应之后才与燃气作用。树脂基材料在与燃气作用过程中会先受热发生自身材料的热解,之后发生热解的部分会炭化形成疏松/致密/疏松的炭化层结构,再与燃气发生化学和物理上的作用。树脂基材料烧蚀的分层模型如图 7.18 所示。

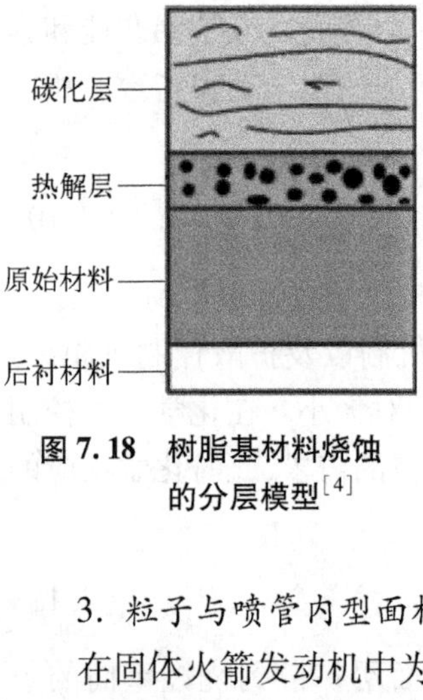

图 7.18 树脂基材料烧蚀的分层模型[4]

为了能够得到符合树脂基材料的烧蚀模型,针对炭化层的独特结构,学者建立起了基于多孔介质的烧蚀模型,模型将炭化层作为多孔介质来处理,引入孔隙率作为关键参数,针对燃气、炭化层、热解层和原始层建立控制方程来描述并求解。

3. 粒子与喷管内型面材料相互作用的常用模型

在固体火箭发动机中为了提高喷管性能往往会加入金属燃料,如铝、镁等,这些金属燃烧后会形成氧化物颗粒随着燃气流一起流动,并且在喷管壁面上发生冲蚀和沉积现象。在喷管的热防护工作中,颗粒的沉积对喷管壁面的烧蚀影响较小,学界研究较多的是颗粒对喷管的冲蚀现象,因为颗粒的冲蚀会较大地改变喷管内型面的形貌,从而形成"台阶效应"加剧局部的烧蚀,Koo 等[5]经过研究发现在有颗粒冲蚀的情况下,喷管的烧蚀率会增大到无颗粒情况下的 2~12 倍。

早在 1971 年 Yang 等[6,7]就已经提出了一种颗粒参与的烧蚀模型,通过理论的分析得到了颗粒对烧蚀的影响。在该模型中,认为颗粒撞击到喷管的内壁面后会发生反弹,且撞击时颗粒的动能会以热能的形式向壁面传递,在此模型中颗粒撞击增加的烧蚀量已经与纯化学的烧蚀量大小相当,在考虑颗粒与内型面的力作用后

烧蚀量会进一步增加。该模型中高超声速部分的烧蚀模型如图 7. 19 所示。

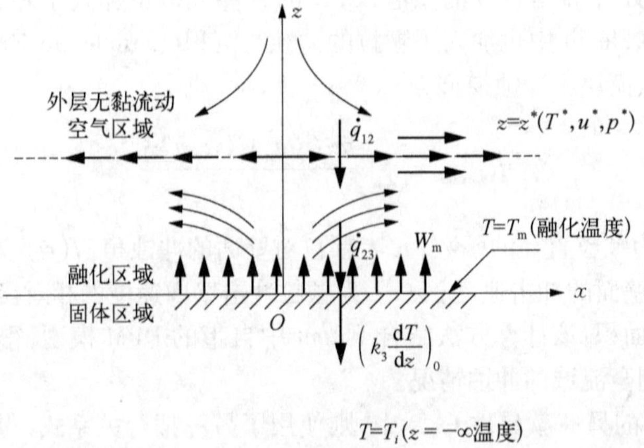

图 7. 19　高超声速部分的烧蚀模型(坐标系固定在烧蚀前沿)

在考虑力作用下的颗粒侵蚀是一个多物理场耦合的模型,过于复杂,因此,很多颗粒侵蚀的模型都是通过实验得到数据后进行拟合得到经验公式。1999 年何洪庆等[8]提出的 EPDM 模型认为燃气为气固两相流,燃气的化学反应局限在壁面上发生,反应速度与燃气中成分的扩散速率有关,即采用扩散机制控制。这种模型与试验结果有较好的对应。他们假设颗粒侵蚀对化学烧蚀没有影响,将颗粒侵蚀单独列出考虑,发现颗粒侵蚀与颗粒的速度 v_p、质量流率 $\dot{m}_p$、颗粒粒径 R_p 及冲蚀角 α 有关,在试验的基础上回归拟合出颗粒机械剥蚀的质量损失速率为

$$G = 2.988 \times 10^{-5} R_p^{0.2} v_p^{1.296} (\sin\alpha)^{1.2} \tag{7.15}$$

则颗粒侵蚀的线烧蚀率为

$$\dot{r} = G\dot{m}_p/\rho_p \tag{7.16}$$

这种对颗粒侵蚀的经验公式计算方法是目前工程中使用较多的方法,例如,李江等[9]于 2006 年搭建实验台并对颗粒侵蚀进行实验结果的数据分析。根据分析发现,侵蚀速度是最重要的因素,影响绝热层的烧蚀。即使粒子浓度高,烧蚀率也不是很大。回归分析表明,最大线性烧蚀率接近粒子侵蚀速率的平方,粒子浓度对烧蚀的影响很弱。这一结论已被其他学者发现并证实[10]。在其试验中采用回归分析法建立的函数模型为

$$\dot{r} = \alpha G_p^b V_p^c \tag{7.17}$$

式中,$\dot{r}$ 为颗粒对材料的冲蚀率;V_p 为颗粒的冲蚀速度;G_p 为最大颗粒浓度;a、b、c 分别为待定系数。最终根据实验数据得到的关系式为

$$\dot{r} = 0.004G_p^{0.004}V_p^{2.14} \tag{7.18}$$

随着流体计算商用软件的兴起，CFD 的软件大多也加入了颗粒的侵蚀模型。在 CFD 的软件 Fluent 中也加入了颗粒的冲蚀与沉积（particle erosion and accretion）计算模块，在该模块中冲蚀模型为

$$R_{\text{erosion}} = \sum_{p=1}^{n} \frac{\dot{m}_p C(d_p) f(\alpha) v^{b(v)}}{A_{\text{f}}} \tag{7.19}$$

式中，$C(d_p)$ 为颗粒直径的函数；α 为颗粒对壁面的冲蚀角；$f(\alpha)$ 为冲蚀角函数；v 为颗粒相对于壁面的冲击速度；$b(v)$ 为颗粒冲击壁面速度的相对函数；$A(f)$ 为壁面单元网格的面积，该计算方法结合 Fluent 中自带的 DPM 模型，得到壁面的冲击数据，即可得到全流域的冲蚀情况。

而在 CFD 的另一款软件 CFX 中，则使用了另一拟合关系式，得到的冲蚀速率和冲蚀角及冲蚀速度的拟合式为：

$$E = kV_p^n f(\gamma) \tag{7.20}$$

式中，E 为剥蚀率；V_p 为颗粒的冲蚀速度；$f(\gamma)$ 为无量纲的冲蚀角函数，对于金属而言，指数 n 在 2.3 到 2.5，对于冲蚀角函数，有：

$$\begin{cases} f(\gamma) = \dfrac{1}{3}\cos^2\gamma, \ \tan\gamma \leqslant \dfrac{1}{3} \\ f(\gamma) = \sin(2\gamma) - 3\sin^2\gamma, \ \tan\gamma > \dfrac{1}{3} \end{cases} \tag{7.21}$$

CFX 中的模型目前已经得到了较为广泛的应用，在工程上也已经证明了其可行性。

7.3 大型固体火箭发动机喷管设计

对于大型固体火箭发动机，因发动机直径大、装药量大，燃气对喷管的冲刷和烧蚀较常规尺寸喷管要严重；同时喷管的超大尺寸导致传统的组装式喷管面临成型及制备难题，以及自身的强度和刚度问题。因此，喷管的设计在结构形式、材料选择、型面选取、结构密封、成型方案等方面都要进行全面的考虑，以保证喷管在承受大流量高温高压燃气载荷作用下可靠工作。大型固体火箭发动机喷管的常规设计流程如图 7.20 所示。

7.3.1 喷管气动型面设计

喷管气动型面设计是喷管设计的基础，型面常常与喷管内流场相关。喷管

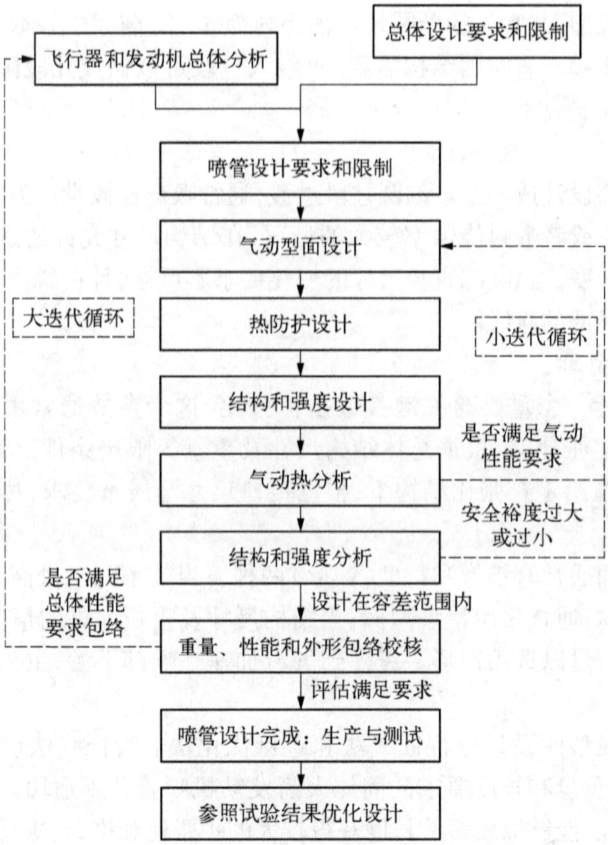

图7.20　大型固体火箭发动机喷管的常规设计流程

型面设计主要为了满足总体设计要求的前提下,尽可能使得结构紧凑、效率更高。型面设计主要有收敛段型面设计、喉部型面设计、扩张段型面设计等,特殊要求的如长尾喷管长尾管型面设计等。本节先介绍拉瓦尔喷管型面的一般设计方法。

1. 收敛段型面

收敛段型面设计,从工程应用角度考虑,主要是设计一个型面简单、利于燃气分布均匀的形状。根据喷管结构形式的不同有潜入喷管收敛段和非潜入喷管收敛段。在收敛段燃气亚声速流动,设计上尽可能使燃气均匀加速,结构又尽可能短。而在质量与结构空间允许的情况下,则尽可能选择较大的收敛比与收敛长度。收敛段型面有曲线型和直线型两类,前者常用于潜入式喷管,后者用于非潜入式喷管。常用的曲线型收敛段型面有椭圆线型面、圆弧线型面、双曲螺线型面等。

对于直线形收敛段型面,其母线是由一段直线和上游圆弧组成的,其设计参数主要有锥形收敛半角 β 和喉部上游圆弧半径 R_u。

对于椭圆线型面，常见的椭圆长半轴比约为 3∶2，椭圆中心取在喉部截面上，通常收敛比为 2~3。有时因结构需要，收敛入口段可以做成几段圆弧光滑连接而成的型面。

2. 喉部型面

通常将喉部设计成一个短的圆柱段过渡，通常喉部柱段设计为 3~5 mm。对喉径变化要求严格或者喉衬烧蚀率较大的情况，在结构尺寸允许的条件下可以适当增加喉部柱段长度。当喉部直径尺寸的变化要求不严格，且材料烧蚀允许时，可用光滑曲线代替喉部的直线。

3. 扩张段型面

扩张段设计一个重要的关键参数是扩张比，这个参数通常由发动机总体给出。在没给定扩张比时，根据总体结构尺寸及重量等限定条件下设计，使得发动机总冲最大。在给定扩张比结构下，根据接口尺寸与质量要求，尽可能地减小喷管损失。

扩张段型面通常有锥形和特型(钟形)两种。当效率要求较高，扩张比大或长度受严格限制时，通常采用特型型面；当结构尺寸及重量允许的情况下，为简化工艺性，降低成本，可以选用锥形。考虑到气流加速在喉部下游，主扩张段型面优先选取为特型。

特型扩张段型面设计分特征线法和直接优化法。特征线法设计的喷管偏细长，对于有一定重量和长度要求的固体火箭发动机喷管并不适用。饶氏喷管扩张段符合流场特性，能够以较短的长度获得较大的扩张比和推力，更适合固体火箭发动机喷管，但其设计参数单一，计算也较为烦琐，型面坐标通过特征线计算拟合得到，不利于生产加工，发动机实际工作中还会因烧蚀等造成内型面变化。工程设计中多采用近似方法代替，收敛段和喉部型面不变，主扩张段常采用三次曲线设计。直接优化法中采用曲线代替型面，常用的特型型面有二次抛物线、三次抛物线、圆弧线型面等。

在给定喉径与扩张比的情况下，通常三次曲线喷管长度最短。设计时主要有三个参数影响扩张段长度与喷管的性能，如图 7.21 所示。

喉部下游曲率半径：R^*，选取较大的 R^* 可以减缓燃气对型面的烧蚀。在喉径尺寸较大且喉衬下游扩张比选取较大的情况下，可以选择较小下游曲率半径以减小喉衬的轴向长度。

初始膨胀半角(°)：β_i，国际上已有发动机喷管一般取 20°~32°，一级发动机扩张半角通常小于 24°，高空喷管初始扩张半角在 26°以上。此外，受限于结构尺寸限制而对扩张损失(非轴向损失)要求不是很严格情况下，尽量地选择大的初始扩张半角以减小结构长度。

出口半角(°)：β_e，国际上已有发动机喷管通常取 $\Delta\beta = \beta_i - \beta_e \leqslant 12°$。国内外

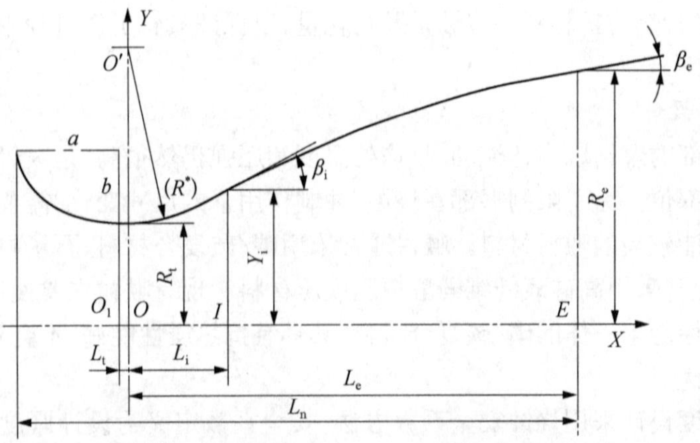

图 7.21　双三次气动型面

试验表明，当 $\Delta\beta > 12°$ 时，实际比冲会存在较大的损失。受限于结构尺寸，也可以选较大差值，如美国有固体火箭发动机喷管存在角度差值为 14°及 16°的情况。

在推力和扩张损失相同条件下，选择合适的初始扩张半角，采用双三次曲线往往是最佳的设计方法，可使得喷管长度最短。表 7.3 为双三次曲线喷管与锥形喷管和双圆弧喷管的几何参数与性能参数的比较。

表 7.3　双三次曲线喷管与两种典型喷管对比

喷管名称	推力	曲率半径与喉部半径比	膨胀比	出口半角/(°)	初始半角/(°)		扩散段长度比	扩散段长度缩短/mm	扩散损失/%	扩散段拐点至出口质量比
					特型	锥形				
锥形喷管	—	2.46	9	18		18	1	0	2.45	1
最佳喷管	同锥形喷管	2.46	9	10	26		0.86	147.19	2.45	0.86
双圆弧喷管	—	2	45	12.5	36.3		1	0	4.47	1
最佳喷管	同双圆弧喷管	2	45	12.5	36.3		0.82	94.99	4.47	0.79

7.3.2　喷管热防护设计

大型固体火箭发动机喷管内部工作环境非常恶劣，高温燃气流经喷管时，会对喷管壁面造成急剧加热、冲刷及烧蚀，使喷管内型面产生变化，结构温度快速上升。喷管热防护设计的目的是尽可能地减小喷管气动型面的改变，并把结构温度限制在允许的范围内。主要任务包括选取合适的烧蚀、防热材料，确定其结构形状、尺寸,并预示喷管热防护材料的烧蚀量及炭化量,以保证喷管工作过程中的热结构完整性。

1. 喉部设计

喷管喉部的燃气以声速流动,且该处温度和压强仍然很高,是喷管中工作环境最为恶劣的部位。为了限制喉部在烧蚀、冲刷作用下的尺寸变化,需要选择烧蚀率小且力学性能较高的喉衬材料。喉衬通常采用碳/碳复合材料、石墨材料或钨渗铜材料;背衬通常采用高硅氧纤维酚醛树脂模压材料。现有喉衬主要使用集耐烧蚀、隔热和结构性能于一体的碳/碳复合材料,其具有抗热震性能好、不会炭化、高温机械性能好等优点。

喉衬厚度设计采用烧蚀安全系数方法,安全系数定义为设计厚度与烧蚀量的比值。在方案设计时,根据与其他型号类比获得的烧蚀率和发动机工作时间,计算其烧蚀量。喉衬的喉部线烧蚀率 r 可采用巴兹公式预估,具体如下:

$$r = r_{m}\left(\frac{p_{c}}{p_{cm}}\right)^{0.8} \times \left(\frac{D_{tm}}{D_{t}}\right)^{0.2} \tag{7.22}$$

式中,r_{m} 为被测喷管的实际喉部线烧蚀率;p_{c} 为预估发动机工作压强;p_{cm} 为被测发动机工作压强;D_{t} 为预估喷管喉径;D_{tm} 为被测喷管喉径。在选取实测喷管时,应选取与预估喷管推进剂一致(或接近)、喉径接近、结构形式类似的型号发动机。根据预估的烧蚀量,考虑安全系数获得设计喉衬厚度。背衬厚度则根据炭化情况考虑,保证有炭化余量即可。

喉部设计可根据需要设计为整体式和拼装式两种类型,整体式喉部(喉衬)采用整块单个部件进行喉部的烧蚀防护,保证喉部气动型面的完整性。

针对大型发动机喷管使用的大尺寸喉部(喉衬)结构,采用整体式喉衬存在以下问题:

(1) 需要大尺寸的制造设备。

(2) 制造工艺风险高,难度大。

(3) 制造成本高。

针对以上问题,国内外通常采用拼接式的喉衬技术方案,通过使用小尺寸原材料进行合理拼接,降低制备难度,实现原材料的通用化货架式生产。但是在拼接式喉衬设计时需重点关注拼接间隙的合理设计,同时增加烧蚀安全余量。

2. 烧蚀层设计

在实践中,通常先设计喉衬、收敛段和扩张段的烧蚀层,然后再设计隔热层。收敛段和扩张段的烧蚀层一般选用由耐烧蚀树脂(如酚醛树脂或聚酰亚胺等芳杂环树脂)、耐高温填料(如石棉、高硅氧纤维、碳纤维)等制得的烧蚀复合材料。烧蚀材料的防热作用表现为吸热、热熔、热解、化学反应等吸热和散热的过程。材料被烧蚀时，表面温度升高，高聚物开始分解，产生大量气体，由表面逸出，使树脂形成多孔的碳质残渣，同时无机增强材料开始熔化，在炭化层上形成一层液态薄膜，它既保护炭化层，又吸收来自附面层的热量，在高速气流剪力作用下，从表面流失带走热量。

收敛段和扩张段的烧蚀层烧蚀量仍采用具有类似推进剂和结构的发动机喷管进行预估。炭化深度是通过对测量数据进行估算的，并根据时间和温度进行修正，或者通过烧蚀类比法估算：

$$X = A\theta^m \exp(-B/Q) \tag{7.23}$$

式中，X 为炭化深度；A、B 和 m 为经验常数；θ 为燃烧持续时间，s；Q 为冷壁热流量，W/m^2。经验常数 A、B 和 m 的值是根据特定材料和条件通过实验确定的。例如，对于石墨/酚醛树脂：

$$X = 0.914 \cdot \theta^{0.68} \exp(-7.55 \times 10^5/Q) \tag{7.24}$$

而对于高硅氧/酚醛树脂：

$$X = 0.787 \cdot \theta^{0.68} \exp(-1.03 \times 10^6/Q) \tag{7.25}$$

国外大多数设计人员对炭化采用零安全系数；少数对炭化采用正安全系数的设计人员对烧蚀采用较小的安全系数。

3. 隔热层设计

隔热层的作用是降低传递至结构层的温度，需要选择低热导率的材料，同时还需要控制炭化深度在隔热层之内。固体火箭发动机喷管的隔热层一般使用高硅氧纤维酚醛树脂复合缠绕材料、高硅氧纤维酚醛树脂模压材料和石棉/酚醛模压材料。大型固体火箭发动机喷管的烧蚀层和隔热层通常使用碳布/酚醛-高硅氧布/酚醛复合缠绕材料依次缠绕共同固化成型，烧蚀层材料如碳布/酚醛本身亦具有较好的隔热性能，但是由于烧蚀层材料的成本通常高于主要用于隔绝温度的隔热层材料，因此，在烧蚀不严重的区域设置了隔热层达到降低成本的目的。

隔热材料的设计厚度需要考虑整个热防护层的炭化厚度，并且根据流场温度和材料热导率使用数值计算方法获得传递至结构层的温度，通过调整材料种类和厚度使结构层材料温度处于许可范围内。烧蚀层和隔热层的总体设计厚度需要考虑安全系数。

隔热层和烧蚀层之间的界面和装配关系是大型喷管热防护性能的重要问题。隔热层和烧蚀层之间的界面通常呈阶梯状，能够减少由于部件的相对运动或加载时部件变形而产生的气体通路。一体化喷管或者在两个相邻的烧蚀层后使用一个单一材质的连续隔热层是阻止高温燃气流向结构层的有效方法。

7.3.3 喷管结构设计

喷管结构设计是与总体设计分不开的，部分接口参数（如接口尺寸、出口外径、喷管长度等）是与其他部件统筹协调得到的，而一些关键性能参数（如喷管喉径、扩张比、扩张半角等）是根据总体性能要求而确定的。此外，喷管的结构设计主要是根据工况对喷管结构本身的强度、热防护及内部流场来进行设计的。比如，考虑热防护性能要求而确定的有收敛段绝热层厚度、喉衬厚度、扩张段材料厚度等，考虑结构强度要求而确定的有金属结构件的厚度。得到初步设计结果后进行校核计算，通过迭代最终确定设计参数能够满足使用要求及总体限制要求。由于喷管设计通常参考大量的工程经验，因此，难以总结出一种通用统一的设计方法，这里只简单介绍喷管承载部件设计、装配间隙设计及其应注意的问题。

通常在发动机长度没有限制和特殊要求时采用非潜入喷管，它由收敛段绝热层、喉衬组件、扩张段绝热层及挡环（限位螺钉）、喷管壳体等几部分组成。较潜入能够有效降低喷管结构质量。

1. 承载结构设计

承载结构，顾名思义，其在喷管中承担着强度载荷的作用，保证非金属部件结构稳定。喷管扩张段由于其压强较低，结构承载上主要考虑结构刚度而次要考虑强度，因此，通常采用薄壁金属材料、复合材料（如碳布高硅氧布/酚醛树脂复合缠绕扩张段，烧蚀、隔热及结构承载于一体）、网格筋结构材料等。

在喉部，结构件的设计应防止内部的绝热部件在高压下被吹出，一般应设计一个凸台，或加装止动螺钉，厚度可以比收敛段小一些。在扩张段，由于燃气压力较小、燃气温度有所降低，所以扩张段金属结构件的厚度可以设计得薄些。为了防止扩张段绝热层被燃气吹掉，可以在结构件的出口加挡环，或在结构件与扩张段绝热层之间加止动螺钉。结构件与燃烧室的连接，应遵守发动机总体规定的连接方式和尺寸。对于有推力矢量控制的喷管，还应考虑到一套附加的连接装置。

2. 装配间隙设计

喷管工作过程中，考虑燃气流的高温高压和喷管结构的热传导，由于喷管各部位材料的热胀系数差异，在喷管内部会产生热应力。此外，喷管在生产过程中不可避免地有对接缝隙，因此，在设计时要考虑间隙的大小与方向。对于内型面与燃气直接接触的缝隙，一定要注意缝隙与燃气流动的方向，防止出现与燃气流动方向一致的缝隙，最好使缝隙方向与燃气流动方向垂直，或者使缝隙能背向燃气流动的方向，使燃气流不能直接进入缝隙。内型面缝隙不能设计成单一直缝隙，而应将缝隙设计成多段曲折缝隙，即使燃气进入缝隙，经过曲折缝隙造成“死区”，这样就可以避免出现蹿火现象。

喷管内型面缝隙通常根据相邻部件材料的热学性能设计出一定的缝隙尺寸。

装配时,在缝隙面上要涂耐烧蚀的腻子,以腻子从缝隙挤出为准。结构内部间隙主要出现在零件间的配合面,由于非金属零件与金属零件及非金属零件与非金属零件之间配合,主要是用胶粘接。因此,各粘接配合面之间都必须留有一定的间隙,这是为了保证粘接具有一定的强度。非金属与非金属配合面的间隙可适当小些,由零件结构和尺寸的大小而定。粘接时用的胶有热固化胶和常温固化胶。热固化胶由于在粘接面中有时呈蜂窝状,粘接面积不易控制,影响粘接力,且在固化过程中常出现漏胶现象,给清理带来了困难,因此一般采用常温固化胶。

7.4　大型固体火箭发动机喷管制造工艺及材料

喷管材料与结构各部分承受的热、力等载荷密切相关。根据喷管载荷特点,收敛段和喉部对材料的力学和耐烧蚀性能要求更高,而扩张段则可用更加轻质、耐热性更低的材料。随着喷管材料不断推陈出新,喷管结构也在不断地改进。

7.4.1　喷管材料选择

由于固体火箭发动机性能不断提高及喷管结构的创新,对喷管材料也提出了新的要求,促使喷管材料不断发展,表 7.4 为目前常见的喷管材料选择和成型工艺。

表 7.4　目前常见的喷管材料选择和成型工艺

结构部位	材　料	成型工艺
收敛段烧蚀层	碳纤维/酚醛材料 石墨纤维/酚醛材料	模压成型/缠绕成型/RTM 模压成型
收敛段隔热层	高硅氧纤维/酚醛材料 碳纤维/酚醛材料 玻璃纤维/酚醛材料	模压成型/缠绕成型/RTM 模压成型/缠绕成型/RTM 模压成型/缠绕成型/RTM
喉衬	碳/碳复合材料 多晶石墨材料 陶瓷镀层碳/碳复合材料	化学气相法/液相浸渍法 挤压成型 化学气相渗透沉积法
背衬	高硅氧纤维/酚醛材料 碳纤维/酚醛材料 耐高温金属	模压成型/缠绕成型/RTM 模压成型/缠绕成型/RTM 锻造、机械加工
扩张段烧蚀层	碳纤维/酚醛材料 石墨纤维/酚醛材料	模压成型/缠绕成型/RTM 模压成型/缠绕成型/RTM
扩张段隔热层	高硅氧纤维/酚醛材料 碳纤维/酚醛材料 玻璃纤维/酚醛材料	模压成型/缠绕成型/RTM 模压成型/缠绕成型/RTM 模压成型

续 表

结构部位	材　料	成型工艺
结构层	金属 碳纤维/树脂基材料 玻璃布/树脂基材料 金属/复合材料蜂窝夹芯	锻造、机械加工 模压成型/缠绕成型/RTM 模压成型/缠绕成型/RTM 冲压、机械加工/模压成型

早期在固体火箭发动机喷管上使用较多的钨渗铜喉衬，多晶石墨喉衬等，不适合大尺寸的大型固发喷管，由于C/C复合材料具有比其他喉衬材料优越的热物理和机械性能，所以目前已广泛地用作喉衬材料，而在一些上面级发动机中，C/C复合材料也被应用于制造喷管扩张段等结构。

在大型固体火箭发动机高温、高速气流作用下，现有喷管耐烧蚀C/C复合材料存在易氧化和烧蚀的问题，随着固体火箭逐渐向高能量推进剂发展，对喷管的耐高温、耐烧蚀等性能提出了更高的要求。

以碳化铪（HfC）、碳化锆（ZrC）和纳米陶瓷为代表的新型耐高温陶瓷的熔点通常在2 000℃以上，是优异的耐高温防热材料，为大推力、长工作时间固发喷管的防热设计提供了新的解决方案。HfC和ZrC陶瓷的熔点均在3 000℃以上，属于超高温陶瓷体系，其中含Zr超高温陶瓷成本低，密度低，是喷管耐烧蚀材料的研究重点，而含铪超高温陶瓷，是目前熔点最高的陶瓷体系，具有更好的高温性能，但成本也更高。陶瓷材料虽然具有优异高温性能，但是单独使用存在低温抗氧化性能差和脆性易断裂的缺点。利用连续纤维增强陶瓷基复合材料可以使其强度和断裂韧性大大增加，目前常见的连续纤维增强超高温陶瓷基复合材料制备工艺有先驱体浸渍裂解工艺、反应熔融浸渍工艺、浆料浸渍工艺，化学气相渗透工艺和混合工艺。但是目前上述各种工艺也存在各自的问题：如先驱体浸渍裂解工艺存在成本高、材料制备过程中易损伤增强体的缺点；反应熔融浸渍工艺存在反应过程温度高，且难以控制的缺点；化学气相渗透工艺存在制造周期长，且材料难以致密化的缺点。目前，在喷管上较为可行的方案为使用化学气相渗透工艺在常用C/C复合材料上制成耐烧蚀防热涂层，以HfC为代表的涂层较为致密，分布均匀，且不会改变C/C复合材料原有机械性能，但可大幅度地提升C/C复合材料的抗氧化和耐烧蚀能力，是大型固体火箭发动机喷管先进耐烧蚀材料的重要发展方向。

7.4.2 喷管制造工艺和技术

固体火箭发动机喷管的发展依托于新材料及其制造工艺的进步，新材料的出现和应用可促进喷管性能的提升，也会推动喷管制造工艺和技术的不断更新。

早期大型固体火箭发动机喷管主要采用多部件分别成型、机加、再集件、压配、粘接而成，这种拼接工艺制造的喷管主要包括如图 7.22 所示的倒锥体绝热层（收敛段绝热层）、柔性堵盖、喉衬、背衬、扩张段绝热层、外防热涂层、喷管壳体及螺钉垫圈等零件。典型的潜入式喷管拼接工艺流程图如图 7.23 所示。

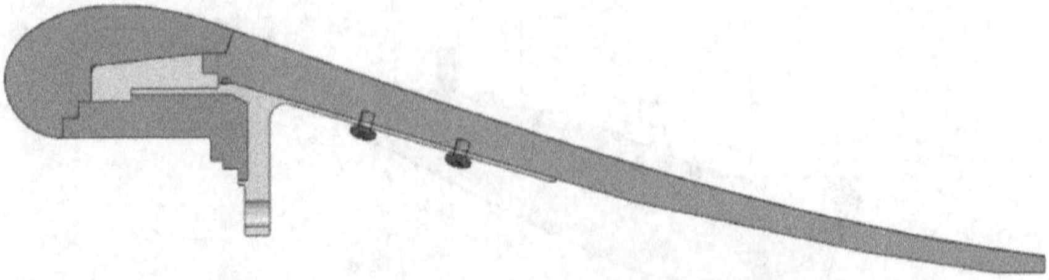

图 7.22　典型拼接工艺制成的潜入式喷管结构图

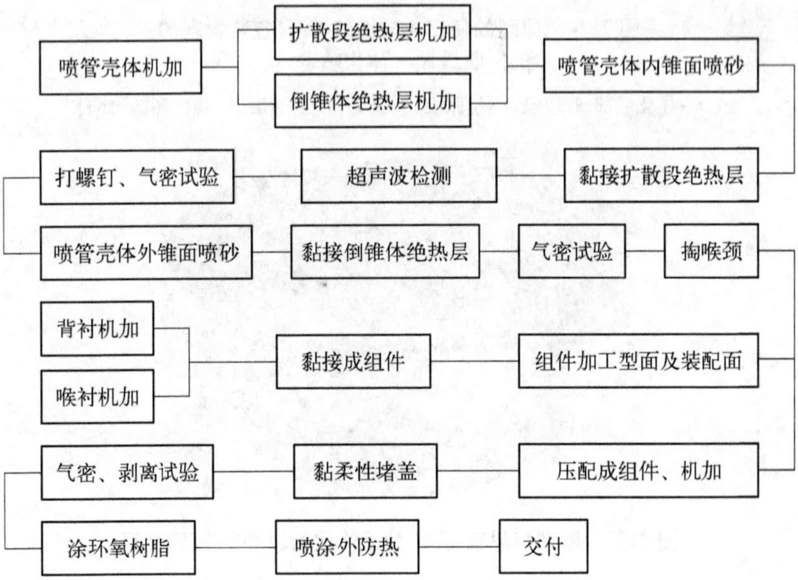

图 7.23　典型的潜入式喷管拼接工艺流程图

随着固体火箭发动机向着大型化、轻量化方向发展，给喉部的耐烧蚀和超高温强度性能提出了更高的要求。为了进一步提高大型喷管性能，替换拼装式的石墨喉衬和酚醛基材料背衬喉部的编织 C/C 复合材料被投入应用，耐高温的 C/C 复合材料提高了喉部耐烧蚀能力和强度，由此，组装喉衬工艺逐渐向喉部-收敛段一体化（integrated throat and entrance, ITE）工艺演变，图 7.24 为典型的使用 4 向编织 C/C 复合材料的喉部-收敛段一体化喷管。这种材料和工艺的使用，使得喷管向先进的全复合材料方向转变，带来了直接的优点包括零件数量的减少和结构重量的降低。与此同时,为了扩展其应用范围并降低制造成本,快速增密的化学气相渗透/沉积(chemical vapor infiltration, CVI)工艺的开发得到了各国的重视,图 7.25 为使用直接耦合 CVI 工艺制造的欧洲阿里安-5 大型固体火箭发动机一体化喷管,新的增密工艺使该喷管喉部烧蚀率降低了 28%,且制造时间缩短了 40%左右。

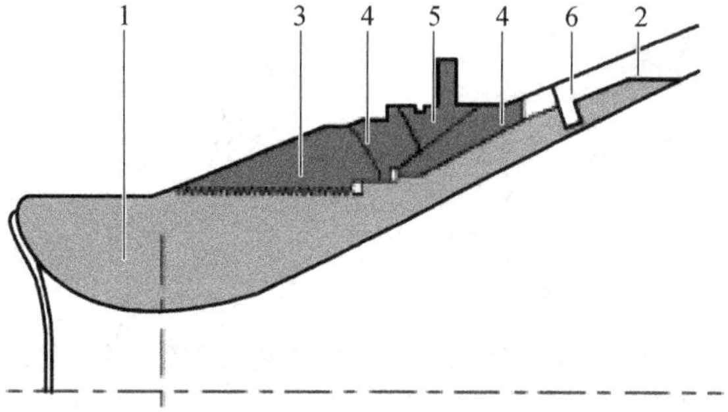

图 7.24　典型的使用 4 向编织 C/C 复合材料的喉部-收敛段一体化喷管

1 -一体化喉部-收敛段;2 -扩张段;3 -螺帽;4 -隔热层;5 -连接环;6 -螺钉

图 7.25　欧洲阿里安-5 大型固体火箭发动机 ITE 喷管

与 ITE 工艺改进思路类似的,使用先进多向编织 C/C 复合材料一体化制造的扩张段(图 7.26)也是提升喷管性能的重要发展方向。

为提高大型固体火箭发动机喷管的性能、可靠性和安全性,采用一体化程度更高的成型方式可减少零件数量,减轻整体重量,是世界各国喷管制造工艺的主流发展方向。一体化喷管与粘接组装喷管的显著区别在于一体化喷管是在单一芯模上进行多次缠绕、铺放、(热压罐)固化等工艺过程进行增材制造成型。随着喷管尺寸的增加,大型喷管材料也由金属向全复合材料方向演变。

对于生产大型固体火箭发动机的大尺寸喷管,典型粘接组装工艺通常难以实施,采用一体化成型方式可以有效地解决这个问题。一体化成型的复合材料喷管

图 7.26　使用编织 C/C 复合材料一体成型的大型喷管扩散段

由内至外依次成型喷管烧蚀层、隔热层和结构承载层等，成功地提升了界面结合强度，并通过全复合碳纤维壳体替代金属壳体的方案，提高了工艺实施性，结构重量效率及可靠性。大尺寸喷管一体化成型工艺使用的大直径热压罐和大型五轴卧式布带缠绕机如图 7.27 所示。

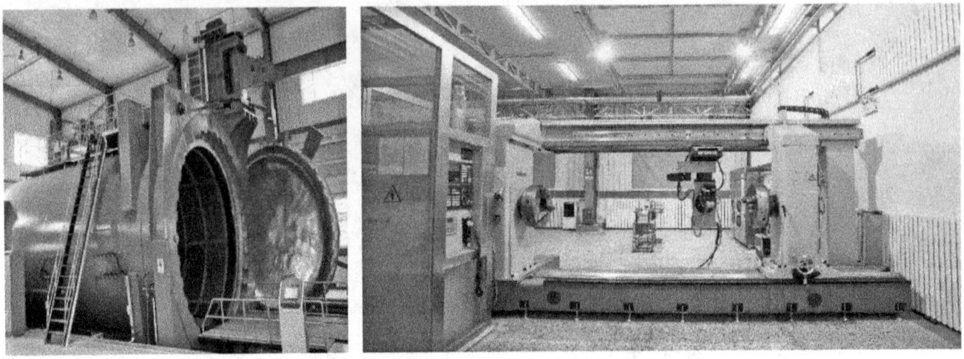

图 7.27　大直径热压罐和大型五轴卧式布带缠绕机

使用一体化成型技术制造的固定喷管和拼接工艺制造喷管相比，大幅度地降低了喷管零件数量，减少了连接件的使用，降低成本的同时也达到了轻量化的目的。

7.5　大型固体火箭发动机喷管试验检测技术

大型固体火箭发动机试验和检测是固体推进技术的重要组成部分。大型固体火箭发动机喷管在研制过程中和交付使用前,通常需要考核验证和检测的内容,具体如下所示。

(1) 性能验证: 如喷管(壳体)静力试验,喷管摆动试验等;

(2) 质量检测: 生产过程至交付前的系列无损检测,包括界面超声检测、内部射线相(computed rodiography/digital radiography, CR/DR)及切面 CT 检测等。

本节主要围绕性能验证和产品质量无损检测进行叙述,其中性能验证主要有喷管结构强度/刚度检测试验方法和柔性喷管的摆动性能试验方法。

7.5.1　喷管结构强度/刚度检测试验方法

大尺寸喷管通常通过水压加载方式模拟发动机工作条件下喷管各部件的受力情况。通过该试验主要考核: 喷管壳体(包括摆动喷管固定倒锥体壳体、扩张段壳体)承载性能;喷管整体结构刚度及变形匹配性。

典型的喷管壳体和喷管整体水压试验示意图如图 7.28 所示,试验一般采用竖直放置方式进行,试验装置放置于支撑平台上,通过压力泵对密封罩工装内部进行加压,通过密封罩上的测压孔采集压强值。喷管结构静力试验设备如图 7.29 所示。

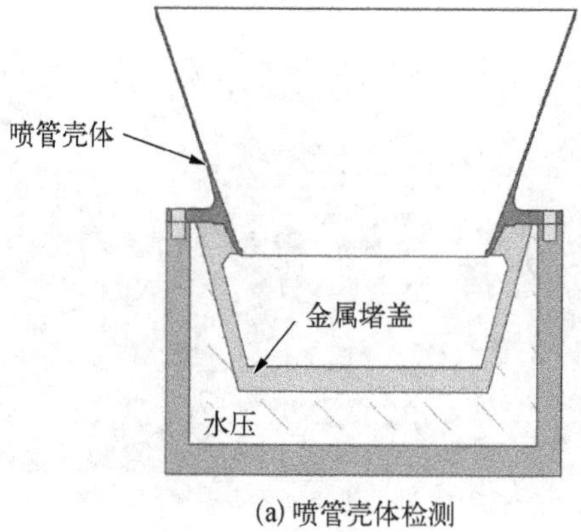

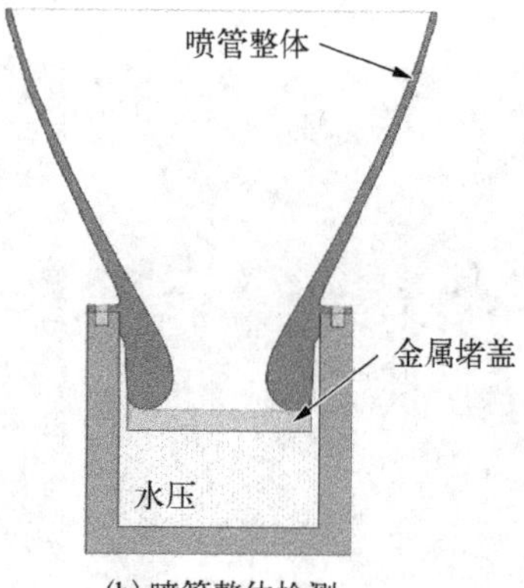

图 7.28　喷管结构强度/刚度水压试验测试示意图

喷管试验件(喷管壳体或者喷管)接口及安装应与正式产品状态一致,试验件总装完毕后,粘贴应变片等传感器。水压试验前需对工装内部空气进行排空处理,空气排空后加压至 0.2 MPa,检查有无泄漏,将测试设备清零,准备采集数据。随

图 7.29　喷管结构静力试验设备

后，按照预定压强逐级升压，当每级加压载荷稳定后，采集试验件的位移应变等测试数据，稳压后（逐级）泄压，泄压完成后需进行外观检查。

7.5.2　大型柔性喷管摆动性能试验方法

国内外先进的大型固体火箭发动机大部分装备了全轴柔性喷管，其设计参数众多，结构和工艺复杂，因此，大型柔性喷管摆动性能是研制和生产过程中需要测试的核心指标。其摆动性能决定了发动机的推力矢量控制特性、全弹控制稳定特性和配套伺服系统的性能要求，是发动机喷管、发动机总体、飞行器总体、控制系统及摆动喷管伺服系统设计单位共同关心的重要性能数据，在每型柔性喷管的研制和生产阶段均需要进行大量的试验来评价其性能，其在服役过程中的稳定摆动性能，是大型运载器实现稳定和姿态控制的先决条件。国外各固发研制单位在长期的摆动喷管研制过程中，形成了一套成熟的试验流程，统计情况如表 7.5 所示。

表 7.5　国外相关单位柔性喷管试验内容统计情况

单　位	试验内容			文献及资料名称
NASA（美国）	静压试验	摆动试验	—	NASA SP－8114[11]
Hercules（美国）	静压试验	摆动试验	—	Flexible Joints for Thrust Vector Controls[12]
Vikram Sarabhai 空间中心（印度）	水压试验	单轴摆动试验	全轴摆动试验	Performance Characterization of a Flexible Nozzle System (FNS) of a Large Solid Rocket Booster Using 3－D DIC[13]

柔性喷管的试验步骤按静压、单轴摆动和全轴摆动序贯进行。通过静压试验获得后续摆动试验各压强点下的伺服作动器热态零位长度，考核喷管稳定性和静态密封性能，若以上性能不合格，则无法进行后续摆动试验；静压试验通过后，再进行单轴摆动试验，对力矩特性、实际摆心漂移量等进行测试和相关处理，验证喷管摆动过程结构完整性和密封性能；最后通过全轴摆动试验对喷管最大设计摆角和结构干涉情况进行检查。试验项目及对应考核验证内容见表 7.6。

表 7.6 试验项目及对应考核验证内容

序号	试验项目	考核验证内容	获得性能数据
1	静压试验	静压密封性能； 整体稳定性	偏斜角
			热态零位长度
2	单轴摆动试验	单轴摆动密封性能； 结构完整性	摆角与力矩对应关系（最大比力矩、弹性比力矩、摩擦力矩、偏位力矩）
			摆心漂移量
3	全轴摆动试验	全轴摆动密封性能； 结构完整性； 最大摆角下的结构协调性	最大机械摆角

1. 静压试验

如图 7.30 所示，静压试验通过压力加载系统模拟发动机工作内压，柔性喷管在受压状态下柔性接头及相关结构件会产生变形，使得上下支耳间的相对距离产

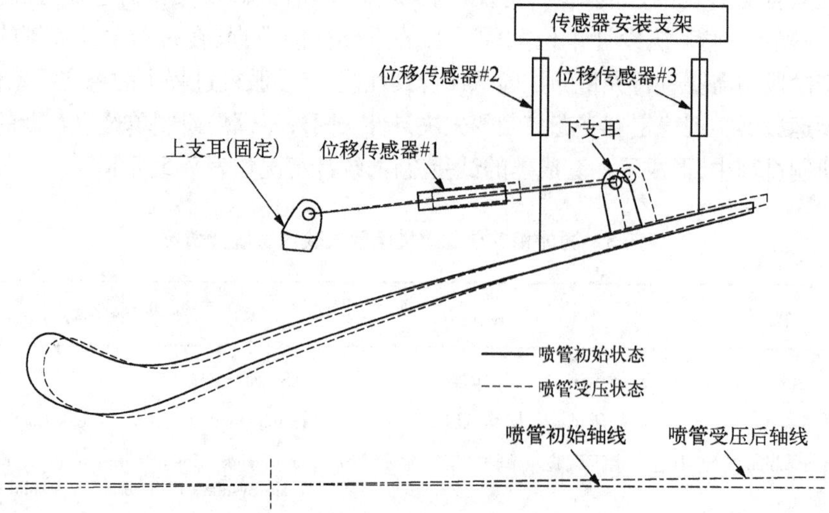

图 7.30 静压试验原理示意图

生变化。通过安装在试验喷管上下支耳间位移传感器测量位移的变化量，与冷态零位长度相加，可以得到某压强点下喷管热态零位长度；在喷管扩张段安装轴向距离固定的两组径向位移传感器（正交分布），测得两传感器位移量后利用三角几何关系求解，可以得到测量平面内某压强点下的喷管单方向偏斜角，将两个正交平面内的单方向偏斜角进行合成，可得到喷管该压强点下的合成偏斜角。

2. 摆动试验

大型固体火箭发动机大多采用的是全轴柔性喷管，在试验中需要对喷管的单轴和全轴摆动性能依次测试。

如图 7.31 所示，单轴摆动试验通过单个伺服作动器动作使喷管在一个方向摆动，测试喷管单轴摆动力矩和摆心偏移情况。在试验中，通过摆角测试装置测得实

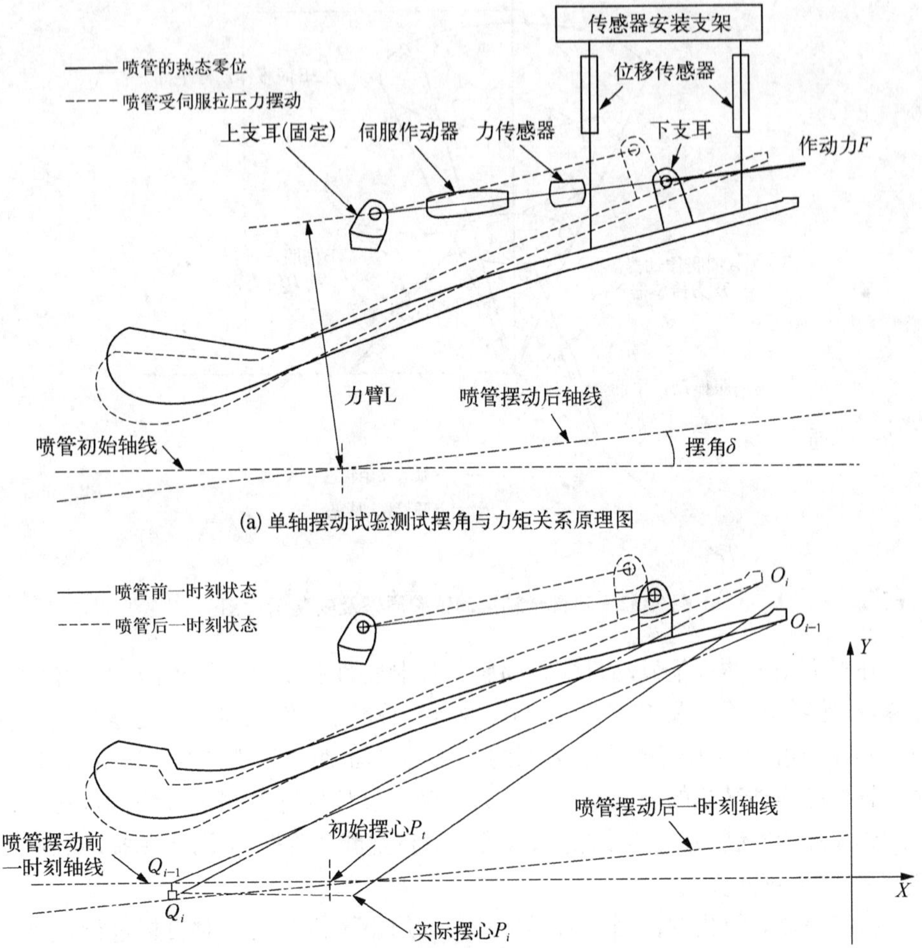

(a) 单轴摆动试验测试摆角与力矩关系原理图

(b) 单轴摆动试验测试实际摆心原理图

图 7.31　单轴摆动试验原理示意图

时摆角，通过与伺服作动器串联的力传感器测得伺服作动器作动力，将作动力与喷管力臂相乘，计算出喷管控制力矩；同时，通过布置在活动体上的位移传感器或其他测试方法得到活动体上任意两点的摆动前后坐标，分别作两点摆动前后时刻连线的中垂线，两中垂线交点即为柔性喷管的实际摆动中心。

喷管全轴摆动试验原理及安装示意图如图 7.32 所示，试验中通过两个伺服作动器呈正交 90°在相邻两象限平面内布置，通过给 A 伺服作动器正弦波摆动信号，给 B 伺服作动器相对 A 伺服作动器相位差为 1/4 个波形的摆动信号，使喷管绕初始轴线做恒定摆角幅值的 360°圆周摆动。

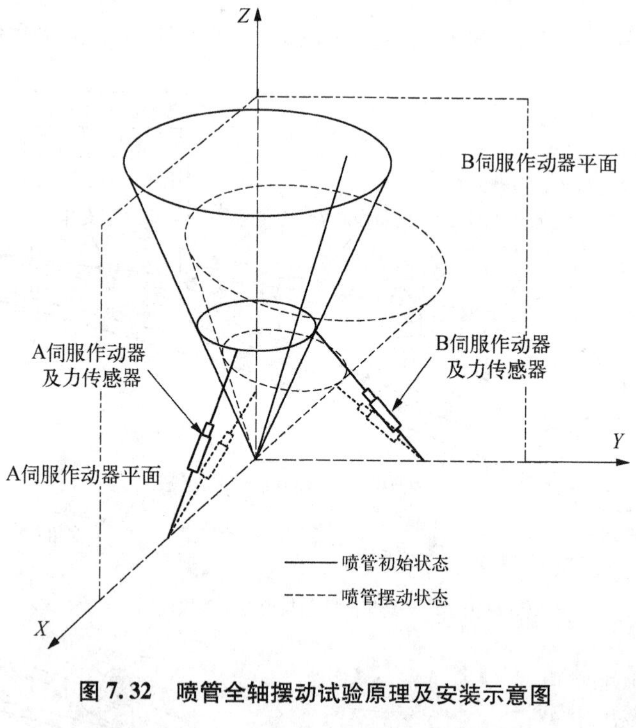

图 7.32　喷管全轴摆动试验原理及安装示意图

在对大型固体火箭发动机矢量喷管的控制特性测试中，需要在试验中测试出冷零位、热零位，摆角及工作中（含不同内压工作状态）作动器推力与摆角、控制摆角与实际摆角、不同摆角与摆心之间的关系，包括单摆与双摆耦合等影响。目前针对喷管冷态摆动试验的测试系统主要为接触式位移传感器测量方法，但该方法受其测试原理的限制，存在诸多缺点，如无法进行空间三维摆动测试、易损坏、测试误差较大、效率较低等。

实时摄影数值化成像测试系统是一种利用摄影机和电脑对目标进行识别、跟踪和测量，在极短的时间内可完成从数字图像获取到取得所摄物体形状和位置信息全过程的测量技术，可将大尺寸摆动喷管矢量控制特性测试效率及准确度将提高一个数量级以上,其测试技术原理图如图7.33所示。在试验过程中,采用实时摄影测量技术,将高速摄像机采集的数据转化为柔性接头的摆角、摆心值。

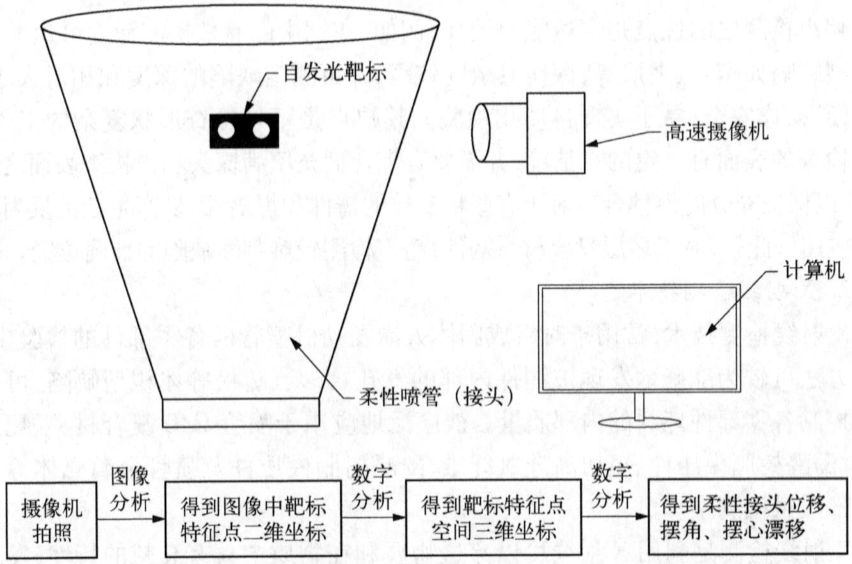

图7.33 柔性喷管全轴摆动实时摄影数字化成像测试技术原理图

7.5.3 喷管无损检测技术

大型固体火箭发动机喷管是由多种材料组成的复合结构,要承受高温高速高压燃气的热烧蚀和冲刷,工作环境极为苛刻,因此要求每个功能部件及其界面都具有高度的可靠性,各个界面之间需粘接良好,避免发生蹿火而导致密封结构失效的风险;同时,由于喷管各热防护材料的内部质量及其参数(如烧蚀层厚度)与正常发挥其功能息息相关,因此需在喷管产品研制的不同环节,采用相应的无损检测手段控制其质量,确保喷管结构可靠性。

通常采用的喷管检测技术主要有超声检测技术、X射线检测技术、CT检测技术,下面分别加以介绍。

1. *超声检测技术*

超声检测技术,常用于对固体火箭发动机喷管金属与非金属复合构件粘接界面、多层复合材料构件内部界面的粘接情况进行检测,该检测方法可以比较准确地发现被测件内部的脱粘缺陷,经与喷管解剖结果对照,脱粘位置和脱粘面积也与检测结果吻合。

超声检测是指利用超声波对构件内部缺陷进行检查的一种无损探伤方法。用发射探头向构件表面通过耦合剂发射超声波,超声波在构件内部传播时遇到不同界面将有不同的反射信号(回波)。利用不同反射信号传递到探头的时间差,可以检查到构件内部的缺陷。根据在荧光屏上显示出的回波信号的高度、位置等可以判断缺陷大小,位置和大致性质。

超声检测法的优点是穿透能力较强,例如,在钢中的有效探测深度可达 1 m;对平面型缺陷如裂纹、夹层等,探伤灵敏度较高,并可测定缺陷的深度和相对大小;设备轻便,操作安全,易于实现自动化检验。其缺点是不易检查形状复杂的工件,要求被检查的表面有一定的光洁度,并需要有耦合剂充填满探头和被检查表面之间的空隙,以保证充分的声耦合。对于有些粗晶粒的铸件和焊缝,因易产生杂乱反射波而较难应用。此外,对于多层复合材料构件,超声检测较难判断缺陷的准确位置。

2. X 射线检测技术

X 射线检测技术,常用于对组成固体火箭发动机喷管的各零部件的检验中,该检测方法可较为准确地发现被测件内部的气孔、夹杂、疏松等体积型缺陷,可以较好地控制各零部件坯料的内部质量。被广泛地应用于喷管 C/C 复合材料、短切碳纤维/酚醛树脂模压件、短切高硅氧纤维/酚醛树脂模压件及喷管金属壳体等制品的内部质量检测中。

X 射线检测是利用 X 射线可以穿透物质和在物质中具有衰减的特性,发现缺陷的一种无损检测方法。是观察、研究和检验材料微观结构、化学组成、表面或内部结构缺陷的实验技术,如 X 射线粉末衍射术、X 射线荧光谱法、X 射线照相术、X 射线形貌术等。在喷管检测中主要用 X 射线照相术,X 射线无损检测设备如图 7.34 所示。

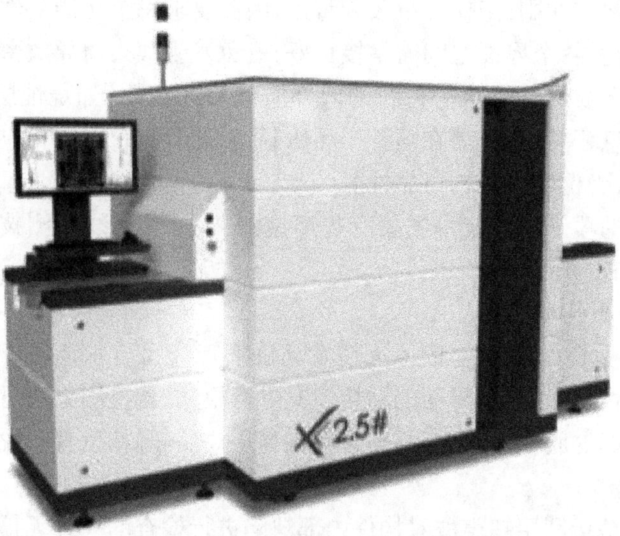

图 7.34 X 射线无损检测设备

X 射线检测主要依靠 X 射线的特性及其成像原理。

X 射线的特性：1）穿透性。X 射线能穿透一般可见光不能透过的物质；2）电离作用，X 射线或其他射线通过物质被吸收时，可使组成物质的分子分解成正负离子，称为电离作用，离子的多少和物质吸收的 X 射线量成正比。通过空气或其他物质产生电离作用，利用仪表测量电离的程度就可以计算 X 射线的量，检测设备正是由此来实现对零件的探伤检测的。3）X 射线的感光、荧光作用。

影像形成原理：X 射线影像形成的基本原理，是由 X 射线的特性和零件的致密度与厚度之差异所致。

X 射线检测的优点：1）几乎适用于所有的材料，对零件的几何形状及表面粗糙度均无严格要求；2）X 射线检测能直观地显示缺陷影像，便于对缺陷进行定性、定量和定位；3）射线底片能长期存档备查，便于分析缺陷原因。

X 射线检测的缺点：X 射线检测对气孔、夹杂、疏松等体积型缺陷的检测灵敏度较高，对平面缺陷的检测灵敏度较低，如当射线方向与平面缺陷（如裂纹）垂直时很难检测出来。另外，射线对人体有害，需要有保护措施。

3. CT 检测技术

工业 CT 检测，即工业计算机断层扫描成像，能在对检测物体无损伤的情况下，采用密度差异，即把不同密度的被检测物体对穿透射线的衰减系数换算成物质的 CT 值，然后以二维灰度图像的形式将物体内部的结构、组成、密度变化等清晰直观准确地显示出来。其原理主要是通过扫描工件得到断层投影，然后通过图像重建算法重建出断层图像。工业 CT 检测技术被誉为当今最佳无损检测和无损评估技术，是物体内外部缺陷测量与统计、结构尺寸测量、设计工艺改进、升级制造技术不可缺少的手段。在喷管研制中，作为一种辅助检测手段，解决了喷管质量检测中某些参数（如碳层厚度）无法定量的技术难题，对喷管关键设计参数的精准把控具有重要意义。

工业 CT 检测的优势就是无损检测，表面不需处理、不用破坏就可以看到工件的内部情况，扫描无死角且擅长于复杂结构的分析；可较为直观地获得目标特征的具体空间位置、形状及尺寸信息；具有非常良好的密度分辨能力。其缺点在于成本较为昂贵，如喷管扩张段进行 CT 切片检测碳层厚度时需要逐台产品进行检测，切片位置有限，一般用于辅助性检测。

参考文献

[1] Baker M. Flight test and analysis of a multi-chamber aerospike[C]. Hartford: 44th AIAA/ASME/SAE/ASEE Joint Propulsion Conference & Exhibit, 2008.

[2] Besnard E, Chen HH. Design, manufacturing and test of a plug nozzle rocket engine[C]. Indianapolis: 38th AIAA/ASME/SAE/ASEE Joint Propulsion Conference & Exhibit, 2002.

[3] 鲍福廷,侯晓. 固体火箭发动机设计[M]. 北京：中国宇航出版社,2016.

[4] 刘骁,国义军,刘伟,曾磊. 碳化材料三维烧蚀热响应有限元计算研究[J]. 宇航学报,2016,37(9)：1150-1156.

[5] Koo J, Lin S, Kneer M, et al. Comparison of ablative materials in a simulated solid rocket exhaustenvironment[C]. Baltimore：32nd Structures, Structural Dynamics and Materials Conference, 1991.

[6] Zien T F. Thermal effects of particles on hypersonic ablation[J]. Journal of Thermophysics and Heat Transfer,2002,16(2)：285-288.

[7] Yang B, Cheung F, Koo J. Numerical investigation of thermo-chemical and mechanical erosion ofablative materials[C]. Monterey：29th Joint Propulsion Conference and Exhibit, 1993.

[8] 何洪庆,严红. EPDM 的烧蚀模型[J]. 推进技术,1999,20(4)：36-39.

[9] 徐善玮,侯晓,张宏安. 固体火箭发动机内热防护层烧蚀质量损失计算[J]. 固体火箭技术,2003,26(3)：28-31.

[10] 刘洋. 高过载固体发动机内流场模拟试验技术[D]. 西安：西北工业大学,2004.

[11] NASA Lewis Research Center. NASA Report：Solid rocket thrust vector control, NASA SP-8114[M]. Cleveland：NASA Lewis Research Center,1974.

[12] Woodberry R F H. Flexible joints for thrust vector controls[C]. Anaheim：AIAA and SAE 11th Propulsion Conference,1975.

[13] Swain D,Biswal S K. Performance characterization of a flexible nozzle system (FNS) of a large solid rocket booster using 3-D DIC[J]. Experimental Techniques, 2019, 43：429-443.

第8章
点火装置技术

8.1　点火装置的功能和分类

8.1.1　点火装置的功能和作用

点火装置包含发火系统和能量释放系统两部分，其主要任务是点燃火箭发动机的推进剂装药。点火装置的核心部件是点火药和发火管，发火管用来点燃点火药，点火药在极短时间内燃烧产生大量炽热燃气，包围并加热装药表面，使装药点燃。除此之外，为了保证点火顺利可靠地进行，还需要一些辅助部件，如点火线路、发火管固定座、点火药盒、保证安全工作的安全保险机构、多级火箭点火需要的延期装置等[1]。

8.1.2　点火装置的分类

点火装置的作用，是准确可靠地点燃药柱，使发动机按预定要求进入正常工作状态。固体火箭发动机点火一般是用强迫点火方法[1]。强迫点火就是给药柱初始能量，激发点火直至使药柱开始正常燃烧。这种点火能概括起来有三种形式[2]：

(1) 热能，如用炽热燃气，以辐射、对流和导热方式给药柱传热，以实现药柱的点火；

(2) 化学能，如用化学活性物质 ClF_4 喷洒在药柱表面上，立即产生剧烈的放热化学反应，这种点火称为自燃点火；

(3) 机械能，如用摩擦或冲击方式，使药柱点火。

目前常用的大多为热能点火装置，如药盒式点火器和火箭发动机式点火器。药盒式点火器由电发火管和点火药盒、电源接线及接线插座等组成。火箭发动机式点火器由电发火管、点火药盒、点火药柱、壳体和喷嘴等组成。前者称为二级点火，后者称为三级点火，见图 8.1。针对大型固体火箭发动机喷管喉径大，容腔体积大、长度长、装药量大的特点，可采取四级点火形式，即在三级点火的基础上增加大点火发动机，由大点火发动机点燃主发动机药柱，见图 8.2。

根据点火装置在发动机上安装的位置分为前置式点火装置、后置式点火装置和中间点火装置。

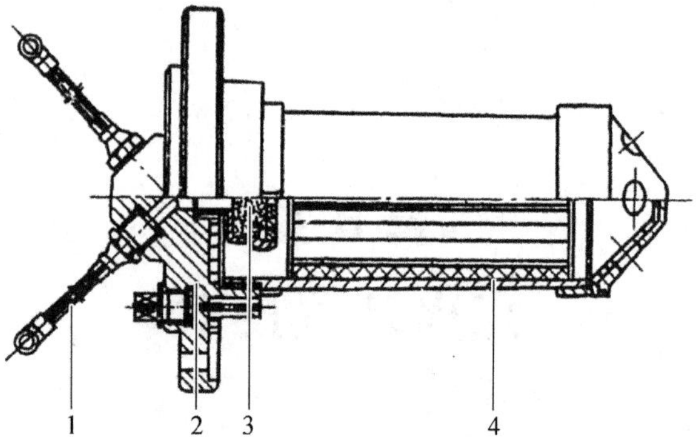

图 8.1 三级点火发动机结构

1 -电发火管;2 -顶盖;3 -点火药盒;4 -点火药柱燃烧室

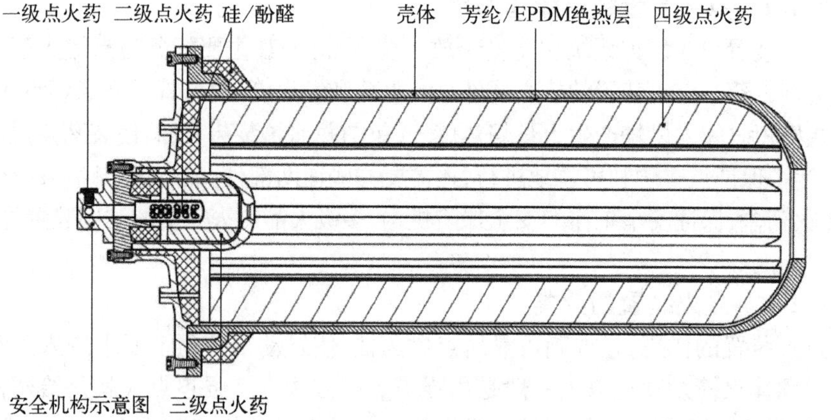

图 8.2 四级点火发动机结构

8.2 固体火箭发动机对点火装置的要求

固体火箭推进剂的点火是固体火箭发动机工作成败的关键,将直接影响发动机的工作性能。点火装置是固体火箭发动机的启动装置,是最危险、最容易发生故障的部件。一个性能良好的点火装置必须确保在发动机的整个使用温度范围内都能可靠地点燃推进剂装药,并在较短的时间内使装药进入稳态燃烧阶段,建立起正常的稳态工作压强。

点火装置的选择应遵循以下原则[1,2]:

(1) 保证药柱能可靠地点火,同时尽可能地简化结构和点火链路;

(2) 点火装置与火工品的匹配性好;

(3) 点火药发火温度低,易于引燃;

（4）点火药燃烧产物温度高，并含有适当比例的固体热粒子；

（5）点火药在运输、贮存和勤务处理时，不易破坏或发火，温度敏感性和吸湿性低，不易氧化、变质等；

（6）尽可能地避免点火残骸的产生，如点火药盒和点火发动机采用铝壳体，铝的熔点低，可以在发动机燃气中烧毁；

（7）点火延迟小；

（8）点火压强峰小；

（9）点火装置的体积和质量小；

（10）点火装置具有安全防护措施，如设置安全机构；

（11）产品易加工，国内原料来源充足，生产成本低。

8.3　点火装置工作原理

8.3.1　点火装置点火过程

固体火箭发动机的点火过程是指从发动机启动到进入稳定工作之前的一段历程，一般分为三个阶段[2]。

（1）当接到发射火箭的指令时，操作人员或自动装置接通点火电源，发火元件的桥丝发热，点燃桥丝周围的热敏火药，热敏火药的火焰点燃加强药，这一过程称为发火阶段；

（2）发火阶段产生的火焰点燃点火药。点火药燃烧后产生高温高压气体，这种燃气中含有一定数量的炽热粒子，温度为 2 500～3 000 K，压强为几兆帕到几十兆帕；

（3）点火药燃气与主药柱表面接触，以对流、导热和辐射方式向主药柱传热，提高主药柱表面温度，主药柱受热最多的地方，首先被加热到发火点温度，便开始了点火。若条件具备，接着产生的初始火焰向整个主药柱表面传播，这时主药柱便进入正常燃烧，点火过程完成。

工程上规定：从点火信号或指令给出的时刻起，到初始压强 p_i 建立为止期间所对应的时间间隔称为点火延迟时间 t_{di}。除另有要求外，初始压强可按燃烧室压强连续上升到 0.3 MPa 时的压强值确定。对于固体火箭发动机药柱来说，当从电发火管通电到发动机燃烧室压强达到额定工作压强值的 75%～80%时，药柱才被认为点燃了，其间所经历的时间又称为药柱点火延迟期 t_{ign}，见图 8.3。

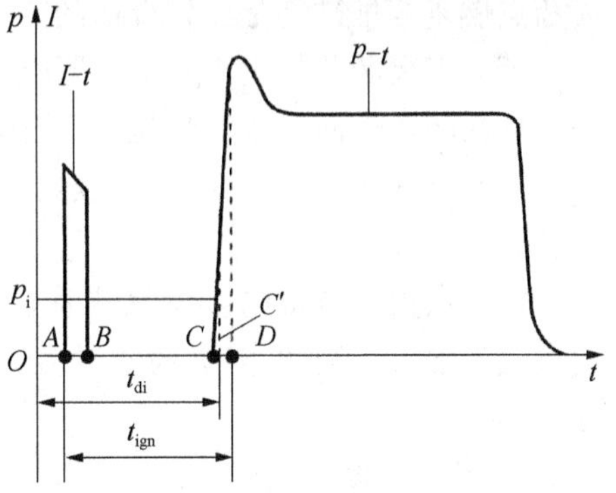

图 8.3　发动机药柱点火延迟期示意图

点火延迟时间 t_{di} 是衡量发动机点火性能的主要指标。对某一固体火箭发动机而言，若点火延迟时间超过规定值，便认为该发动机的点火不可靠。

8.3.2 药柱点火延迟期的估算

火箭发动机药柱点火延迟期 t_{ign} 包括两部分时间。如图 8.3 所示，A 点相当于电发火管电路接通瞬间，B 点相当于电发火管桥丝烧断瞬间，C 点相当于点火装置药盒破裂或点火发动机喷出点火燃气瞬间，D 点相当于药柱被点燃瞬间，该瞬间人为地规定为发动机工作压强或推力值达到额定值的 75%～80%时，药柱就点燃了。从 A 点到 C 点，即从电发火管通电到点火药燃烧产物触及药柱燃烧表面为止的一段时间称为发动机点火延迟期的第一部分时间。对某些特定点火装置，这一部分时间是固定的。从 C 点到 D 点，即从点火药燃烧产物与药柱燃烧表面接触起到药柱正常燃烧为止的一段时间，称为药柱点火延迟期的第二部分时间，用 τ 表示。影响 τ 的因素可分为以下五大类。

1. 药柱的物理化学性质

药柱成分不同，则其导热系数 λ、比热容 c 和密度 ρ 的数值就不相同。当药柱的导热系数 λ 大时，热量就能很快地由表面传入内部，因而药柱表面的温度就不容易提高，故 τ 就会增加。当药柱密度 ρ 增大时，则对同一厚度的加热层，其升高 1℃ 所吸收的热量就多，因而药柱温度升高慢，使点火延迟期 τ 增长。当药柱的比热容 c 大时，则单位质量的药柱升高 1℃ 时，需要的热量就多，故药柱难点燃。一般说，复合推进剂药柱比双基推进剂药柱难点燃。浇铸复合推进剂药柱表面有一层脱模剂，它分解慢，会使点火延迟期增长。当药柱中加入少量燃烧催化剂 Fe_2O_3、Co_2O_3、MgO 和 PbO 等时，可以提高药柱的燃速，使点火延迟期缩短。

2. 点火药性质

(1) 点火药的燃烧气体温度 T_g 越高，可使 τ 减小，黑色火药燃气温度 T_g = 2 590 K。以镁或铝作燃料的高能点火药燃气温度 $T_g \geq 3\ 000$ K。因而，用高能点火药点燃复合推进剂是比较合适的。

(2) 点火药药粒大小对 τ 的影响很大。药粒小，则点火药的燃烧时间短，其燃烧产物在药柱表面停留时间就短，使药柱表面尚不能建立起加热层，故药柱难以点燃。一般情况下，点火药必须做成具有一定尺寸的药粒，对高燃速的点火药尤其要注意。

(3) 点火药数量的多少意味着点火能量的大小。若点火药量过少，就会使 τ 增大或者瞎火。当然，点火药量过多，不但必要性不大，反而会引起过高的点火压强峰。

3. 发动机结构

(1) 发动机燃烧室自由容积 V_c 的大小，直接影响点火的性能。V_c 越大，点火药燃气充填时间加长，点火压强建立过程慢，会使 τ 加大。但 V_c 过小，则点火燃气在药柱表面停留时间短，药柱建立不起必要厚度的加热层，也会使 τ 增大。

（2）发动机喷管的堵盖，可使点火压强迅速建立起来，点火延迟期缩短。喷管堵盖除了起防潮、密封作用，对发动机点火有重大影响。设计堵盖时，对其选材、厚度、安放位置和破坏压强等都要仔细研究。

（3）发动机的药柱燃烧面积 A_b 与喷管喉部面积 A_t 之比对点火也有较大的影响。一般地，A_b/A_t 越大，τ 越小。

（4）当燃烧室中金属件较多，且裸露的金属表面大时，点火燃气无效散热大，因此药柱点火延迟期 τ 增大。当燃烧室内壁为贴有绝热层的纤维增强复合材料壳体，或为贴壁浇铸的内孔燃烧药柱等，都会减小点火时的无效热损失，使点火延迟期缩短。

4. *药柱的初始温度*

当药柱初温 T_0 较大时，由于建立加热层较快，故药柱的点火延迟小。对于低发火点的药柱，初温 T_0 的影响较大。设计点火装置时，应保证在最低温度下可靠地点火。

5. *点火器的安放位置及数量*

点火器放在发动机头部，会使点火燃气全部流经药柱表面，这是一个对点火最有利的位置。对大尺寸药柱，采用数个点火器或点火发动机，可以获得较短的点火延迟期。

8.3.3 点火压强及其峰值

点火压强，一般公认是点火药燃烧产物形成的燃烧室压强。其测定方法是在实际发动机中，装入与真药柱尺寸相同，物理性质相近的假药柱，其他结构不变，将点火器点燃，测出燃烧室压强曲线，最大压强就是该发动机的点火压强[2]。

点火压强峰是发动机点火时产生的压强急升，其程度是用峰值比表示。峰值比是压强峰值与平衡压强值的比。多数火箭发动机的峰值比为 1~2，特殊情况下，可达 2~5。

在发动机结构强度设计时，必须保证发动机能承受可能出现的最大压强。对于已有的发动机，必须保证不致出现意外的过高的压强峰，以免发生危险。因此，点火压强峰的减小，是降低发动机结构质量，提高火箭性能和可靠性的一个重要因素。压强峰的存在必然产生推力峰，这时会使火箭或飞行器的过载增加。

事物都是一分为二的，点火压强峰并非全然无益。点火压强峰会使点火过程的反应加快，可使点火延迟期缩短，提高点火的可靠性。在特殊情况下，当火箭弹需要一初始瞬间大推力时，就可利用点火压强峰来实现。

但是,对大多数发动机来讲,在满足点火延迟期要求的前提下,希望尽可能地降低点火压强峰。点火过程对点火压强峰的影响因素如下:

(1) 点火药量过多、点火药燃烧产物中气相成分较多、点火药燃速高或药粒小等,都会造成点火压强峰。以镁、铝为燃料的高能点火药,燃烧产物中气体成分比黑色火药少,故采用高能点火药可以降低点火压强峰。

(2) 当药柱初温高时,若其他因素不变,点火加热期越长,则点火压强峰越高。

(3) 燃烧室自由容积越小,喷管堵盖破裂压强越大,则点火压强峰越高。

(4) 推进剂的组分的影响也很明显,例如,复合推进剂的点火压强峰一般比双基推进剂的低。

8.4 点火装置设计

点火装置设计主要包括:点火药选择;点火药盒设计;点火发动机设计;点火装置安全保险机构设计;顶盖体设计[1]。

8.4.1 点火药选择

1. 点火药要求

点火药应满足下列要求[2]。

(1) 能量特性:燃烧产物温度高,并含有适当比例的固体热粒子。

(2) 点燃特性:发火温度低,易于引燃。

(3) 安全性:在运输、贮存和勤务处理时,不易破坏或发火。温度敏感性和吸湿性低,不易氧化、变质等。

(4) 生产经济性:国内原料来源充足,生产成本低。

2. 点火药种类

1) 黑色火药

黑色火药是国内外广泛使用的点火药,配方是 $KNO_3$75%,木炭 15%,S10%。

黑色火药的优点如下所示。

(1) 热敏感度高,发火点约为 300℃,这是其他各种点火药无法比拟的。它通常用低能量发火管就可以引燃。用二级点火,就足以使中、小型固体火箭发动机可靠点火。

(2) 黑色火药的燃烧产物中含有约 60%的固体炽热粒子,这种粒子对药柱表面直接接触传热,使热交换效率大为提高,并且也增强了热辐射的效果。因为黑色火药的燃烧产物中也含有足够多的气体,可在点火过程中建立一定的点火压强,故可造成有利的点火条件。

(3) 黑色火药的机械敏感度低,当生产、运输贮存和勤务处理时,有较好的性能稳定性和安全性。

黑色火药的缺点如下所示。

(1) 能量不高:它的燃烧值为 2.449 kJ/kg(585 kcal/kg),燃烧温度为 2 590 K。燃烧速度低,在大气压下,燃烧速度为 8~10 mm/s。黑色火药多用于点燃双基型固体推进剂药柱,因为它比复合固体推进剂易于点燃。

(2) 黑色火药放在不密封的容器中容易吸湿。当它的含水量大于 2%时,不易点燃。

总的说来,黑色火药是有烟火药的一种,它是硝酸钾、木炭和硫的机械混合物。它燃烧时,硝酸钾放出硫和木炭燃烧时所需要的氧,硝酸钾是氧化剂,而硫和木炭是燃料。这里硫还有它的特殊作用即胶合作用,使黑色火药易于成型;它能降低黑色火药的吸湿性;它的着火温度低,使黑色火药容易点燃;它对火焰的感度高,使黑色火药容易用明火点燃。另外,黑色火药的燃烧温度较高,燃烧产物中含有 50%以上的固体热粒子,因而点火效率比较好。综上所述,黑色火药在许多点火装置中,无法被其他火药取代。

我国生产的黑色火药,按药粒大小,分为大粒 1 号和 2 号,小粒 1 号、2 号、3 号和 4 号,还有黑色火药粉等共七种。大粒火药,燃烧时间长,总燃烧面积小,故能量输出速度慢,压强升高速度也慢,适用于点燃大、中型双基推进剂药柱(包括低燃速双基药)。对于大型双基推进剂药柱发动机。为加长药柱加热时间,又不致引起大的点火压强峰和点火冲击,往往将黑色火药压成药饼以增加燃烧时间。但是,药粒过大,点燃困难。药粒过小,燃烧时间短,易产生过高的点火压强峰。若燃烧时间小于主药柱的点火延迟期,则不可能点燃主药柱。因此,合理选择药粒尺寸的大小,是一件很重要的事。

有时,为了克服黑色火药能量低的缺点,在黑色火药中加入适当比例的双基药碎粒。

2) 烟火剂

烟火剂和黑色火药一样,是氧化剂、燃料和粘接剂的机械混合物。用作点火药的烟火剂有以下几类。

(1) $B-KNO_3$。这种类型的点火药中含硼(B)25.7%,含硝酸钾(KNO_3)70.7%,含粘接剂 5%~6%。该点火药的特点是低压下易点燃,气体含量较高,燃速对压强敏感性低,吸湿性比黑色火药小。

(2) $Al-KClO_4$。该点火药含铝粉(Al)35%,含高氯酸钾($KClO_4$)64%,含植物油 1%;其特点是能量高,低压下难点燃,燃速对压强敏感性大。

(3) Mg-聚四氟乙烯。目前国内已对这种点火药进行了研究和使用。该点火药能量特性较高,与 $B-KNO_3$ 点火药相近,当压强为 0.101 325 MPa 时,其燃速约为 1.8 mm/s。在低压下该点火药易于点燃,燃气中凝聚相颗粒含量多,燃速压力指数小。由于它的燃气气体含量少,可用于自由容积小的发动机点火。

(4) 其他烟火剂。Mg -黑色火药:该配方含 Mg26%,含黑色火药 51%,聚四氟乙烯 17%,高氯酸钾 6%。6 - 3 烟火剂:该配方含 $Ba(NO_3)_2$ 15%,Al - Mg 25%,酚醛树脂 10%,高氯酸钾 50%。Mg - $KClO_4$:该配方含 Mg 40%,高氯酸钾 30%。

烟火剂的优点:能量高,燃烧温度在 3 000 K 以上;含气量比黑色火药少,含固体微粒多,不易产生过高的压强峰;燃烧速度比较高等,这些特点都有利于点燃难以点火的复合推进剂。

烟火剂的缺点:① 发火点高,镁粉的发火点为 550℃, $KClO_4$ 的热分解温度为 610℃,聚四氟乙烯热分解温度为 390℃,均比黑色火药的发火温度高。因此,要用大能量的发火管或加强药才能使其点燃。② 大多数烟火剂有较强的吸湿性,贮存稳定性差,如 Mg 和 Al 容易氧化,此时活性降低。Mg 粉在空气中也易吸湿。③ 成本高。

3) 自燃点火剂

应用比较成功的自燃点火剂是 ClF_4 和 BrF_3 等,它们是高化学活性的液态化合物。将它们喷洒在药柱表面上,就能与推进剂发生强烈的异相化学反应,放出大量的热,使药柱点燃,这称为自燃点火。为缩短自燃点火的延迟期,可在药柱表面上涂一层化学活性物质。

3. 点火药量的计算

到目前为止,人们无法用解析法确定出点火药量,而只能用尝试法确定点火药量,但实验次数的多寡,与初步估算的点火药量的准确性关系极大。如果估算值准确,就可大大减少实验次数,节省人力和财力,节省时间。

下面介绍几种估算点火药量的计算公式。这些公式的共同特点是着重考虑了某一个或几个因素,故计算结果的误差较大。

(1) 根据发动机自由容积 V_c 估算点火药量。

当装药和发动机的燃喉比一定时,点火药量与发动机自由容积之间存在线性关系,其表达式为

$$m_{ig} = K \times V_c^n \tag{8.1}$$

式中,m_{ig} 为点火药量,单位为 g;V_c 为发动机燃烧室初始自由容积,单位为 cm^3;n 为发动机燃烧室初始自由容积指数,由实验确定;K 为常数,由实验确定。

当点火药选用高能点火药(烟火剂)时,$n = 0.6 \sim 0.8$。例如,当选用含 Al 为 35%、含 $KClO_4$ 为 64%和含植物油为 1%的烟火剂作为点火药时,$n = 0.7$。当使用烟火剂作点火药时,由实验得知,对低燃喉比的发动机,$m_{ig} = 0.95V_c^{0.6}$;对高燃喉比发动机,$m_{ig} = 0.6V_c^{0.7}$。

(2) 根据发动机工作压强估算点火药量。

推进剂在低压下点火所需要的能量与压强有密切关系。当压强升高时,所需要的点火能量迅速减小。当压强升高到一定值时,所需要的点火能量就与压强无关,且达到最小值。对复合固体推进剂,这个压强为 $33.4\times10^4 \sim 66.7\times10^4$ Pa($3.4\sim6.8$ kg/cm^2)。因此,可以根据点火装置产生的燃气在发动机燃烧室中所产生的压强(称为点火压强)来确定点火药量。不同推进剂的点火压强是不一样的,一般取点火压强为发动机工作压强的 30%~40%。

当喷管堵盖的爆破压强较高或喷管喉部直径很小时,可认为燃烧室自由容积是一密闭容器,由此,可用气体状态方程求得点火药量为

$$m_{ig} = \frac{V_c p_{ig}}{(1-\varepsilon)\dfrac{R}{M}T_{ig}} \frac{1}{\xi_Q} \tag{8.2}$$

式中,ξ_Q 为热损失修正系数,一般取 0.6~0.8,数值较小时用于长径比小的空间发动机的高空点火,数值较大时用于地面和低空点火;p_{ig} 为点火压强,一般取燃烧室平均压强的 30%~40%;ε 为点火燃气中固体微粒的百分数;R 为通用气体常数,8.31 J/(mol · K)[848 kg · m/(mol · K)];M 为点火燃气的摩尔质量,单位为 kg/mol;T_{ig} 为点火燃气温度,单位为 K。

(3) 根据主药柱质量估算点火药量。

当选用黑色火药为点火药时,点火药量为主药柱质量的 0.3%~0.5%。当采用高能烟火剂时,点火药量为主药柱质量的 0.1%~0.3%。这些经验公式是根据现有发动机的统计结果得到的,估算时,对小型发动机或难点火的药柱,取其上限;对大型发动机或易燃的发动机药柱,取下限。

(4) 根据主药柱的燃烧面积估算点火药量。

① 点火药所产生的热量,应使药柱 2/3 燃烧面积以上的温度都上升到发火点。

② 点火药所产生的热量,应使药柱燃烧面积每平方厘米吸收 31.5 J 热量。

上述两种标准均认为点火药能量有 1/3 被药柱吸收。

① 每 50 cm^2 药柱燃烧面积用 1 g 黑色火药。

② 药柱点火所需的总热量 Q 为

$$Q = C \times A_b\sqrt{E} \tag{8.3}$$

式中,A_b 为药柱初始燃烧面积,单位为 cm^2;E 为当点火压强为 68.7×10^4 Pa(7 kg/cm^2)时,每平方厘米燃烧面积所需要的点火能量;C 为经验常数。

根据所选定点火药的燃烧热 Q_{ig},就可以求得所需要的点火药量。

$$m_{ig} = \frac{Q}{Q_{ig}} \tag{8.4}$$

（5）用 Bryan-Lawrence 方程估算药柱点火时所需要的总能量。

药柱点火时所需要的总能量为

$$Q = 178\left[(A_b q_c)\left(\frac{4\pi L A_p}{A_b}\right)^{0.59}\right]^{1.08} \tag{8.5}$$

式中，A_p 为发动机通气面积，单位为 cm^2；A_b 为药柱初始燃烧面积，单位为 cm^2；q_c 为药柱点火时，单位燃烧面积所需要的热量，单位为 J/cm^2；L 为药柱长度，单位为 cm。

根据估算出的点火热量 Q 和选定的点火药燃烧热 Q_{ig}，即可计算所需的点火药量。

（6）估算点火药量的经验公式。

下面将介绍几个考虑因素较多的计算点火药量的经验公式。它们是用黑色火药点燃多根管状双基药药柱而总结出来的，具有较大的可靠性。

经验公式包括：

$$m_{ig} = 16\sqrt{\frac{A_b A_t}{\Delta}} \tag{8.6}$$

$$m_{ig} = 36\sqrt{\frac{A_b A_t d_c}{\Delta L}} \tag{8.7}$$

式中，A_t 为发动机喷管喉部面积，单位为 dm^2；Δ 为发动机装填密度，$\Delta = m_p/V$，单位为 kg/dm^3；m_p 为药柱质量，单位为 kg；V 为发动机燃烧室容积，$V = \pi d_c^2 L_c/4$，单位为 dm^3；d_c 为发动机燃烧室内径，单位为 dm；L_c 为发动机燃烧室长度，单位为 dm。

$$m_{ig} = \left(m_{ig1} - \frac{V_1 p_c}{9.8\xi_Q RT_0}\right)\frac{A_{t1}}{A_t} + \frac{V_1 P_c}{9.8\xi_Q RT_0} \tag{8.8}$$

式中，V 为初始自由容积，单位为 $10^{-2}\ cm^3$；p_c 为装药临界压强，单位为 Pa；RT_0 为火药力，单位为 J/kg；ξ_Q 为热损失系数。

式(8.8)中，下角标 1 表示已知的类似发动机值，没有下角标的为有关发动机的设计值。该公式应用时，需选择一个条件如主药柱品种、点火药品种和点火位置等相近的固体火箭发动机作为已知的类似发动机。

8.4.2 点火药盒设计

1. 点火药盒的作用

（1）盛放点火药的容器，保护点火药不被损坏，并起密封防潮作用。

(2) 保持点火药燃烧在一定压强下进行,以保证点火药完全燃烧。

(3) 控制点火药燃气的流动方向,进行气流分配,保证药柱均匀点燃。

(4) 提高高空点火的可靠性。在高空条件下,因气压较低,点火药不易点燃,而由于点火药盒的密封作用,在高空药盒内仍能保持足够的压强,故能使点火药可靠地点火。

2. 点火药盒的设计要求

根据点火药盒的作用,提出如下设计要求:

(1) 密封性要好,以利防潮;要有一定的装填密度,以防点火药松动而引起药粒之间的摩擦。

(2) 具有适当的强度。强度太低,点火延迟期长,重现性差;强度过高,会产生点火冲击现象,甚至导致主药柱破坏。

(3) 药盒破碎后,不应产生坚硬的碎片,最好是燃烧掉。坚硬的大药盒碎片会损坏药柱表面,堵塞喷管,这是绝对不允许的。

(4) 对于分装式点火装置,其药盒易于被发火管的火焰烧穿。因此在对准发火管火焰方向,药盒的厚度或材料要作特殊考虑。

3. 点火药盒的材料、形状和结构

0.3~0.5 mm 厚的工业纯铝板常用作点火药盒的材料。其优点是易于冲压成型,熔点低,易于烧毁,能够长期储存,不易生锈等。

厚度为 0.5 mm 以下的赛璐珞片或硝化棉软片也可以作为点火药盒的材料。它们的优点是易于热冲压成型,但长期储存时,会出现老化现象。

一些发动机点火装置的药盒,也采用复合材料、镀锡薄铁皮、塑料、纸板等材料。

在实验发动机中,为了简单,也用绸布或塑料薄膜等包装点火药,以作为点火药盒使用。

当选择点火药盒材料时,应特别注意其是否易于烧毁而不致形成有害的坚硬碎片。这一点对于小直径喷管至关重要。

点火药盒的形状是依药柱的形状和它在发动机上的安装位置来确定的。多根管形药柱常用圆饼形或圆环形药盒。内孔燃烧药柱多用长管形药盒。

点火药量的多少和其密度大小就决定了点火药盒的体积,黑色火药的装填密度为 0.9~0.95 g/cm^3。点火药装填密度不能小,否则就像前面分析过的一样,会产生不良效果。

为控制点火药能完全燃烧并能按一定要求将点火燃气均匀地喷射到药柱燃烧面上,点火药盒上开有排气孔,该孔平时用薄膜密封。在一般情况下,要求这些孔的总面积占药盒面积的 40%左右。排气孔的单个面积应足够小,以便能使点火药有 75%以上的质量在药盒内燃烧。当点火药做成小药球时. 可用金属网冲压成药盒。

点火药盒的安装位置,最好选择在主药柱的前部,以便有效地利用点火能量。但是,该位置会使点火器的电源引线复杂化。为此,某些发动机的点火药盒安放在主药柱后端。这时,电源引线的安装虽然简单,但点火能量的利用很不充分。对某些内孔小而长的内孔燃烧药柱,为了能够瞬时点燃药柱,沿药柱内孔轴线方向上安放数个点火药盒,将电源引线并联引出,以保证数个点火药盒同时点火。

8.4.3 点火发动机设计

对于直径数米、长度十多米的大型固体火箭发动机,其主药柱质量多达几十吨,甚至上百吨,它所需要的点火药量在十到数十千克。在这种条件下,若采用药盒式点火器,必然会在点火时产生过大的振动与冲击,甚至会引起爆炸,使发动机遭到破坏。为有效而安全地点燃大型固体火箭发动机的主药柱,通常使用类似小型固体火箭发动机的点火装置,也称点火发动机,对发动机主药柱进行点火[2]。

由于点火发动机的工作时间极短,为 0.2~0.3 s,其点火药柱常采用大燃烧面、小肉厚的药柱(如车轮形),同时要求推进剂的燃烧速度高,这样,点火药柱肉厚不至于过薄而难以制造。点火发动机壳体是点火发动机的重要部件之一。它为点火药柱提供了贮存和燃烧的容器,其设计应满足以下基本要求,即在勤务处理、运输、贮存和工作过程中应有足够的刚度和强度;能在工作过程中逐步烧蚀和炭化;不产生大的碎片堵塞喷管或破坏主装药柱;结构质量要轻,工艺性和经济性好。点火发动机壳体的材料一般用铝制成。铝的熔点低,可以在主发动机工作时的高温燃气中烧毁。或者采用涂有耐热衬层的耐热钢,能在发动机工作之后,完整地保留下来。

点火发动机的药柱,一般是采用和主发动机相类似的推进剂贴壁浇铸在点火发动机壳体中。点火发动机的药柱质量由它的质量流量和燃烧时间确定。

根据实验得知,为了可靠地点火,点火发动机所需要的质量流量 $\dot{m}$ 近似地与主发动机喷管喉部面积 A_t 成正比,即

$$\dot{m} = C_D A_t \tag{8.9}$$

式中,C_D 为质量流量系数,由实验确定,它和点火发动机及主发动机的结构等因素有关,一般为 0.014 kg/(s · cm^2)。若是头部点火,此数值可取低一些,推荐为 0.008~0.012 kg/(s · cm^2)。当采用四级点火形式时,大小点火发动机的装药量均可参考式(8.9)进行估算。

点火发动机的喷孔个数与斜角的确定,是以点火燃气的能够有效地传递到药柱表面上而又不致使药柱表面产生严重的侵蚀为原则。当点火发动机工作时间超过 0.1 s 时,喷孔必须使用石墨等耐烧蚀的材料,以保证点火发动机具有稳定的内弹道性能。点火发动机的喷孔必须用塑料或金属薄膜密封。该薄膜必须能在点火

发动机的工作压强下冲破。为防止意外的损伤，密封薄膜可用泡沫塑料保护起来。

点火发动机可以装在主发动机的头部或喷管内；前者称为上游喷射，后者称为下游喷射或尾端喷射[3,4]。

若采用上游喷射，则其喷孔有三种形式。第一种是开侧向槽喷孔，每个侧向槽喷孔对准主药柱的星槽处，以强化点火燃气对主药柱的热交换。第二种喷孔，是在点火发动机的半球形部位开径向喷孔若干个，开孔位置与主装药内孔形状对称。若为星形药柱，则喷孔数目应等于星角数，喷孔正好对准星槽处，以提高热交换效率，详见图 8.4。第三种是单喷孔，其点火特性取决于点火发动机喷孔直径 d_1 与主发动机通气道直径 d_p 之比 ε，若 ε 太小，则点火发动机喷孔喷出的火焰不能直接喷射到药柱表面上，ε 适当地增加，就可以使点火燃气火焰直接喷射到主药柱表面上。

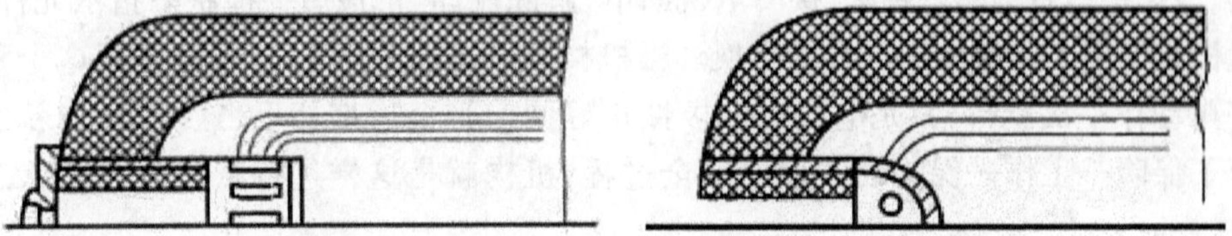

(a) 侧向喷孔　(b) 径向喷孔

图 8.4　侧向喷孔与径向喷孔

若选用尾端喷射，点火发动机就安装在主发动机的喷管内。当发动机启动之后，点火装置仍留在发射台上，这样，可以减小整机的消极质量。但是，这种安装方式必须使点火发动机的点火燃气贯穿主药柱的整个内通道，绝对不允许出现点火燃气射流达不到主药柱表面就回流的现象。

8.4.4　点火装置安全保险机构设计

过去，因为点火装置没有保险机构。曾发生过意外点火，造成偶然性事故。

产生意外点火的原因如下所示。

（1）电发火管的安全电流小。例如，某型电发火管的安全电流仅为 50 mA，稍有不慎，只要通入电发火管的电流超过安全电流，就会自动发火。

（2）外界确实存在着强的干扰电流。例如，整机上仪表与地面上电气系统的启动和停车，都会产生强的磁感应；强功率雷达和电气设备会产生高频干扰；雷电及检测过程中产生的过大电流等都是引起电发火管发火的意外因素。

为此，一些发动机点火装置上都增设了防静电、防射频的安全保险机构。

目前使用的安全保险机构有电保险和机械保险两类。

（1）电保险就是在点火电路中安装滤波装置，它能滤掉点火信号以外的干扰电流，原理是当干扰信号通过时，对其衰减极大，而对点火信号却是畅通无阻，从而保证电发火管不会意外发火，而要真正启动发动机时. 却能可靠地点火。

（2）机械保险的工作原理：平时，用堵块堵死电发火管与点火药盒之间的传火通道，从而使点火装置处于安全状态。若将堵块移去，打通传火通道的道路，点火装置就处于“战斗状态”。

一种微电机式安全发火机构的工作原理如下[2]。

机构的作动原理是：首先给机构通入规定的直流（或交流）电源，机构状态的指示元件及时、准确地将机构装置保险状态的信息传送给控制台，机构尾部的状态直观指示标志，同控制台的状态指示相符；给机构电磁销接通规定的直流电源，在电磁力的作用下，机构拔销解锁，并用同一电源给电机供电，电机驱动火路开闭组件，完成状态转换，同时状态显示出工作状态，同机构尾部的直观状态指示标志相符。然后，电磁销断电锁紧，接着电机断电，解除驱动力，最后关掉状态指示元件，机构就完成了由保险到工作的转换。当机构需要恢复保险时。只要按照这个程序再动作一次就行，只是电机通电极性正好同前半个周期相反，这样，机构就经历了保险—工作—保险动作程序的全过程，机构就是这样进行状态转换和状态保持的。

当发动机点火时，机构已经转换为工作状态。当接到点火指令时，控制系统为机构中的发火电路接通规定的直流电源，电发火元件在 4~6 ms 内激发，产生一股高压火焰燃气。由机构的发火元件喷射出来。这股燃气是由发火元件内的电热桥丝通电产生的焦耳热，点燃由氯酸钾、硫氰化铜等成分组成的发火药生成的高压燃气射流，燃气流首先冲破火路开闭组件上特制的金属膜片，然后顺其火焰通道喷射，可靠地点燃点火器，使发动机工作，安全发火机构完成了可靠点火。

当机构处于保险状态时，人为或自然的偶发因素，使装在机构腔内的 2 个电发火元件误发火，这时处于保险状态的机构能使发火元件喷射出的高温、高压燃气全部地贮存在误发安全贮气腔中，同机构相连的点火器中的药柱，就不会被激发，从而不会引起发动机错误工作，并使发火燃气也不向外部泄漏。一般情况下，固体发动机上安装的安全发火机构，除临发射前几分钟处于工作状态外。其余时间都处于安全状态，因此，其安全功能就显得尤为重要。

8.4.5 顶盖体设计

顶盖体既是与安全保险机构、点火药盒、点火发动机、主发动机等连接的连接件，又是承力件。顶盖体材料一般选用高强度钢或钛合金材料，强度校核可按平板封头公式进行计算，安全系数一般大于 2。一种可供参考的平板壁厚计算公式如下：

$$\delta = \frac{D_i}{2}\sqrt{\frac{Kp_{\mathrm{oem}}}{[\sigma]}} \tag{8.10}$$

式中，δ 为顶盖厚度；D_i 为与点火发动机连接内径，单位为 mm；与主发动机连接处为最大外圆，单位为 mm；p_{oem} 为点火发动机燃烧室最大工作压强，单位为 MPa；主发动机内最大预示工作压强，单位为 MPa；K 为修正系数，考虑隔热作用取 1/2；$[\sigma]$为材料许用应力，$[\sigma]=\sigma_{\mathrm{b}}/f$，其中，$\sigma_{\mathrm{b}}$ 为材料的强度极限，MPa，f 为安全系数，取 1.25。

顶盖体与点火药盒、点火发动机常用螺纹连接，螺纹强度校核计算方法如下：

$$n \geqslant 1.15\frac{Q}{d_1 s\dfrac{\sigma_{\mathrm{s}}}{n_{\mathrm{s}}}} \tag{8.11}$$

$$Q = p_{\mathrm{oem}}\frac{\pi D^2}{4} \tag{8.12}$$

$$L = (1.5n + 4)s \tag{8.13}$$

式中，Q 为轴向力；d_1 为螺纹小径，单位为 mm；n_s 为安全系数取 1.5；s 为螺距，单位为 mm；D 为直径，单位为 mm；p_{oem} 为点火发动机的最大工作压强，单位为 MPa；σ_{s} 为取屈服强度，单位为 MPa。

顶盖体的向火面应设计热防护结构，确保在主发动机工作过程中顶盖体温度处于允许范围内，避免结构强度明显下降。一种可供参考的顶盖体热防护厚度计算公式如下：

$$\delta_{\mathrm{n}} = u_{\mathrm{s}}\tau + \frac{a_{\mathrm{n}}}{u_{\mathrm{s}}}\ln\frac{T_{\mathrm{s}} - T_{\mathrm{i}}}{T_{\mathrm{w}} - T_{\mathrm{i}}} \tag{8.14}$$

式中，δ_{n} 为绝热层厚度，单位为 mm；u_{s} 为绝热层线烧蚀率；τ 为暴露烧蚀时间；a_{n} 为绝热层热扩散系数；T_{s} 为绝热层试样热解温度；T_{i} 为初温；T_{w} 为顶盖体允许温度。

8.5　点火装置制造技术

点火装置制造主要包含了点火药盒制造技术、点火发动机制造和点火装置装配技术。随着技术水平的不断提升，常见的三级点火装置设计与生产技术已经较为成熟，但四级点火装置的点火发动机壳体制备和点火装置装配技术尚在发展。

1. 点火发动机壳体制备技术

金属点火发动机壳体常采用铝制材料，为使它能逐步烧蚀，壳体的外表面从喷

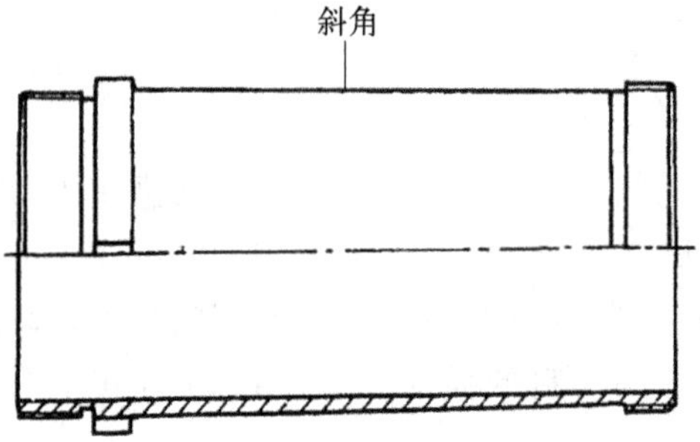

图 8.5 带锥度的点火发动机壳体

嘴一端到另一端加工时带一定的锥度，如图 8.5 所示。

非金属点火发动机通常采用缠绕玻璃钢，它能在燃烧过程中碳化，是目前性能较好的材料之一。一般与喷嘴缠绕成一体，喷嘴内衬有模压高硅氧绝热衬套[5]。

随着固体火箭发动机的运载能力不断提升，固体发动机的直径、喷管喉径和容腔体积也在不断地增大，常规的三级点火装置难以快速可靠地点燃发动机主药柱。因此，提出在三级点火装置的基础上增加大点火发动机，即点火器→点火药盒→小点火发动机→大点火发动机→主发动机药柱的四级点火装置。由于大点火发动机的直径显著地增大，对结构的强度和刚度要求增高，此时铝制材料已不再适用，采用钢壳体，大点火发动机重量又会显著地增加。因此，对于直径较大的点火发动机，其壳体可以考虑采用复合材料缠绕成型，例如，P80 发动机点火装置。

采用复合材料时，点火发动机壳体最外层为外防热层，中间部分为缠绕层，壳体最里层为内绝热层。前接头、后封头金属椭球体为金属材料，后封头主喷口及侧喷口内孔需使用抗冲刷材料，缠绕层采用碳纤维/环氧树脂复合材料，内绝热层与外防热层采用抗烧蚀橡胶材料。确保大点火发动机壳体在主发动机工作过程中结构完整，不会飞出形成多余物砸伤药柱或喷管喉部。

为了尽可能地提高大点火发动机的高温燃气轴向距离和径向宽度，推荐采用中心孔+侧喷火孔的结构形式。

2. 点火装置装配技术

常规三级点火装置的尺寸较小，结构简单，总装工艺成熟。装配技术一般包括点火器阻值测试、安全机构性能测试、产品装配和气密检测。

本节重点介绍大尺寸四级点火装置的装配技术。方案设计阶段可考虑将顶盖体分为大小顶盖体两部分。其中将安全保险结构、点火药盒和小点火发动机安装于小顶盖体上，将大点火发动机安装于大顶盖体。

点火器与安全保险结构装配前需进行点火器阻值测试和安全机构性能测试，装配完成后整体与小顶盖体进行装配。装配后进行气密检测，在规定的保压时间范围内，保压压强无降低后认为气密检测合格，再次对安全保险结构进行性能测试。

点火药盒和小点火发动机与小顶盖体常通过螺纹连接，装配过程中需记录垫圈的压缩量。

上述零件装配完成后作为总体与大顶盖体进行装配，正式装配前先进行配合尺寸的测量，不应有干涉，间隙值需满足设计要求。配合尺寸合格后，进行产品试装与正装，可以在绝热层的配合界面涂抹高温密封腻子，装配过程中需记录密封件的压缩量。

同理，大点火发动机与大顶盖体装配前，先进行配合尺寸的测量，配合尺寸合格后，进行产品试装与正装。

装配过程中应重点关注不同零部件绝热层结构的配合尺寸及密封元件的压缩量。

点火装置总装完成后需再次开展气密检测，在规定的保压时间范围内，保压压强无降低，气密质量检测合格。

8.6 点火装置检测技术

点火装置涉及的金属材料应当进行磁粉探伤或荧光检测，确保产品表面无裂纹。点火发动机壳体完成制作后，采用超声波或X射线对壳体内部质量进行检测，重点关注各个界面的粘接质量。点火发动机完成装药后，应当利用DR检测手段对药柱及界面粘接质量进行检测。

1. 点火装置试验技术

点火装置的各零部件均应在交付前进行相关试验：顶盖体、点火发动机壳体等结构件应通过承载试验的考核，点火药盒、点火发动机等应通过性能批抽试验的考核。

2. 顶盖体承载试验

顶盖体在交付出厂前应开展水压验收试验，考核顶盖体的结构强度与刚度是否满足使用要求。顶盖体的验收压强依据点火装置和主发动机的工作压强确定，在规定保压时间范围内，系统压降不超出设计值，各连接密封面无渗漏，水压试验后各装配尺寸符合设计要求。满足上述规定后，认为验收合格。在进行水压验收试验时，可考虑在顶盖体布置位移和应变传感器，获取顶盖体真实受压时的应力分布和位移变形数据，校核仿真设计的正确性。

3. 点火发动机壳体承载试验

点火发动机的壳体在钻孔前，需100%进行水压验收试验。同时每批产品需抽取1件进行水压爆破试验。在水压验收试验过程中，当壳体升压至规定验收压强，稳压过程中表压降不大于设计值，并且水压试验后检测装配尺寸符合设计要求，判定试验合格；在水压爆破试验过程中，若爆破压强不小于设计值，则判定试验合格，试验产品不允许交付。

采用四级点火形式时，点火发动机壳体包含小点火发动机壳体和大点火发动机壳体，两者均需按上述要求开展水压验收试验和爆破试验。

4. 点火药盒试验方法

每批点火药盒抽一定数量的产品作浸水试验和气密强度试验。若有一个不合格,则整批不能验收。浸水试验是指把抽验的点火药盒浸入水中,浸入规定深度并维持规定浸水时间,取出后,抹去点火药盒外表上的水分,再经规定时间晾干后,检查点火药盒外表有无损伤和脱粘。无损伤和脱粘时即可以进行气密强度试验。

将做过浸水试验的点火药盒装在工艺顶盖上,然后通过工艺顶盖把点火药盒装在气密试验容器中。对容器充氮气,按规定充气速度对气密试验装置充氮气,至气密试验装置中的压强达到设计值时进行保压,在规定保压时间范围内,若小堵片处向外漏气(与小堵片相通的管道气压增加,表压不为零),则气密强度试验不合格;卸压后,取出点火药盒,检查其大、小堵片,只要有一个向外鼓出凸起或脱粘、破裂,则气密强度试验不合格。若无上述两项不合格现象,则气密强度试验合格。

将做过浸水试验和气密强度试验的点火药盒大堵片揭开,取出点火药,观察颜色,若颜色正常,则密封试验合格,反之,则不合格。

经浸水试验的点火药盒壳体经清理后,可按要求重新装药,检验合格后交付后续使用。只有做过常规气密试验并满足气密要求的点火药盒才能交付验收使用。

每批交付验收的点火药盒中抽一定数量的点火药盒作常温(20±5)℃点火试验。无保温试车台时,产品从保温箱取出后,应采取隔热保温措施,并在5 min内做完点火试验。当点火时延满足设计要求,若壳体结构完整,则认为产品满足要求。

5. 点火发动机气密试验

每个点火发动机均进行气密试验。一种可供参考的气密试验方法如下:试验时,点火发动机装在工艺顶盖上,然后通过工艺顶盖把点火发动机装于气密试验装置中。使点火发动机中的压强保持大气压强,按规定充气速度对气密试验装置充氮气,至气密试验装置中的压强达到设计值时进行保压,点火发动机中的压强仍保持大气压强(表压为零合格),卸压后,点火发动机上的铝堵片不破裂,不脱粘,则为合格。若不合格,应查清原因,采取措施,重做试验。

6. 点火发动机性能批抽试验

点火发动机气密试验合格后,随机抽3个进行常温(20±5)℃点火试验,试验前需进行保温。试验过程中应至少记录下列参数值:

(1) 压强-时间曲线;

(2) 点火发动机铝堵片打开时间(从点火信号发出时起至铝堵片被冲开时止);

(3) 点火时延(从发出点火信号起至点火发动机压强达0.3 MPa时止);

(4) 燃烧时间;

(5) 工作时间(压强-时间曲线上压强等于0.3 MPa的起、末点之间所包含的时间);

(6) 最大压强;

(7) 平均压强；

(8) 压强总冲量(压强对工作时间的积分)。

当上述指标满足规定的各项设计值时,认为批抽性能合格。当采用四级点火方案时,小点火发动机和大点火发动机均需开展性能批抽试验。

参考文献

[1] 武晓松,陈军,王栋. 固体火箭发动机原理[M]. 北京：兵器工业出版社,2010.

[2] 鲍福廷,侯晓. 固体火箭发动机设计[M]. 北京：中国宇航出版社,2016.

[3] 孙骑,曲家惠. 固体火箭发动机点火装置的技术现状和发展趋势[J]. 四川兵工学报,2011,32(10)：17－20.

[4] 林枫,彭瑾. 固体火箭发动机点火装置安装位置对点火性能的影响研究[J]. 火工品,2012(5)：9－13.

[5] 陈汝训. 固体火箭发动机设计与研究(上、下册)[M]. 北京：中国宇航出版社,1991.

第 9 章
大型固体火箭发动机地面试验技术

9.1 概　　述

地面试验是固体火箭发动机研制过程中一种主要的试验方案和不可缺少的工作环节。地面试验是按照试验任务书要求,将发动机以一定方式(以不影响推力测试为原则)安装在试车台架上,按预先设置的程序点燃推进剂,使发动机工作并按指令完成规定的动作,同时进行参数测量的全过程[1]。

当下,随着固体火箭发动机向大型化、高性能、高安全方向快速发展,国内外大多数新研的大型固体火箭发动机在预研阶段的设计过程中,均采用了多项新材料、新工艺、新技术,同时提出了较多新的设计理论、新的结构形式、新的推进剂配方,如推进剂模块式装药、大尺寸碳纤维复合材料壳体、大尺寸摆动喷管、新型绝热材料、新型推进剂、耐烧蚀抗冲刷喉衬结构及材料、高性能胶黏剂等。为了充分地验证各项技术方案及结构形式的可行性、正确性,考核新材料、新配方的先进性和工艺适应性,同时验证大型固体火箭发动机性能、结构及工作可靠性,研制期间不仅要做单项或部件试验验证,更重要的是把诸项新技术综合设计在一个"综合试验发动机"上并开展地面点火试验。

一般来讲,大型固体火箭发动机地面试验的主要目的如下:

(1) 验证发动机总体技术方案的可靠性;

(2) 考核试车过程中发动机及组部件结构的完整性和合理性;

(3) 考核各分系统的工作可靠性、协调性;

(4) 验证测试试验综合设备设施可靠性;

(5) 评定发动机的内弹道特性;

(6) 获取发动机的能量特性;

(7) 获取其他特性参数。

地面试验是一项复杂的工程,通常都要经过试验准备、点火试验、试验结果分析与评定等主要阶段;在工艺上包括发动机吊运、试车架安装调试、传感器性能检定、测量系统的配套与调试、点火程序控制、参数测量及数据处理等若干个环节。

尤其是大型固体火箭发动机产品成本较高、研制周期长，用于地面试验的发动机数量不能太多，且每次试验费用可以达到百万甚至千万量级。为了完成试验任务，取得良好的试验效果，达到预期的试验目的，试验时必须编制试验大纲，制定安全可靠的试验方案，采用满足试验要求的试车台与测试设备系统，同时需要采取科学有效的安全技术措施。

大型固体火箭发动机地面试验的基本特点和主要要求如下所示。

(1) 经济性：由于大型固体火箭发动机地面点火试验的次数有限，这就要求每次试验都能尽可能多地获得可供分析的有效数据和信息，且需确保这些信息是准确、可靠的，即以最少的投入获得最大的效益。

(2) 实用性：大型试验与测试设备设施应处于最佳工作状态，试验结果符合预期，不出现由于试验程序和其他人为因素而造成的附加影响甚至不良后果，要求试验前制定规范的试验流程，明确试验过程口令。同时，所涉及的试验与测试设备设施应具有普适性和可重复使用性，如试车系统柔性化、一台多用。

(3) 先进性：由于大型固体火箭发动机尺寸、推力较大，试验及测试系统相对复杂，试验过程采集的数据量较多，且试验过程发动机与连接固定安装系统需具有变形协调适应性，要求试验与测试设备应具有高性能、高精度、集成化、系统化等特点，使测得的各特征参数更加精确、试验过程更加安全，进而使发动机结构可靠性和性能可靠性的评定置信度更高。

(4) 安全性：大型固体火箭发动机一般装药量较大，可达到百吨级以上量级，一旦试车过程出现安全事故，会损坏试验设备设施，严重时甚至造成人身伤亡。因此，需尤其重视安全技术、加强安全管理，试验前开展安全防护距离划分，制定安全措施，必要时在试验前开展安全演练。

9.2　地面试验类型

9.2.1　试验分类

大型固体火箭发动机的地面试验分类方法与小型固体火箭发动机基本一致，可以从不同角度，按不同方法分类，具体情况如下所示[1]。

(1) 按发动机的研制阶段可以分为预研阶段的试验、型号研制阶段的搭机试验和定型阶段发动机的抽样检查试验；

(2) 按考核项目可以分为结构试验和性能试验；

(3) 按发动机的工作环境可以分为地面试验和高空模拟试验；

(4) 按发动机的功能和试验时所完成的动作可以分为常规试验、性能试验、推力矢量控制试验和推力终止试验；

(5) 按发动机的工作姿态，可以分为卧式试验和立式试验。

在一般情况下，在大型固体火箭发动机研制阶段，主要开展常规试验、性能试验。根据实际需求，可开展高空模拟试验、推力矢量控制试验等。上述几类试验如下所示[1]。

1. 常规试验

常规试验也称结构试验，这是一种最基本、最常用的试验方法，发动机在研制过程中的很多技术问题都需通过常规试验来暴露并加以解决的。常规试验适用于研制初期的各种型号的发动机。这类试验有两个主要目的，一是考核与评定发动机结构的完整性和工作的可靠性；二是测得发动机的内弹道性能参数。

简易试验是常规试验中的一种更简单的试验，它主要适用于存在较严重的质量问题或采用某些新技术试验成功把握性较低的发动机。简易试验通常在简易试车台进行，简易试车台的特点是台体构造比较简单，技术设施及试验设备较少，而且与测控中心之间保持更远的距离。所有这些都是为了试验出现事故时减少事故损失，在试验不出现事故时又能测得主要的性能参数。

2. 性能试验

性能试验也称高精度试验，这也是一种常用的试验方法。性能试验主要用于精确测量发动机的能量特性，为总体提供较精确的比冲数据和推力时间曲线，同时进一步考核结构性能和评定内弹道性能。这类试验的特点是对试车架的动、静态性能要求较高。试验时要求测量的参数多，操作程序复杂。性能试验适用于研制后期的发动机及定型发动机的抽样检查试验。

3. 高空模拟试验

高空模拟试验（简称高模试验）是一种在地面上进行的、使发动机在人为形成的高空低气压环境中点火工作并进行参数测量的试验方法。高模试验属于性能试验，用于精确测量发动机的真空比冲或总冲和在高空条件下的推力时间曲线，考核发动机或大面积比高空喷管在低气压条件下的结构可靠性与传热特性，评定发动机的高空点火性能和推力矢量控制性能等。

高模试验适用于高空条件下工作的发动机，如多级火箭的第二、三级发动机和发射卫星用的远、近地点发动机等。高模试验的特点是试验技术复杂、要求高，具体表现在如下几个方面：

(1) 试验设备和试车台的技术设施比较复杂，它不但需要精度很高的试车架，而且需要产生和维持高空低气压条件所必需的试验舱、排气扩压器、预抽真空系统，还需要在发动机工作即将结束时使试验舱压力恢复到常压、防止燃气回流冲击的补气装置；

(2) 由于高模试验时发动机是在具有一定真空度的试验舱内工作的，一旦发生故障，其损失和危害都比其他类型的试验大，这就要求高模试验的发动机有更高的结构可靠性，为此，这类发动机必须经过较充分的地面试验的考核；

（3）试验设备的复杂化使影响试验的不可靠环节增多，这就要求所有的试验设备都必须工作可靠，为此，试验前要对各系统进行认真的检查；

（4）试验过程复杂，工作周期长，技术难度大，测试项目多，精度要求高。

4. 推力矢量控制试验

固体火箭发动机的推力矢量控制机构有多种类型，近代大型固体火箭发动机较多采用的是柔性喷管。柔性喷管是一种借助柔性接头实施喷管摆动、达到推力方向控制目的的摆动喷管[2]。推力矢量控制试验的主要目的是考核推力矢量控制机构的工作可靠性，测量控制机构的控制特性，如控制力、控制力矩、摆角和摆动角速度等。对摆动喷管推力矢量控制试验的要求是：

（1）试车台需配置一套专用的液压源；

（2）发动机及试车架都需在喷管摆动方向上有可靠的限位与固定；

（3）需要有指令信号发出装置；

（4）需要有进行摆角、摆心、摆动角速度等参数测量的装置；

（5）测试项目较多，除发动机参数外，通常还包括控制机构的起动、位置、暂态、速度频率和振动特性参数等。

推力矢量控制试验中有时还要测量发动机的侧向力，即推力的分力。侧向力主要来源于控制机构（如喷管的摆动）和发动机的不对称性（如几何不对称性和气动不对称性）。一般地说，由于推力控制机构所产生的侧向力是比较大的，而由发动机的不对称性引起的侧向力是比较小的，当需要知道发动机的推力分量，进而知道推力偏心角和横向位移时，就需在多分力试车架上进行分力测量试验。多分力试车架的设计及分力测量都有较大的技术难度，在分力测量中，多分力传感器具有较大的实用价值。

9.2.2　大型试验现状及典型案例

在固体火箭发动机地面试验系统建设方面，美国是世界上拥有最多与最庞大的火箭发动机试验机构和试验装置的国家。目前，美国拥有 19 个用于大型固体火箭发动机试验的机构（表 9.1），共包括 111 个试车台[3]。

表 9.1　美国固体火箭发动机试验机构地区一览表

机　构	位　置
阿诺德工程发展中心	阿诺德空军基地
航空喷气公司（Aerojet）	卡姆登
航空喷气公司	盖恩斯维尔
航空喷气公司	奥兰治

续 表

机 构	位 置
航空喷气公司	萨克拉门托
空军实验室	爱德华空军基地
陆军推进实验室(AMRDEC-WDI)	红石兵工厂
ATK 公司(阿勒格尼弹道实验室)	火箭中心,西弗吉尼亚
ATK 公司(前 Thiokol)	克利尔菲
莫哈韦试验区	雷斯特
NASA 马歇尔飞行中心	亨茨维尔
NASA 坦尼斯航天中心	斯坦尼斯航天中心
NASA 白沙试验厂	拉斯克鲁塞斯
海军空战中心(NAWC－WPNS)	中国湖
海军水面战中心	印第安霍德
普拉特和惠特尼空间公司(化学空间分部)	圣何塞
普林斯顿燃烧研究实验室	普林斯顿
红石试验中心	红石兵工厂
白沙导弹试验靶场	拉斯克鲁塞斯

2000~2010 年,美国低、中、高推力(44.48~444.8 kN、444.8~4 448.2 kN 和大于 4 448.2 kN)三个范围内的固体火箭发动机环境试车台总数呈下降趋势,尤其是低推力范围的试车台数量下降最多。目前,美国仅剩 9 个固体火箭发动机高推力试车台,其中 7 个属国防部,2 个为企业所有。美国低推力和高推力高空模拟试车台数量也呈减少趋势,分别降至 6 个和 1 个,其中推力高空模拟试车台数量保持不变,仍为 2 个。美国阿诺德工程发展中心是世界上最先进、最大的飞行模拟试验装置联合体,在高性能/高面积比喷管发动机试验、高空点火和多次点火、级间分离、旋转试验领域拥有独特的试验能力[3]。

目前,国外固体火箭发动机试车台、试验舱达到了集成化和系统化,试验能力和试验种类已非常完善。其主要特点是集测试技术、试验工艺、试验过程实施、数据分析和处理及试验故障分析于一体,且根据发动机的类型和考核内容分成不同种类的硬件设施及相应的软件系统,形成一套科学的、规范化的、综合的试验管理模式。

国内方面,小型固体火箭发动机试验能力已经非常成熟,试验条件及配套设备设施均能满足试验需求,也具备应用广泛的试验规范和流程。在大型固体火箭发动机试验方面,为满足研制需求,近年来我国固体火箭发动机相关研制单位建设了推力千吨级试车台及相应试验设备设施系统,是目前国内最大的固体火箭发动机试验平台,并成功开展了多次大型固体火箭发动机试车,综合试验设备设施系统工作可靠性已得到充分验证和考核。

按大型固体火箭发动机的工作环境可以分为地面试验和高空模拟试验,其中地面试验可分为卧式地面试验和立式地面试验,以下对其进行介绍。

1. 卧式/立式地面试验

国外方面,在“阿里安 3”火箭之前,欧洲的固体助推器一直采用卧式静态点火试验轨道。ATK 公司普罗蒙特利拥有两处固体火箭发动机试车台,分别为 T－24 和 T－97。其中,仅 T－97 能支持五段式固体助推器的静态试车(图 9.1)。T－97 试验设施于 1987 年 10 月 17 日建设完工,2002 年为适应 NASA 重型火箭五段式固体助推器试车要求进行了改进,成为当时世界上最大、最先进的固体火箭发动机试验设施,可测试推力为 1 814 t 的大型固体火箭发动机。该试车台曾为美国航天飞机试验固体助推器进行热点火试车。为研制 SLS 重型运载火箭,该试验设施自 2009 年 9 月起用于五段式固体助推器点火试车[3]。图 9.2 为 T－97 试验设施实物图。

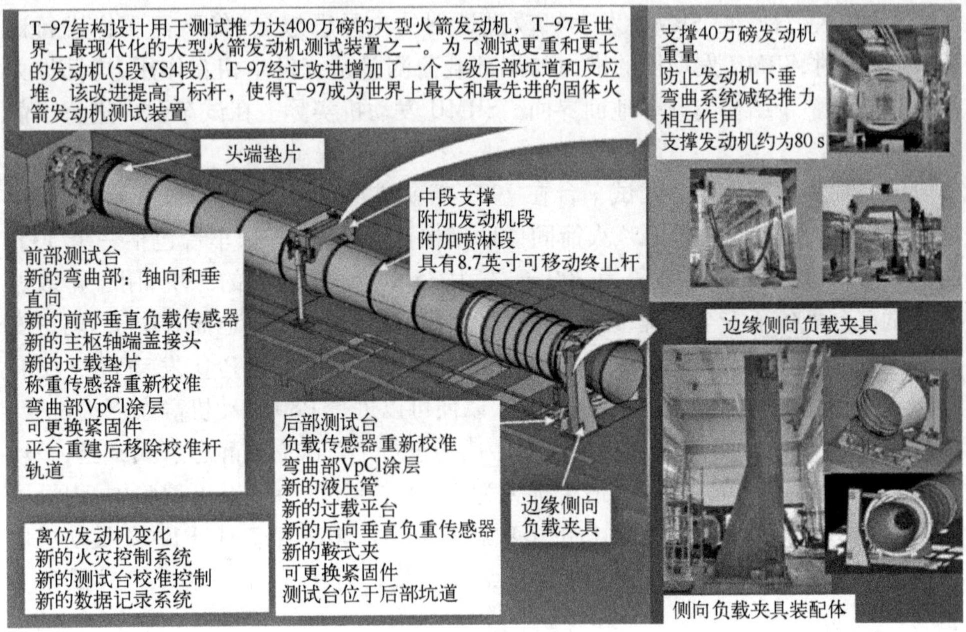

图 9.1　T－97 试验设施示意图

由于对捆绑式助推器与运载火箭主体的连接界面的测试需求越来越明显,研究人员需要确保这两部分结构兼容,所以建立了立式试车台。立式试车台可以很好地模拟重力对发动机工作的影响,较真实地模拟发动机工作时的热环境、压力环

图 9.2 T－97 试验设施实物图

境、金属粒子对流场和对发动机结构的影响，获得的试验数据更真实可靠。在对美国固体火箭发动机地面试车台进行研究时，发现有近 50%的试车台(尤其是大型试车台)为正立式结构。根据现有资料显示，国外“大力神”火箭助推器、“阿里安 5”火箭助推器、“织女星”火箭三级发动机都进行过立式静态点火试验[3]。

美国“大力神－4”SRMU 发动机改进计划的主导思想是“像飞行一样进行试验”。点火时，SRMU 发动机的推力与尾部载荷测量系统发生相互作用，尾部推力吊架偏转使整个结构离开了地面界面。SRMU 发动机实际上在试车台内进行了静态飞行[2]。

欧空局固体助推器立式试车台在 1993 年就成功进行了“阿里安 5”火箭固体助推器试验。欧洲“阿里安 5”火箭固体助推器试车系统中，试车台包括一个 50 m 高的试验塔，塔下面有一条长为 200 m、宽为 35 m、深为 60 m 的深坑，用于排放燃气。试车台配备了安全系统，以防止助推器脱离试车台并离开地面。由于“阿里安 5”火箭助推器直径为 3 m，长为 31.2 m，而“织女星”火箭 P80 发动机长仅有 11.7 m，因此，试车台也进行了一些改进，以便可以进行 P80 发动机静态点火试验。2006 年 11 月 30 日，P80 发动机在试车台成功进行了首次立式静态点火试验，平均推力为 190 t，持续 100 s 以上，最大推力为 250 t，持续了 7 s。点火试验中，记录了 600 多个参数，检验了 P80 发动机的多项新技术[3]。2018 年 7 月，P120C 发动机也在该试车台进行了首次立式地面静态点火试验。图 9.3 为 P120C 立式试车实物图。

国内方面，目前我国大型固体火箭发动机大多采用卧式试车方式。其中，典型代表有我国自主研制的推力 200 t 级整体式固体火箭发动机，该型发动机于 2016 年在 300 t 级卧式试车台上成功完成试车。随着固体火箭发动机向大尺寸、大推力等方向快速发展，我国还建设了大型固体动力系统综合试验设施，该试验系统的试车台可承载千吨级发动机试车，为国内承载能力最大的试车台。

图 9.3　P120C 立式试车

图 9.4 为我国推力 200 t 级整体式固体火箭发动机试车台。

图 9.4　我国推力 200 t 级整体式固体火箭发动机试车台

2. 高空模拟试验

在高空条件下工作的发动机需要进行模拟高度(低环境压力)条件下的试验,主要考虑以下五点因素[3]。

(1) 火箭发动机为提升性能通常会采用具有高膨胀比的喷管。当这些喷管在显著高于其设计的环境压力条件下工作时,喷管内部的流动会从喷管内壁面分离,进而导致推力下降。流动分离也会导致以下现象发生:因分离点处存在的激波导致喷管烧蚀;因非对称的压强分布导致喷管损伤;因分离点不规律地绕喷管移动导致过度振动。

(2) 固体推进剂的点火特征会显著发生变化。在海平面环境压力条件下能够可靠点火的固体火箭发动机在真空环境下可能不能获得足够的压强来进行推进剂点火。

(3) 环境压力条件下发动机点火可能会掩盖点火时引发的燃烧不稳定现象。美国白沙试验场进行的一个发动机试验表明,燃烧不稳定现象存在于环境压力点火10%的脉冲过程中和真空点火80%的脉冲过程中。燃烧不稳定会导致显著的部件损伤。

(4) 在环境压力条件下容易存在的对流热传递在太空环境中几乎不存在。那些成功通过环境地面试验的发动机和环境设备在太空工作环境中可能会由于缺乏对流冷却而变得过热。

(5) 采用摆动方式的推力矢量控制受试验高度影响。由于喷管在环境压力条件下被截短以便发动机点火,因此,不能使作动器和柔性接头加载到全尺寸喷管条件下的水平。相反,全尺寸喷管内部存在由环境压力引起的流动分离,能够向摆动作动器和柔性接头传递显著的(有时是破坏性的)载荷。

由以上五点因素可以看出,高空模拟试验对于高空条件下工作的发动机性能评估来说非常重要。高空模拟试验的主要目标是观察高面积比喷管性能、系统推力和脉冲、发动机的热传递特性、推力矢量控制性能、点火启动瞬态、羽焰特性。高空模拟试验的优势包括:飞行器无任何风险、成本低、可以采用更多的仪表、可进行密切观察、壳体/喷管可回收、真实的点火、精确的脉冲、更准确的耐久度。

图9.5为高空模拟试验技术原理图。

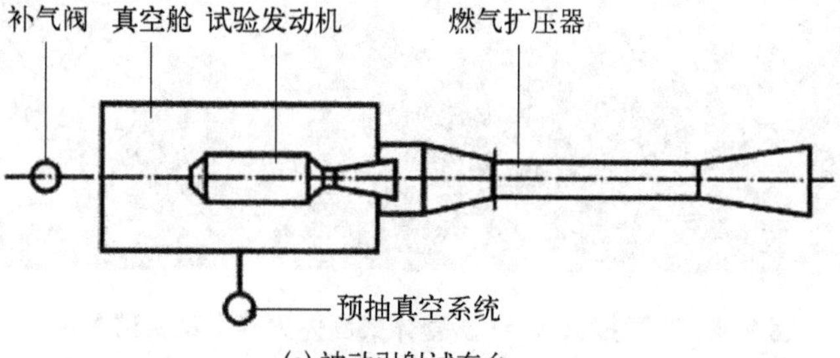

(a) 被动引射试车台

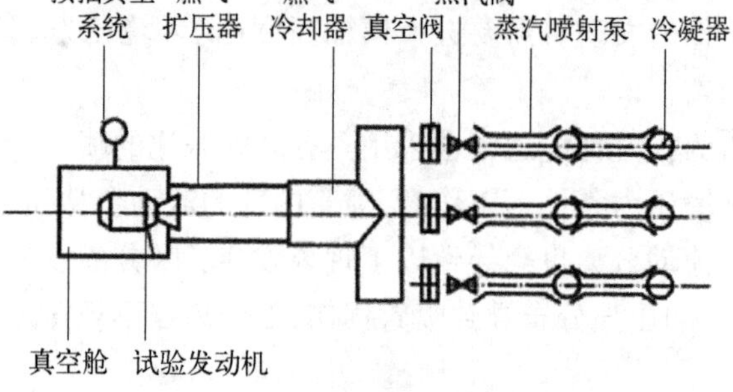

(b) 主动引射试车台

图9.5 高空模拟试验技术原理图

美国阿诺德工程发展中心的J-6水平试车台于1994年开始投入运行,已经稳定运行了20年,是美国唯一一个针对大型固体火箭发动机进行高空试验的试车台。J-6试车台的技术水平代表了目前固体火箭发动机试验与测量技术的最高水平。

J-6试车台直径为7.92 m,长为18.9 m,模拟高度为30.5 km,能够测试1.3级或1.1级大型固体火箭发动机,质量高达45 359.2 kg。数据采集系统的采样速率达到500 000子样/s,温度调节系统能使试验舱内空气温度从发动机安装到点火前抽到高空条件并一直保持在规定范围(-9.4~43.3)℃(±2.8℃)。该试车台采用了多项顶尖技术,包括宽频带红外与紫外成像、辐射/吸收探测、激光诱导荧光检测、羽焰分析、实时X射线照相、声学测量、高速摄像等技术。

J-6试车台支持长时间的高面积比喷管的高空试验,包括:具有动态载荷的延伸喷管展开操作、热点火试验、级分离试验、热传递、试后热反浸试验、振动和动力学试验与失效分析。J-6试车台的独特能力包括:采用了蒸汽系统的排气设备,具有模拟高度和软停车功能,防止对试验发动机的反吹;推力测量范围高达2 225 kN,不确定性为0.25%;旋转发动机的速度可达90 r/min。J-6试车台在"民兵"(Minuteman)、"和平卫士"(Peacekeeper)导弹的发动机研制过程中发挥了重要作用,同时还支持了奥巴斯(Orbus)、卡斯托30(Castor 30)及星37(STAR37)等多个型号发动机的鉴定试验。随着最近一次"民兵3"导弹发动机在AEDC的J-6试车台完成试验,已经有2 500台固体火箭发动机在AEDC进行了试验(截至2015年8月)。

除了阿诺德工程发展中心的J-6试车台,美国白沙试验场(White Sands Test Facility, WSTF)还拥有5个大型高空模拟试车台,3个高空模拟系统,推力111.25 kN内的发动机都可以在WSTF进行试验[3]。

9.3　考核项目与测量参数

固体火箭发动机地面点火试验的考核项目与测量参数可以分为两类:一类用于评定发动机的结构性能,另一类用于评定发动机的工作性能。

大型固体火箭发动机由于其结构尺寸大、推力大,发动机地面试验过程中,存在变形匹配问题,如装药燃烧室药柱受压变形、药柱与壳体受压变形协调、发动机自身与试车系统(推力架、限位装置等)变形匹配等,需尽可能地获取更多的测试数据,以评定其综合性能。

9.3.1　结构性能及有关参数

大型固体火箭发动机的结构性能多数是通过结构试验加以考核的,从评定结构可靠性角度出发,可以分成以下几个分系统:点火系统、装药系统、壳体-包覆层-绝热层系统、喷管推力矢量控制系统。

上述各分系统的结构完整性、工作可靠性及各结合面的密封性能等通常都需通过地面点火试验加以考核和评定。虽然在试验阶段的发动机还不能与最终方案达到完全一致,但这并不妨碍对基本上与飞行状态相一致的各分系统的评定。通过结构试验可以获得下列结果[1]:

(1) 绝热层的热防护性能及其粘接强度;

(2) 壳体、喷管、点火装置等零部件的应变、位移、温度、振动等数据;

(3) 喷管及其喉衬的耐烧蚀、抗冲刷和抗热震性能;

(4) 推力矢量控制部件的工作性能;

(5) 点火装置的点火性能;

(6) 喷管与壳体、点火装置与壳体等各连接部件的连接强度和密封性能;

(7) 与结构性能有关的其他参数。

9.3.2 工作性能及其有关参数

大型固体火箭发动机的工作性能主要包括内弹道特性和能量特性,与这两种特性有关的主要参数是压力-时间和推力-时间参数。

1. 压力-时间历程

燃烧室压强-时间历程是地面点火试验必须测量的参数,它是评定发动机内弹道性能的依据,通过对压力时间测量结果的处理可以进一步得到下列各特征参数:

最大压力 $p_{\max}$; 最小压力 $p_{\min}$; 压力冲量 I_p; 压力比冲 β; 工作时间平均压力 $\bar{p}_{t_a}$; 燃烧终点压力 p_{fb}; 装药的燃烧时间 t_b; 发动机的工作时间 t_a; 点火时延 t_{di}; 特征速度 c^*; 燃气的平均秒流量 $\bar{q}_m$; 装药的平均燃烧速度 u_{cp}。

2. 推力-时间历程

发动机的推力-时间历程是评定发动机能量将性的依据,通过对推力时间测量结果的处理可以得到下列各特征参数:

最大推力 $F_{\max}$; 最小推力 $F_{\min}$; 燃烧时间平均推力 $\bar{F}_{t_b}$; 工作时间平均推力 $\bar{F}_{t_a}$; 推力系数 C_F; 发动机总冲 I; 有效冲量 I_{ef}; 发动机比冲 I_s; 真空推力 F_v(在高空模拟试验时);真空比冲 I_{sV}(在高空模拟试验时);真空推力系数 C_{FV}(在高空模拟试时)。

9.3.3 其他参数

在大型固体火箭发动机地面试验时,还根据试验需要进行下述各类参数的测量:

(1) 发动机的振动加速度和振动频率;

(2) 发动机推力偏斜与横移;

(3) 控制力和控制力矩;

(4) 喷管摆角和摆动角速度;

(5) 发动机在工作过程中,试车系统各部件产生的应变、位移、振动;

(6) 发动机推力终止参数;

(7) 发动机在试验前、后的质量;

(8) 试验前、后的喷管喉径和出口直径;

(9) 绝热层的剩余厚度。

9.4　地面试验系统构成

9.4.1　系统组成及设计要求

固体火箭发动机地面试验系统一般由地基、试车台、试车架、测控系统(含测试及监测系统)、发动机暂存间及其他辅助设备等组成。

对于大型或超大型固体火箭发动机而言,若采用模块化装药方案,还应根据实际需求配套建设相关设备设施。例如,我国推力千吨级大型试车系统包括操作塔架、龙门吊、移动防护装置、试车台、水平停放及起竖装置等组成。其中,试车台承力面上设置钢板、承力地轨、T 形槽;地面考虑了试车台尾焰长度,耐高温;试车台尾焰段考虑了冷却降温措施。

目前,为满足更大装药量、更大推力、更大直径的固体火箭发动机试验需求,新投建设的固体火箭发动机地面试验系统均面向大型化、结构稳定、测试精准、安全可靠等角度进行试车台架的设计。总体思路及原则主要有以下几点。

(1) 多功能化原则:地面试车、静力试验和模态试验的试验设备尽可能地功能集成。

(2) 安全性原则:应有足够的裕度设计,保证各种工况下人员和产品的安全。

(3) 便捷性原则:满足功能需求的同时,应操作方便、便捷、快速,维修性好。

(4) 模块化原则:应尽量地采用模块化设计,地面设备尽可能地进行模块化组装和拆卸,降低复杂程度。

(5) 自动化原则:地面所有设备尽可能地采用自动化操作。

(6) 低成本原则:项目建设要充分地利用现有条件,新增条件要尽量地控制成本。

(7) 规范性原则:论证、设计、制造应符合国家标准和行业规范。

9.4.2　试车台和试车架

1. 试车台

为了进行各类发动机的试验,必须进行试车台建设。试车台的建筑规模主要取决于发动机的结构尺寸和工作推力，根据试验发动机的大小不等，试车台的承载能力可从几千牛到几万千牛，例如，美国研制“大力神－3C”火箭助推器时建设了承载能力达 33 700 kN 的巨型试车台。

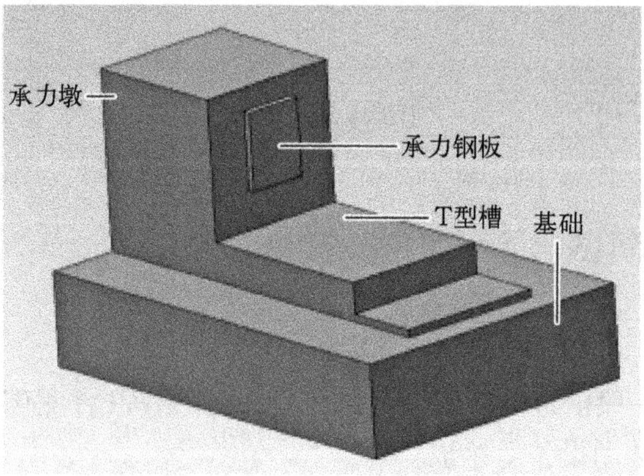

图 9.6　基础平台结构图

试车台可有两个基本类型，一类是常规地面试车台，另一类是高空模拟试车台。这两类试车台在台体构造、试车台的技术设施和所用的试验设备上均有较大的区别。试车台应该具有承载发动机点火后的推力和各种随机偏心力的能力，保证本身不发生线位移和角位移，并能支撑和安装试验架及测试设备。本节主要介绍常规地面试车台及试验设备。

图 9.6 为基础平台结构图。

1）试车台类型和特点

按照试验时发动机的安装姿态，试车台可有水平试车台和垂直试车台两种类型[1]。

（1）水平试车台。

水平试车台由试车间、承力墩和导流槽三部分组成。水平试车台用于发动机的卧式试验，卧式试验的主要特点是发动机在工作过程中质量的变化（推进剂的减少）对推力测量值的影响较小，对侧向力的敏感性较低。水平试车台的用途很广，它可适用于各种大小和各种结构材料的发动机的各种试验，如常规试验、性能试验、推力矢量控制试验、推力终止试验和高空模拟试验等都可在水平试车台上进行。

水平试车台的试车间有两种结构型式，一种是敞开式的，另一种是可封闭的。敞开式房间通常有两面是敞开的，室内空气直接和大气相通，它适用于对环境条件，如环境温度、环境压力等没有特殊要求的试验。可封闭式试车间在发动机工作时室内空气和大气相隔离，呈密封状态，它适用于对发动机环境条件有专门要求的试验，如高空模拟试验时，试车间即为可封闭式的。

图 9.7 为敞开式水平试车间的结构示意图，图 9.8 为可封闭式水平试车间的结构示意图。

（2）垂直试车台。

垂直试车台又可以分为两种，一种是发动机喷管朝下的正立式，另一种是发动机喷管朝上的倒立式。不管是正立式还是倒立式，它们的共同使用特点是便于测

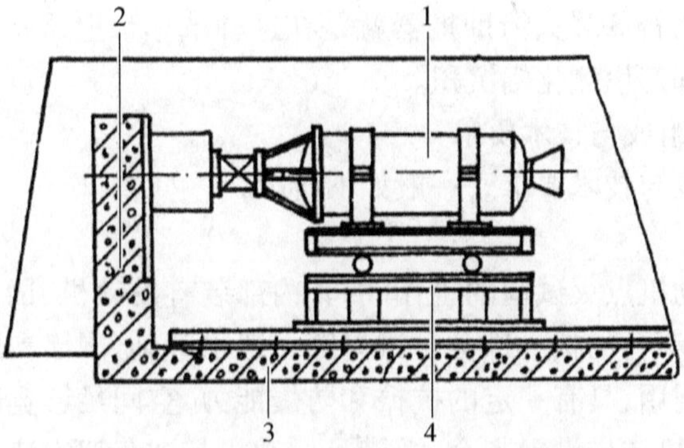

图 9.7　敞开式水平试车间的结构示意图

1－试验发动机；2－承力墩；3－地基；4－试车架

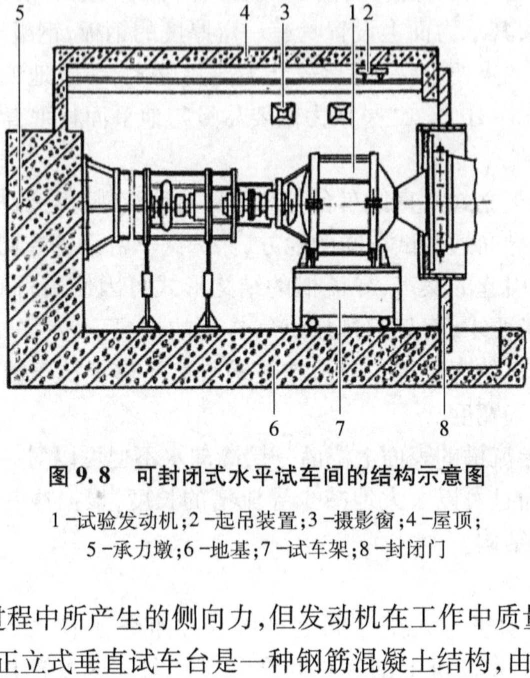

图 9.8　可封闭式水平试车间的结构示意图

1－试验发动机；2－起吊装置；3－摄影窗；4－屋顶；
5－承力墩；6－地基；7－试车架；8－封闭门

量发动机在工作过程中所产生的侧向力，但发动机在工作中质量的变化对推力测量值的影响较大，正立式垂直试车台是一种钢筋混凝土结构，由带有排气道（导流槽）的水平基座和带有金属覆板的立柱组成。在这种试车台上进行发动机试验时，发动机的推力由覆板和立柱承受，要求覆板和立柱有足够的强度和刚度。另外，这种试车台对导流槽有比较严格的要求，其优点是发动机的工作姿态与发射时的姿态一致。

与正立式的情况相反，在倒立式垂直试车台上试验时，发动机的工作推力直接作用在地面基础上，燃气直接排放到空中，不存在气流冲刷和反作用力问题，相比之下，这种试车台的结构比较简单，设计和建造也都比较容易，因此，应用也比较多,如美国的“大力神3C”火箭助推器就是在这种试车台上试验的,试验的缺点是容易在发动机头部产生氧化铝沉积。

2）试车台的组成与技术要求

试车台的组成与技术要求[1]一般如下所示。

（1）试车间

试车间是发动机点火试验的工作间,其内部装有发动机、试车架、监测仪器和测试电缆等,是试车台的核心部分。试车间一般由基础、围墙和屋顶等部分组成,试车间必须坚固耐用,具有一定的抗振和防爆能力,空间足够宽敞,便于发动机的吊运和安装,室内机构应设置齐全,需满足发动机与试车架安装、定位与固定的需要,以便于试后的现场处理。

（2）承力墩

承力墩的作用是平衡(或承受)发动机工作时所产生的推力。承力墩一般为钢筋混凝土构筑物,其承力面上设置具有一定厚度的钢板,钢板开设一定数量的安装孔。对承力墩有两点要求,一是承载能力要足够大,一般地说,其承载能力应为发动机最大推力的5~10倍;二是承力面要尽量与地平面相垂直。

（3）导流槽

水平试车台和正立式垂直试车台上都需建造导流槽。导流槽的主要作用是将发动机排出的燃气导向远离试车间的地方,保护试车台设备和周围建筑物,减少气流冲击波和由此而引起的噪声,导流槽的结构形式可因使用目的和要求的不同而不同,在无特殊测量要求,而只起排放燃气作用的情况下,水平试车台的导流槽为较宽敞的用水泥构筑的直通道。导流槽要求具有足够的抗气流冲刷和烧蚀能力,且具有一定的长度和宽度。

经验表明,在导流槽的表面上浇灌一层冷却水不但可以对导流槽起保护作用,延长其使用寿命,而且可以大大地减少导流槽的长度,根据这一特点,立式台的导流槽多采用冷却式结构。

（4）装配间

装配间用于发动机进入试车间之前的各项准备工作,如发动机的吊运、装配、象位调整和其他发动机上的检查和准备工作等。装配间内装有桥式吊车或其他吊运设备,大型发动机的装配间在通往试车间的通道上应铺设钢轨,供发动机转动时使用。装配间要求要有足够大的空间和较宽敞的通道,应有防静电和消防设施。

（5）摄影间

摄影间用于安放录像机和高速摄影机。摄影间一般应靠近试车间建造,在与试车间相隔的墙壁上开设摄影窗。摄影窗的位置要选择适当,以不影响发动机信息的摄取为原则,摄影窗上装防爆玻璃和自动保护装置。自动保护装置的作用是当发动机工作出现紧急情况（如壳体爆破）时，自动关闭摄影窗，保护录像和高速摄影设备。

一般在敞开式试车情况下，摄像机、高速摄影等设备根据实际情况固定安装在试车间，无须专门设置摄影间。

（6）供水系统

试车台上需根据不同的试验特点配置相应的供水系统，供水系统要求要有足够的流量和压力，要有可控制性，即在某些供水管路上安装控制阀门和相应的控制机构。供水系统的作用包括：用于发动机正常工作结束后的冷却、发动机工作出现紧急情况时的消防、试验设备和场地的清洗、高模试验用扩压器的冷却。

（7）液压能源

液压能源用作推力矢量控制试验和延伸喷管地面展开试验中的动力源，液压能源一般是由能源车和相应的输油管路组成的，能源车装在离试车间较远的控制间内。

（8）气源系统

地面点火试验的某些环节，如发动机点火前的充气、消防水控制阀门及高模试车台试验舱补气阀门的开启与关闭等，都要使用具有一定压力的压缩空气，为使用方便，试车台上需配置一套气源系统。气源系统是由空气压缩机、若干个高压气瓶、相应的输气管路和控制阀门组成的。

除了上述各建筑物或设施，试车台上还需建造一定数量的工具间、非标设备库和观察间等。

2. 试车架

试车架是将发动机按所要求的试验状态定位和固定在试车台上的试验设备，它直接参与推力、振动等参数的测量，并对试验的安全起着决定性作用。试车架一方面要保证发动机正确的定位和连接；另一方面要与试车台正确地定位和连接，使发动机在试车过程中，保持规定的位置和状态，保证各种参数的测量。试车架一般分为两种，常规中心试车架和原位校准高精度试车架[4]。

1）常规中心试车架

常规中心试车架基本结构是一种较易适应于不同直径和长度发动机试验，不带原位校准结构的试验试车架。这种试车架具有安装快捷、方便、适应性强的特点。虽然精度稍低，但维护好的话也可得到较精确的数据。

图9.9为常规中心试车架。

2）原位校准高精度试车架

对于大型固体火箭发动机或者试验精度要求较高的发动机，一般采用原位校准高精度试车架。该试车架由原位校准装置、板簧、测力组件、标准力传感器、安全限位装置、承力框、过渡架、动架、静架等部分组成，如图9.10所示。

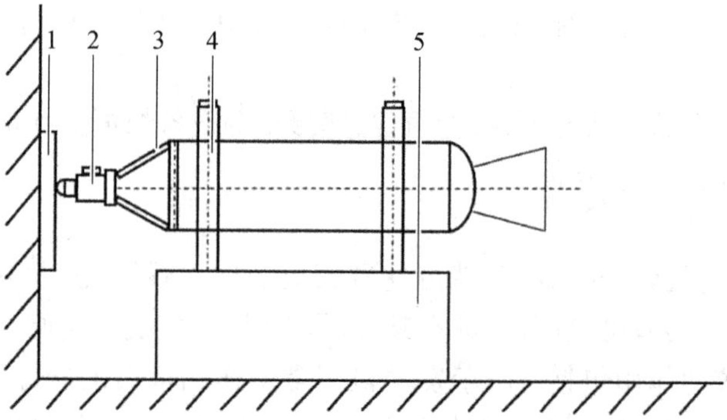

图 9.9　常规中心试车架

1 -承力板;2 -工作传感器;3 -过渡架;4 -中心架;5 -定架平台

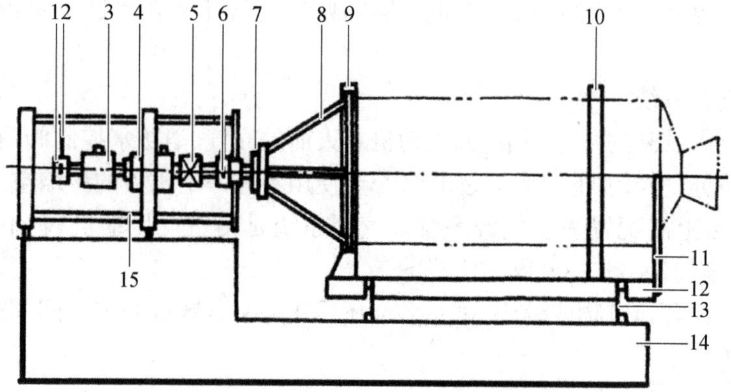

图 9.10　发动机原位校准高精度试车架结构图

1 -前横梁;2 -悬吊板簧;3 -标准测力组件;4 -标准加力油缸;5 -测力组件;
6 -后横梁;7 -法兰接头;8 -推力架;9 -前裙支撑弧座;10 -后支撑中心架;
11 -后裙定位板;12 -动架;13 -板簧;14 -底座;15 -承力架

原位校准装置采用液压系统,也称校定组件,位于试验架的前端。它由油缸、标准力传感器和相应的安装连接件组成。原位校准装置用于对处于测试状态的工作传感器进行校准,以此来提高测试精度。原位校准过程是一个模拟过程,属静态校准。

板簧是动、静架之间的连接件,用来支撑发动机-动架组合体的质量,并提供沿发动机轴向运动的小位移自由度,使发动机推力全部作用到推力传感器上。

测力组件安装在校定组件和承力框之间。它由测力传感器、挠性件和相应的接头组成。

定位板用来限制试验架可动部件在允许的正常范围内活动,超过正常范围则起到限位作用,防止某些部位出现过大变形,也可减小发动机工作失常时造成的破坏。

推力架安装于发动机与承力框间，是发动机主推力的传力结构件。

动架是对发动机定位和固定的结构件，一方面对发动机定位和连接，确保和发动机一起运动；另一方面由板簧与静架相连接并靠板簧来支撑。动架前端安装测力组件，为保证轴向推力的测量精度，允许动架沿轴向灵活运动。

承力架为焊接钢架，是试验架的承力构件，通过地脚螺钉固定在基础平台上，承受各种作用力和力矩。

我国推力500 t级大型固体火箭发动机地面试验采用的是高精度大型试车架，该试车架主要对发动机进行定位和固定，为发动机提供轴向自由运动，同时传递和测量发动机工作的轴向推力。该试车架主要包括推力测量组件、推力架、顶限位装置、侧限位装置、动架小车等。其中，限位机构是限制试车架除轴线自由度外的水平和垂直方向的一组机构，试验时能保证动架在预定轴线方向的位移而不偏转，同时需要承载发动机工作时的侧向力，起到限位作用。该大型试车架可解决超/大型固体发动机连接固定安装、点火试验过程变形协调等技术难题，试车架功能及工作可靠性已通过了多次大型固体发动机点火试验考核。

3）静态测量精度分析

在常规中心试车架上所进行的发动机点火试验中，在发动机推力作用下，工作传感器受力后压缩变形[4]，此时，传感器承受的应力值为

$$F_t = F_f - F_m \tag{9.1}$$

式中，F_f 为发动机产生的推力；F_m 为中心架对发动机轴向运动的摩擦力。

其测量误差为

$$\delta = \frac{F_m}{F_t} \tag{9.2}$$

无论采取何种夹紧方式，摩擦力 F_m 总是有一定数值，故这种试车架的测量误差总是在2%以上。

在发动机原位校准高精度试车架结构图所示的原位校准试车架中，发动机推力 F、测力组件3所测的推力 F_1 与标准传感器受力 F 在同一轴线上，于是有

$$F_1 = F_0 - F_2 \tag{9.3}$$

$$F_1 = K_1\Delta L_1 \tag{9.4}$$

$$F_2 = K_2\Delta L_2 \tag{9.5}$$

式中，F_2 为板簧片的阻力；K_1 为测力组件3的刚度；K_2 为板簧片的刚度；ΔL_1 为测力组件3的轴向变形；ΔL_2 为板簧片在测力组件3轴向变形后的同向变形。

由于传力系统为刚性连接,因此,有

$$\Delta L_1 = \Delta L_2 \tag{9.6}$$

则

$$F_1 = \frac{K_1}{K_1 + K_2} F_0 \tag{9.7}$$

因此,对于稳态推力测量,作用于动架上的推力 F_0 与测力组件测得的推力 F_1 之间存在着确定的线性关系。而板簧片的阻力是系统误差,可以通过下述原位标定的方法予以消除。

从发动机原位校准高精度试车架结构图可以看出

$$F_1 = F - F_2 \tag{9.8}$$

式中,F 为作用在标准传感器上的作用力。可以看出

$$F_0 = F \tag{9.9}$$

即作用在标准传感器上的作用力等于发动机的推力。这给了我们一个非常重要的启示:如果在发动机点火试验前,用原位校准装置的油缸产生多量级作用力施加在标准传感器的右端,这就相当于发动机产生相同数值的作用力作用在测力组件上。如果用标准传感器的显示值标定测力组件,那么发动机点火试车时测力组件显示的推力值恰好等于发动机的推力值。

4）动态精度分析

发动机实际推力是动态的,在点火瞬间,推力迅速上升,上升时间一般为 10~50 ms,短的在 2 ms 以下,近似阶跃力输入;在推力下降段,下降也很迅速;在推力平稳段,也会出现推力振荡,其振荡频率和幅值视发动机的设计水平、采用的推进剂类型而定[4]。

发动机试车架可以看作一个单自由度的质量-弹簧系统,其运动方程式为

$$m\ddot{x}(t) + C\dot{x}(t) + Kx(t) = f(t) \tag{9.10}$$

式中,m 为发动机与动架组合体质量,单位为 kg; $\ddot{x}(t)$ 为加速度,单位为 m/s^2;C 为阻尼系数,单位为 kg/s; $\dot{x}(t)$ 为速度,单位为 m/s;K 为弹簧常数,单位为 N/m;$x(t)$ 为位移,单位为 m;$f(t)$ 为外加作用力,即推力,单位为 N。

设固有圆频率为

$$\omega_n = \sqrt{\frac{K}{m}} \tag{9.11}$$

阻力比为

$$h = \frac{C}{2\sqrt{Km}} \tag{9.12}$$

则

$$\frac{\ddot{x}(t)}{\omega_n^2} + \frac{2h}{\omega_B}\dot{x}(t) + x(t) = \frac{f(t)}{k} \tag{9.13}$$

将 $f(t)$ 曲线的数值代入式(9.13),可以得到图 9.11 所示的发动机位移–时间曲线。

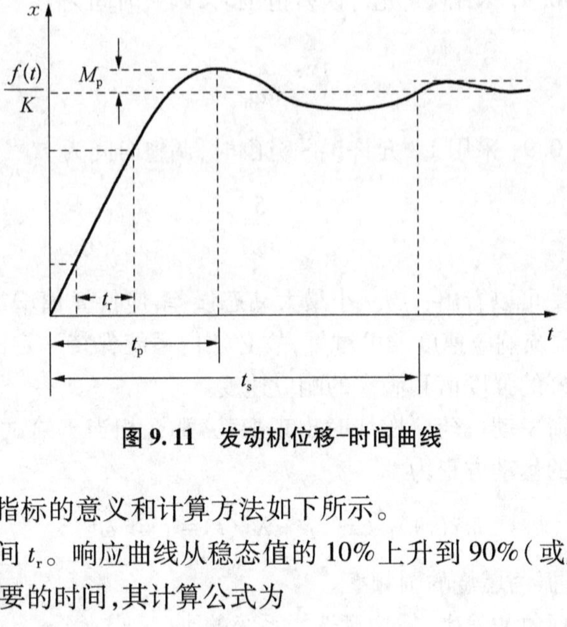

图 9.11　发动机位移–时间曲线

其主要性能指标的意义和计算方法如下所示。

(1) 上升时间 t_r。响应曲线从稳态值的 10%上升到 90%(或从 0 上升到稳态值的 100%)所需要的时间,其计算公式为

$$t_r = \frac{1}{\omega_d}\arctan\left(\frac{-\omega_d}{h\omega_n}\right) \tag{9.14}$$

式中,

$$\omega_d = \omega_n\sqrt{1 - h^2} \tag{9.15}$$

(2) 峰值时间 t_p。响应曲线越过稳态响应值到第一个峰值所需要的时间,即

$$t_p = \frac{\pi}{\omega_d} \tag{9.16}$$

(3) 最大动态误差量 M_p。在测试系统中所测到的最大响应超过真实值的百分比,其定义为

$$M_p = \frac{x(t_p) - x(\infty)}{x(\infty)} \times 100\% \tag{9.17}$$

其数值计算公式为

$$M_p = e^{-(h\sqrt{1-h^2})\pi} \tag{9.18}$$

（4）测量调整时间 t_s。在位移响应曲线的稳态线上，用稳态值的百分数（通常取1%或2%）作为允许误差范围，响应曲线到此并永远保持在这一允许误差范围内所需要的时间。

当 $0 < h < 0.9$，采用2%允许误差范围时，调整时间为

$$t_s = \frac{4}{h\omega_n} \tag{9.19}$$

当 $0 < h < 0.9$，采用1%允许误差范围时，调整时间为

$$t_s = \frac{5}{h\omega_n} \tag{9.20}$$

从上述公式中可以看出：要减小最大动态误差，应使 h 值增加，但这将使响应时间变慢；ω_n 是系统响应速度的关键量，故必须使系统保持一定的刚度 K，这样才能保证试车架较好的强度值和满意的响应速度。

如果固体火箭发动机药柱燃烧时出现振荡，那么相当于给试验系统一个正弦激励，此时，系统的运动方程为

$$m\ddot{x}(t) + C\dot{x}(t) + Kx(t) = F\sin\omega t \tag{9.21}$$

式中，ω 为发动机振荡燃烧的圆频率。

为避免共振现象的发生，需注意选择系统的刚度，使 $\omega_n \gg \omega$ 或 $\omega \gg \omega_n$，以保持试验系统的稳定性。

9.4.3 测控系统

固体火箭发动机地面点火试验中测试的参数大多是随时间变化的动态参数，按其随时间变化的特点，可以分为稳定参数和瞬态参数。稳态参数的量值虽随时间变化，但其统计特性不变。瞬态参数是从一个稳定状态转向另一个稳定状态的过程参数。

测控系统包括发动机点火程序控制和参数测量两大部分，参数测量可以细分为信号变换、信号调节、信号采集与处理等三个环节。起信号变换作用的各种传感器都位于试车间内，而且多数是直接装在发动机的相应部位上，信号调节器多数是放在前置放大间内。

点火程序控制、参数测量中的信号采集与处理工作都是在测控中心内完成的。根据信号调节的需要，前置放大间需建造在与试车间靠近的地方，而测控中心由于内部装有精密时序控制台、计算机、磁带记录机、示波器、监视仪器等各种精密仪器和设备，并且它是发动机工作时测试人员集中工作的场所，为了人身和设备的安全，为了使测试设备长期保持稳定的工作性能，对测控中心提出比较严格的要求，例如，与试车间之间保持足够的安全距离，有较宽敞的空间位置，有良好的环境条件，如良好的通风、恒定的温度与湿度、随时保持室内清洁、良好的照明，远离强动力源，具有抗干扰能力，与试车间之间要建造维护方便的电缆沟等。

根据固体火箭发动机试验的特点，对测试系统提出的主要要求是精度高、可靠性好、干扰能力强、灵敏度高、测量范围宽、动态响应好、具有多通道、能进行远距离测量等。根据这些要求，发动机试验参数一般采用电测法进行测量。

1. 测试系统的基本结构与类型

以计算机为中心的现代测试系统，采用数据采集与传感器相结合的方式，能最大限度地完成测试工作的全过程。它既能实现对信号的检测，又能对所获得信号进行分析处理求得有用信息。传统的测试则是由传感器或某些仪表获得信号，再由专门的测试仪器对信号进行分析处理而获得有限的信息。

测试系统大致可分为两类：基本型和标准接口型[4]。

1）基本型

图9.12为计算机控制测试系统的基本形式框图。它能完成对多点、多种随时间变化参量的快速、实时测量，并能排除噪声干扰，进行数据处理、信号分析，由测得的信号求出与研究对象有关信息的量值或给出其状态的判别。

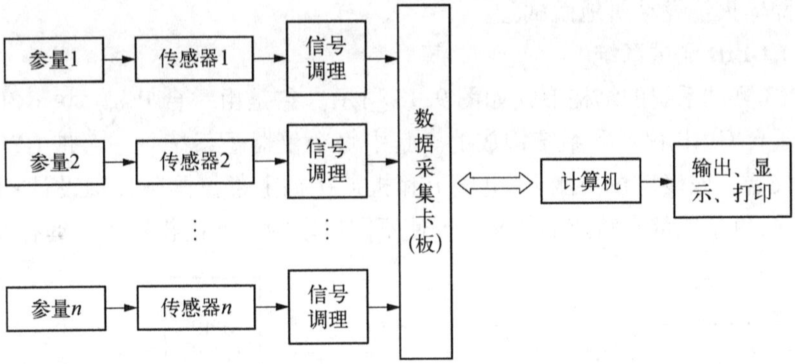

图9.12　计算机控制测试系统基本形式框图

系统各组成部分的功能如下：

(1) 传感器。完成信号的获得，它将被测参量转换成相应的可用输出信号，被测参量可以是各种非电气参量，也可以是电气参量。

（2）信号调理。来自传感器的输出信号，通常是含有干扰噪声的微弱信号。因此，后面配接的信号调理电路的基本作用有两个，一是放大，将信号放大到与数据采集卡（板）中的 A/D 转换器相适配；二是预滤波，抑制干扰噪声信号的高频分量，将频带压缩以降低采样频率，避免产生混淆。

（3）数据采集卡。主要功能有三个，一是由衰减器和增益可控放大器进行量程自动切换；二是由多路切换开关完成对多点多通道信号的分时采样，时间连续信号 $x(t)$ 经过采样后变为离散时间序列 $x(n)$；三是将信号的采样值由 A/D 转换器转换为幅值离散化的数字量，或由 V/F 转换器转换为脉冲频率以适应计算机工作。

（4）计算机。它是系统的神经中枢，使整个测量系统成为一个智能化的有机整体，在软件导引下按预定的程序自动进行信号采集与存储，自动进行数据的运算分析与处理，以适当形式输出、显示或记录测量结果。

随着微电子技术的发展，将传感器与信号调理电路集成为一体化的芯片已经实现，甚至将传感器、信号调理电路、数据采集及微计算机或微处理器全部系统集成在一块芯片的产品也已面世，因此，传感器与仪器的界线正在逐渐消失。

2）标准通用接口型

标准通用接口型是由一定功能的模块（如台式仪器或插件板）组合而成的，所有模块的对外接口都按规定标准设计。组成系统时，若模块是台式仪器，用标准的无源电缆将各模块接插连接起来就构成系统。若模块为插件板，只要将各插件板插入标准机箱即可。组成这类系统非常方便，如通用接口总线（general purpose interface bus, GPIB）测试系统、可重构信号处理（VME extensions for instrumentation, VXI）总线系统就属于这类系统，虽然首次投资大，但有利于组建大、中型测量系统，很适用于大型固体火箭发动机地面试验。

（1）GPIB 测试系统。

GPIB 测试系统的结构形式如图 9.13 所示。它是由一台 PC、一块 GPIB 接口卡和若干台 GPIB 仪器子系统构成的。其中每个仪器子系统是一台带 GPIB 接口的单台仪器。该接口在功能上、电气上和机械接插上都按国际标准设计，内含 16 条信号线，每条线都有特定的意义。即使不同厂家的产品也相互兼容具有互换性，

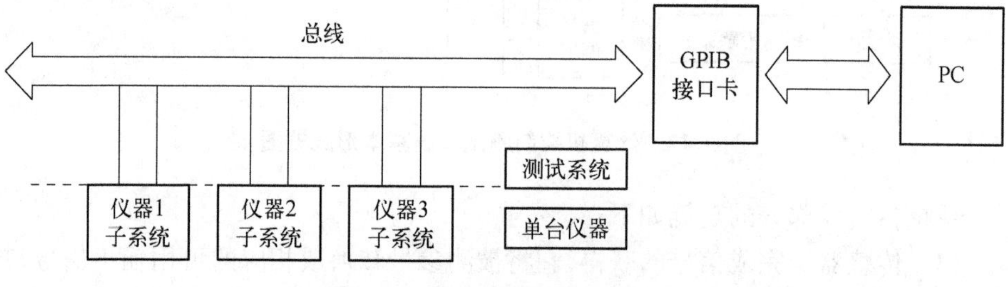

图 9.13 GPIB 通用接口测试系统

组建系统时非常方便，拆散后各仪器子系统又可作单台仪表独立使用。一块 GPIB 接口卡可带 14 台仪器。

（2）VXI 总线系统。

VXI 是结合 GPIB 仪器和数据采集板的先进技术而发展起来的高速、多厂商、开放式工业标准。VXI 总线是一种高速计算机总线——VME 总线在仪器领域的扩展。VME 总线标准自 1981 年确定以来，在国际上得到广泛应用。但是，基于仪器的 VME 总线存在有一个最大的问题是缺乏配套标准。1987 年 7 月，美国五家大仪器公司主动联合起来，在 VME 总线标准的基础上制定了开放系统结构仪器所必需的附加标准，命名为 VXI 总线。

VXI 总线系统是机箱结构，如图 9. 14 所示。一个接插模件就相当于一台仪器或特定功能的器件，多个模块共存于一个机箱组成一个测试系统。随着 VXI 总线规范的不断完善和发展、VXI 即插即用系统联盟的不懈努力，VXI 系统的组建和使用越来越方便，它的高速率传输、模块式结构不仅使得仪器结构紧凑、小巧轻便，而且使集多种功能于一体的现代集成式虚拟仪器变成现实。

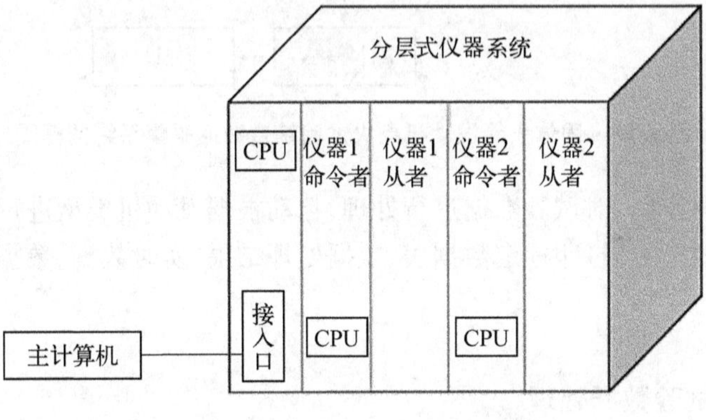

图 9. 14　典型的 VXI 总线系统配置

2. 综合数据采集系统

图 9. 15 为固体火箭发动机点火试验综合数据采集系统的框图[4]。

系统的软件应具有下述功能：

（1）信号设置。包括试验前设置和试验后设置，前者可以添加、修改和删除。

（2）信号标定。可对各路信号进行标定，得到采集值与物理量值的计算参数，以及系统的线性、滞后、重复和使用精度等参数。

（3）数据采集。采集试验数据，采样率、采样时间可设定，可实时显示数据曲线。

（4）曲线显示。可以查看采集数据曲线，并对其进行局部拉伸或放大，可自动调整幅值到最大。

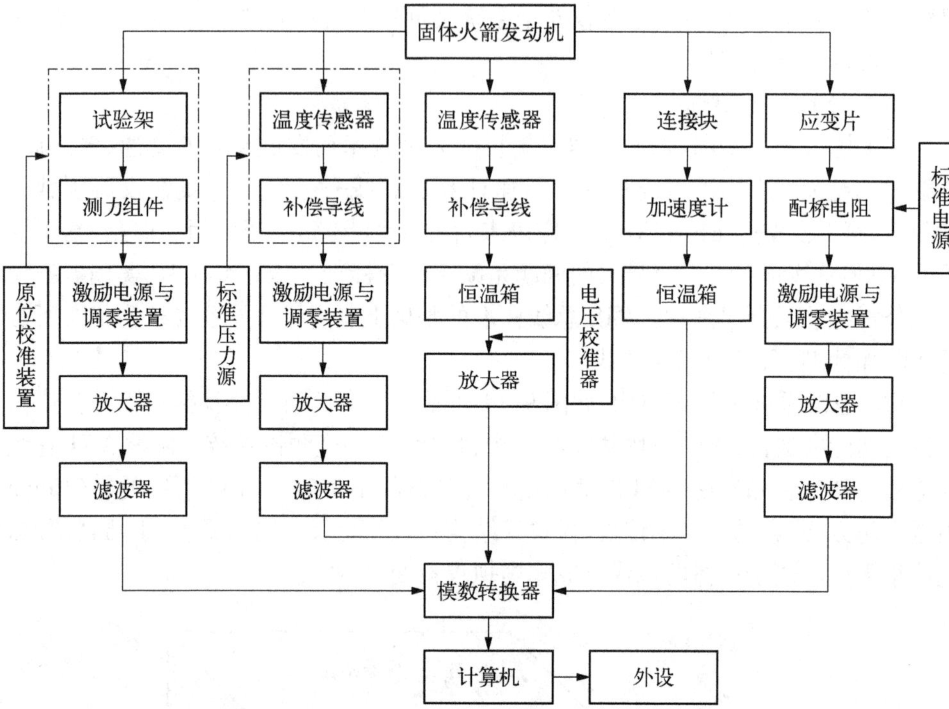

图 9.15 固体火箭发动机点火试验综合数据采集系统的框图

(5) 数据处理。对试验数据进行处理,自动根据发动机类型进行相应处理。

(6) 报表打印。打印标定数据表、数据处理结果、实时数据、数据曲线、显示区数据曲线等。

9.4.4 试验数据处理

大型固体火箭发动机地面点火试验数据处理的内容包括推力-时间($F-t$)曲线、压强-时间($P-t$)曲线上特征点的确定、发动机内弹道特性参数和能量特性参数的处理等。

1. 推力-时间曲线与压强-时间曲线

发动机地面点火试验中,推力、压强是最重要的测量参数。模拟测量系统直接记录下 $F-t$、$p-t$ 曲线。数字测量系统获得的是推力与压强的时间历程数据,这些数据通过图形显示出相应的 $F-t$、$p-t$ 曲线。在固体火箭发动机地面点火试验中,把 $p-t$ 曲线定义为基准曲线。典型的 $p-t$、$F-t$ 曲线如图 9.16 所示[4,5]。

p_c 为燃烧室压强,是发动机工作时燃烧室内燃气的瞬时总压;p_i 为初始压强,通常为发动机稳态压强平均值的 5%;p_{bf} 为燃烧终点压强,是发动机装药肉厚燃烧终了时刻的压强值;p_{af} 为工作终点压强,一般规定在 p_c 下降到 p_i 值时的压强;t_0 为

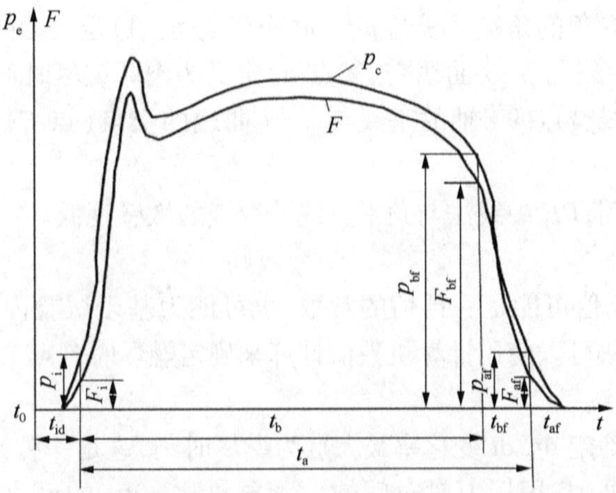

图 9.16　固体火箭发动机 $p-t$、$F-t$ 曲线

时间零点，指点火信号给出的时刻；t_i 为发动机工作时间起点，即压力升到 p_i 时对应的时刻；t_{id} 为点火延时时间，t_0 到 t_i 之间的时间间隔；t_{bf} 为燃烧终了时刻，发动机装药肉厚燃烧完了的时刻，即燃气压强 p_{bf} 的对应时刻；t_b 为燃烧时间，指装药肉厚燃烧时间 t_{bf} 与 t_i 之间的时间间隔；t_{af} 为工作终点时刻，即燃气压强 p_{af} 对应的时刻；t_a 为工作时间，在 $p-t$ 曲线上，t_{af} 与 t_i 之间的时间间隔；F 为发动机的推力；F_i 为初始推力，与 t_i 对应的 F 值；F_{bf} 为燃烧过程终点推力，与 t_{bf} 对应的推力值；F_{af} 为工作过程终点推力，与 t_{af} 对应的推力值。

2. 燃烧时间的确定方法

在 $p-t$ 曲线上确定 t_b 现在还没有一种统一的规定，下面介绍几种常用的方法[1]。

1）双切线法

双切线法是最通用的一种方法，在 $p-t$ 曲线拖尾段画出两条切线，如图 9.17 所示。两切线夹角的角平分线与 $p-t$ 曲线交点（点 A）定义为肉厚燃尽时刻。

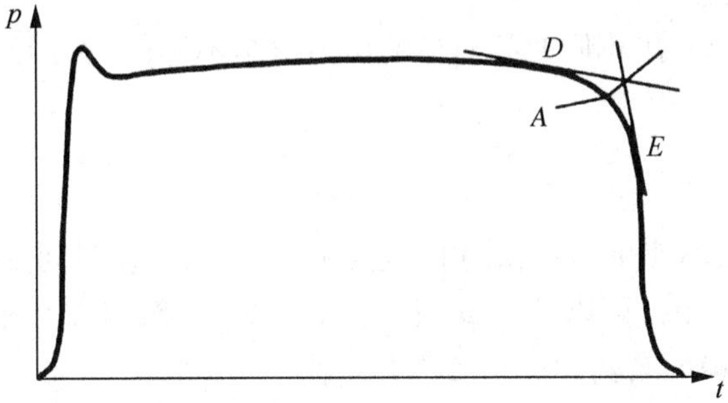

图 9.17　双切线法确定燃烧终止点

（1）两切线夹角的角平分线与 $p-t$ 曲线交点（点 A）定义为肉厚燃尽时刻；

（2）取 DE 中线与 $p-t$ 曲线交点（点 B）定义为肉厚燃尽时刻；

（3）过两切线交点的 t 轴的垂线与 $p-t$ 曲线的交点（点 C）定义为肉厚燃尽时刻。

数据分析证明，DE 中线法与角平分线法取点的敏感度低。

2）特征值

特征值 $\mathrm{d}p/\mathrm{d}t$ 值可能是一预估的常数，也可能为基于试验内弹道曲线某规定下的变量。该方法可以使用计算机数值计算来确定燃尽时刻点。

3）二阶导数法

该方法试图确定 $\mathrm{d}p/\mathrm{d}t$ 变化率最大点为燃尽时刻，这是一种计算机方法，它对数值点进行数值处理，用压力对时间的二阶导数 $\mathrm{d}^2p/\mathrm{d}t^2$ 的极值来确定肉厚燃尽时刻。

4）预定系数法

对于特定的发动机，曲线变化是有规律的，如 $p_{\max}$ 与 p_{bf} 之间的比例系数 K_{b} 是一个常数，即

$$K_{\mathrm{b}} = p_{\mathrm{bf}}/p_{\max} \tag{9.22}$$

K_{b} 值可以从多次试验统计得到。这样利用预定的系数 K_{b}，就可以根据 $p-t$ 曲线上的 $p_{\max}$ 计算出 p_{bf}，从而找到 t_{bf}，即燃烧终止点。

还可以用燃烧时间压力冲量与工作时间压力冲量之比确定系数 K'_{b}，即

$$K'_{\mathrm{b}} = \frac{\int_{t_{\mathrm{i}}}^{t_{\mathrm{i}}+t_{\mathrm{b}}} p\mathrm{d}t}{\int_{t_{\mathrm{i}}}^{t_{\mathrm{i}}+t_{\mathrm{n}}} p\mathrm{d}t} \tag{9.23}$$

这里的 K'_{b} 值也是由多次试验的统计中得到，或由设计理论 $p-t$ 曲线给出，然后用迭代法可以确定肉厚燃尽点。

5）燃速公式法

从 $p-t$ 曲线上看出不同时间对应的压力值是不同的，而当发动机的装药燃速符合式(9.24)时，

$$r = ap^n \tag{9.24}$$

则不同时间的燃速也是不相同的，但当把 $p-t$ 曲线按时间分成若干个 Δt 小区域时，在每个小区域内，可以认为 p 值不变。这样一来，在 Δt 内燃速也可视为恒定。在 Δt 内燃烧掉的装药肉厚用 Δe 表示，则

$$\Delta e = r\Delta t \tag{9.25}$$

设某一时间间隔 t_m，这里

$$t_m = \Delta t_1 + \Delta t_2 + \cdots + \Delta t_m = \Delta t \cdot m \tag{9.26}$$

则在 t_m 内燃烧去的肉厚 e_m 为

$$e_m = a\Delta t(p_1^n + p_2^n + p_3^n + p_m^n) \tag{9.27}$$

当燃烧去的肉厚等于装药肉厚时，即

$$e_m = e_0 \tag{9.28}$$

则

$$t_b = m\Delta t \tag{9.29}$$

利用这一思路，可以编程计算 t_b，条件是：

(1) 燃速公式 $r = ap^n$，a、n 为已知；

(2) 装药肉厚已知；

(3) 压力数据采集时间间隔已知。

燃速公式可以通过标准试验发动机试验或药条声发射技术获得。

3. 与压强有关的数据处理

利用 $p-t$ 曲线处理可得下列内弹道特性参数。

1) 燃烧时间平均压强为

$$\bar{p}_{t_\mathrm{b}} = \frac{\int_{t_\mathrm{i}}^{t_\mathrm{i}+t_\mathrm{b}} p\mathrm{d}t}{t_\mathrm{b}} \tag{9.30}$$

式中，压强的积分项称为燃烧时间压强冲量。

2) 工作时间平均压强为

$$\bar{p}_{t_\mathrm{a}} = \frac{\int_{t_\mathrm{i}}^{t_\mathrm{i}+t_\mathrm{a}} p\mathrm{d}t}{t_\mathrm{a}} \tag{9.31}$$

式中，压强积分项称为工作时间压强冲量。

3) 特征速度

特征速度用 c^* 表示，它是衡量固体火箭发动机推进剂化学能大小和燃烧完全程度的一个特征参数。理论上特征速度是喷管进口燃气总压 P_{tin} 和喷管临界截面面积 A_t 的乘积与燃气质量流量 $\dot{m}_\mathrm{p}$ 之比，即

$$c_{\mathrm{th}}^* = p_{\mathrm{tin}} \cdot A_\mathrm{t}/\dot{m}_\mathrm{p} \tag{9.32}$$

通过点火试验，可以按式(9.33)计算发动机的实际特征速度：

$$c^* = \frac{\bar{A}_t \cdot \int_{t_i}^{t_i+t_a} p\mathrm{d}t}{m_p} \tag{9.33}$$

式中，$\bar{A}_t$ 为点火试验前后喷管临界截面面积的算术平均值，单位为 m^2；m_{gr} 为推进剂总质量，单位为 kg；积分项为工作时间按压强冲量，单位为 Pa · s；c^* 为实际特征速度，单位为 m/s。

4. 与推力有关的数据处理

通过推力曲线处理，可以得到总冲、比冲、平均推力和推力系数等数据。

(1) 总冲为

$$I_t = \int_{t_i}^{t_i+t_a} F\mathrm{d}t \tag{9.34}$$

(2) 比冲为

$$I_s = \frac{I_t}{m_p} \tag{9.35}$$

(3) 工作过程平均推力为

$$\bar{F}_{ta} = \frac{I_t}{t_a} \tag{9.36}$$

(4) 燃烧过程平均推力为

$$\bar{F}_{tb} = \frac{\int_{t_i}^{t_i+t_b} F\mathrm{d}t}{t_b} \tag{9.37}$$

(5) 推力系数

推力系数 C_F 是固体火箭发动机设计水平的表征量之一，是一个无量纲系数，理论推力系数是发动机推力与喷管临界截面面积 A_t 同喷管进口面燃气总压之积的比值，即

$$C_{F_{th}} = \frac{F}{A_t p_{tin}} \tag{9.38}$$

而实际推力系数可以用式(9.39)计算：

$$C_F = \frac{I_t}{\bar{A}_t \cdot \int_{t_i}^{t_i+t_a} p\mathrm{d}t} \tag{9.39}$$

式中，C_F 为试验推力系数，无量纲因子；I_t 为总冲，单位为 N·s；$\bar{A}_t$ 为试验前后喷管临界截面面积的算术平均值，单位为 m^2。

9.5　试验安全技术

在固体火箭发动机地面点火试验中，尤其是大型固体火箭发动机，一旦发生破坏性事故就会造成很大的经济损失；当发生发动机提前点火和壳体爆炸等恶性事故时，还可能会造成人员伤亡。

大型固体火箭发动机试验发生危害事故主要表现为爆炸、高温射流和火球等具体形式，产生的空气冲击波、高速碎片、高温火焰，对环境、设备、人员都会造成巨大的伤害。同时，未燃尽的推进剂残药会继续燃烧，且会随着冲击波的传播扩散到更大的区域，产生二次破坏。此外，大型固体火箭发动机试验过程中产生的燃气、噪声也可产生一定的危害。因此，重视安全技术、加强安全管理是大型固体火箭发动机地面点火试验中值得十分注意的问题。

9.5.1　试验安全要求

1. 一般要求

(1) 接触发动机的工作人员按规定穿好防静电的工作服、工作鞋，戴好工作帽、工作手套，进入工作场地，必须先释放人体静电。

(2) 严格按有关操作规程进行操作，严格执行工艺纪律，操作人员不得变更操作内容和操作程序。

(3) 试验用到的仪器(仪表)、设备必须检定合格，精度满足要求，并在有效期内使用。

(4) 发动机在运输、检测、试验现场时，发动机必须可靠接地。

2. 试验场地安全要求

(1) 具有防火、防爆设施和防雷击、防静电装置。

(2) 无其他易燃易爆物质；无其他易腐蚀、易污染物质，无火种。

(3) 照明采用防爆式电气灯具。

(4) 场地整齐清洁干燥；各种工具、仪器、设备摆放有序；安全文明；无虫、鼠、鸟、蛇等动物危害。

(5) 要求起吊设备接地良好，鉴定合格，并在规定校验期内。

3. 起吊操作安全要求

(1) 起吊前检查吊具、起吊设备和支承设备是否处于正常状态，起吊设备接地是否良好，确认合格后才能安装吊具，并经试吊正常后方可起吊。

(2) 起吊时，根据起吊物体的不同，采用相应专用吊具。起吊转运过程中，要防止产品在空中摇晃或碰撞，严禁磕碰、划伤及损坏产品表面。起吊过程要求平稳缓慢，严禁冲击。

（3）产品起吊用的吊具、起吊设备和支承设备均要经过超载检查验证。定检周期按有关规定执行，并有鉴定合格证明。

4. 点火安全要求

点火前，发动机要接地可靠，发动机安全机构处于安全状态。

5. 人员安全要求

（1）发动机在试验前，操作人员高处作业时，要求脚手架、操作平台等工装设施稳固，操作人员佩戴安全带或其他防坠护具。

（2）现场统一指挥，多视角观察，确保现场工作人员安全。试验现场定员、定岗，职责分明。非工作人员不得进入试验现场。

9.5.2 安全管控措施

大型固体火箭发动机尺寸大、准备过程复杂、周期长、难度大，试车准备过程中存在着推进剂燃烧、起重伤害、高处坠落、物体打击、机械伤害、车辆伤害等危险有害因素。对此，应制定发动机地面试验专项应急预案，明确安全管控措施，例如：

1. 试验准备过程中

（1）作业前对操作人员进行安全专项教育和培训；所有进入试验区域人员必须履行登记手续；不得将手机、打火机等随身物品带入试验区域；作业时操作人员佩戴安全带和安全帽，穿着防静电服装，操作人员携带工具包，操作时轻拿轻放，防止坠落磕碰壳体。

（2）高处作业时严禁打开或拆卸防护栏，登高车栏杆使用棉布防护；发动机前裙附近加防护，防止磕碰。在发动机上部进行作业时，严禁下部走人或放置产品。若作业面下部有突出的金属尖锐及棱角，必须有相应防护措施。对关键岗位实行目标管理，必要时实行双岗制，避免操作失误。

（3）大、中型固体火箭发动机采用专用吊具进行起吊，吊具应按规定做动负荷试验，吊具最好装有过载报警装置。装配间及试车间内具有防静电装置和消防用水设施。设备及产品可靠接地，防止强静电；试车台架的设计应有足够的安全系数，且具有一定的安全保护和应急处理设施。

（4）工装在吊装过程中因紧固失效、吊具断裂导致跌落，或工装吊装过程中与产品发生碰撞，应立即停止吊装，保护好产品，现场检查决定后续工作。

（5）对试验区域内人数进行总量控制，对试车当天进入试验区域人员进行严格管理，未提前报备人员不得进入试验区域；制定现场人员撤离方案，按照撤离方案组织撤离。

(6) 划分安全管控区域,试车台与测控中心之间要有足够的安全距离,在安全区域外,安排巡逻哨,制定周边道路交通管控方案,对试验区域进行管控。

(7) 提前准备医用绷带、胶布等应急物品,现场配备应急药箱。若现场发生人员物体打击、跌落、起重伤害等事故,起重设备应立即停机,由现场操作人员对伤者进行急救,伤情严重的还应拨打120报警,做好救援车辆的接引工作,保障救援通道畅通。根据情况,下达保护现场等命令,防止次生事故和事态扩大。

2. 发生火灾、爆炸事故

1) 点火前发生火灾的处置

(1) 当火灾初发时,现场负责人应立即要求人员停止作业,并安排人员进入现场灭火尽量地控制火势,同时拨打火警电话,及时转移附近危险物品,构筑防火隔离带。

(2) 观察火情,分析情况进行扑救,应急救援先行控制其他物料着火、减轻着火范围、降低着火带来的附加损失,扑救过程应使用必要的装备并注意自我防护。安全事故处置组负责人员疏散、火场控制及伤员转移工作。

(3) 当着火面积大,火势迅猛或推进剂燃烧,火势超出控制范围时,现场人应迅速撤离到安全地带,以避免造成人员伤亡。疏散周围车辆、行人,如果现场有人受伤,及时联系医护人员进行救治。

2) 点火后发生火灾或爆炸的处置

(1) 点火后,如通过现场视频监控画面发现发生火灾或爆炸,不允许任何人无组织实施抢救,应立即结合试验数据和监控画面对现场火灾或爆炸情况进行推演和初步判断。

(2) 根据事故波及范围,在试验区域周边设置隔离带,在适当位置设置警戒哨,指派专人看守,对进入试验区域的人员和车辆进行严格管控。

(3) 根据现场画面,视情安排应急抢险队伍进入试验区实施抢险。

(4) 应急抢险任务完成后,在试验任务指挥部的指挥下处理事故现场的善后工作。

(5) 若点火后无回传数据或现场图像作为判断依据,则认定试验现场出现险情,通过无人机或高倍望远镜进行远程观测,若发现火情,则按照上述步骤进行处置。

9.5.3　试验安全防护距离划分

根据《军工燃烧爆炸品工程设计安全规范》(HB 30059—2021),在军工燃烧爆炸产品研制、生产、试验等过程中,安全防护距离可以分为内部距离和外部距离,其中:

(1) 内部距离指燃爆品科研、生产、储存、试验、销毁等区内危险性建(构)筑物与本区内其他建(构)筑物之间,在规定的破坏标准下,所需保持的最小距离。内部距离一般自危险性建筑物外墙轴线、构筑物柱子轴线、储罐外壁算起。

(2) 外部距离指燃爆品科研、生产、储存、试验、销毁等区内危险性建(构)筑物与本区外各类目标(如城镇、居民点、企事业单位、零散住户、公路、铁路、高压输电线路等)之间,在规定的破坏标准下,所需保持的最小距离。外部距离一般自危险性建筑物的外墙轴线、构筑物柱子轴线、储罐外壁算起。

1. 内部距离

燃爆品生产区内,建(构)筑物之间的内部距离计算应符合下列规定:

(1) 不同危险等级、不同计算药量的两个建筑物之间的内部距离,应分别按各自的危险等级、计算药量和防护形式计算后取其大值。

(2) 不同性质产品的生产线建筑物之间的内部距离,应分别按相邻两条燃爆品生产线建(构)筑物各自危险等级和计算药量计算距离后再增加 50%,并取其较大值。

(3) 产品性质相同的军工燃烧爆炸品、民用燃烧爆炸品生产线建(构)筑物之间的内部距离,宜分别按各自危险等级、计算药量计算距离后取其较大值。

(4) 当建筑物内存储和使用的燃爆品数量少,经采取防护措施,可减少或免除事故产生的飞散物、冲击波、地震波、辐射热对周围的危害时,其内部距离可根据具体情况计算,并经验证试验、专项论证确定。

(5) 内部距离适用于平坦地形,遇不利地形宜适当增加。

不同等级地面建筑物(A 级、B 级、C 级)距其他地面建(构)筑物的内部距离及相关计算方法可参照《军工燃烧爆炸品工程设计安全规范》(HB 30059—2021)第 6.6 章节。

2. 外部距离

根据《军工燃烧爆炸品工程设计安全规范》(HB 30059—2021),独立的导弹(火箭)固体发动机试验台的外部距离不应小于表 9.2 的规定。推力大于 100 t 发动机试验台,其外部距离不应小于对应计算药量确定距离的 1.5 倍,同时,应确保相应计算药量距离条件下爆炸冲击波超压不超过允许破坏标准。一般情况下,按照《航天发射场建设标准》(GJB 9300—2018)、《航天发射场安全设计准则》(GJB 8974—2017),对于爆炸冲击波超压相关规定如下。

(1) 危险区是以发射点为运载火箭以外爆炸中心、爆炸冲击波超压 0.006 2 MPa 对应距离为半径的圆环形区域,该区域内主要危险要素包括爆炸冲击波、火球、热辐射、碎片、噪声、毒气等杀伤因素,可能造成发射场地面人员重大伤亡或设施设备重大损坏,任务时,非必要工作人员应撤离或进入防护掩体内。

(2) 安全管控区域是指危险边界以外,以发射点为运载火箭意外爆炸中心、运载火箭意外爆炸冲击波超压 0.003 MPa 对应距离为半径的圆环形区域,该区域内运载火箭发射和初始段飞行失败对公众的危险超过了公共人员允许承受的危险率,包含由故障运载火箭带来的可造成人员伤亡或财产损失的大量碎片,发射噪声超过限值,从运载火箭加注开始应只允许必要的工作人员进入并停留,公众和与发射任务无关的人员应撤离。

对于大型或超大型固体火箭发动机而言,由于其装药量较大,一般在百吨级以上,因此,应以极限工况计算药量及冲击波超压范围[冲击波计算方法可见式(9.40)~式(9.42)],以最大程度确保人员安全。试车时,禁止人员进入安全管控区边界以内。

表 9.2　独立的导弹(火箭)固体发动机试验台的外部距离

序号	试验台分类	人数小于等于 50 人或户数小于等于 10 户的零散住户边缘,职工总数小于等于 50 人的企业围墙	国家铁路线,高速公路、二级及以上公路,通航的河流航道	人数大于 50 人且小于等于 500 人的居民点边缘,本厂生产区边缘,职工总数大于 50 人且小于等于 500 人的企业围墙	人数大于 500 人且小于等于 5 000 人的居民点边缘、本厂产品总仓库区、人数大于 500 人的企业围墙	10 万人以下的城市市区规划边缘	试验场生活区边缘
1	推力小于等于 10 t 的固体发动机试验台	200	200	300	400	800	200
2	推力大于等于 10 t 且小于等于 20 t 的固体发动机试验台	200	200	300	400	1 000	300
3	推力大于等于 20 t 且小于等于 100 t 的固体发动机试验台	400	400	500	600	2 500	500
4	推力大于等于 100 t 且小于等于 200 t 的固体发动机试验台	500	500	600	800	3 000	500
5	推力大于等于 200 t 且小于等于 400 t 的固体发动机试验台	750	750	900	1 500	4 000	750

注:外部距离从试验台边线算起。推力大于 100 t 发动机试验台,其外部距离不应小于对应计算药量确定距离的 1.5 倍,且不应小于本表的规定。

参考《航天发射场建设标准》(GJB 9300—2018)、《航天发射场全设计准则》(GJB 8974—2017),在大型固体火箭发动机地面试验过程中,若发生推进剂爆炸、壳体失效解体等事故,还会产生热辐射效应,也会对人或建筑产生危害。另外,高温高速气体从发动机喷管喷出,会产生较大的喷流噪声,存在人员受伤及测试设备、建筑物等损坏的风险。对此,也需考虑热辐射、噪声等危害的影响,并制定安全防护距离(表 9.3)。

表 9.3　燃爆品生产区 A 级 B 级地面建筑物的外部距离

计算药量/t	项目								
	人数小于等于 50 人或户数小于等于 10 户的零散住户边缘，职工总数小于等于 50 人的企业围墙，加油站，功率小于 1 000 kW 的风力发电机，无摘挂作业的铁路中间站站界或建筑物边缘，本单位独立的机加生产区、燃爆品生产区、靶场区的建筑物边缘，220 kV 及以上架空输电线路	人数大于 50 人且小于等于 500 人的居民点边缘，职工总数大于 50 人且小于等于 500 人的企业围墙，有摘挂作业的铁路中间站站界或建筑物边缘，功率大于等于 1 000 kW 的风力发电机	人数大于 500 人且小于等于 5 000 人的居民点边缘、企业围墙	人数大于 5 000 人且小于等于 2 万人的乡镇规划边缘，110 kV 区域变电站围墙	人数大于 2 万人且小于等于 10 万人的城镇区规划边缘，220 kV 及以上区域变电站围墙	人数大于 10 万人的城市市区规划边缘	国家铁路线，高速公路、二级及以上公路，通航的河流航道，110 kV 架空输电线路	非本单位的企业铁路支线，三级公路，35 kV 架空输电线路	埋地铺设的石油、天然气管道
0.1	110	145	170	230	310	615	110	90	105
0.5	150	165	190	260	370	680	140	110	105
1	185	210	280	380	465	900	170	115	105
2	210	270	320	440	580	1 110	195	130	135
3	240	300	360	480	630	1 260	210	150	160
4	270	340	395	530	705	1 405	235	160	180
5	290	365	425	575	760	1 515	255	170	200
6	310	390	450	615	810	1 620	270	180	215
8	340	430	500	680	900	1 800	300	200	240
10	370	460	540	740	980	1 945	330	220	265
12	400	490	575	790	1 035	2 070	350	230	280
14	420	515	605	830	1 090	2 180	365	245	295
16	440	540	635	870	1 145	2 290	385	255	305
18	460	560	660	900	1 190	2 380	400	265	310
20	480	590	690	940	1 250	2 485	420	280	320
25	520	635	745	1 020	1 350	2 685	450	300	330
30	550	675	795	1 085	1 430	2 890	480	320	335

续 表

计算药量/t	项目								
	人数小于等于50人或户数小于等于10户的零散住户边缘，职工总数小于等于50人的企业围墙，加油站，功率小于1 000 kW的风力发电机，无摘挂作业的铁路中间站站界或建筑物边缘，本单位独立的机加生产区、燃爆品生产区、靶场区的建筑物边缘，220 kV及以上架空输电线路	人数大于50人且小于等于500人的居民点边缘，职工总数大于50人且小于等于500人的企业围墙，有摘挂作业的铁路中间站站界或建筑物边缘，功率大于等于1 000 kW的风力发电机	人数大于500人且小于等于5 000人的居民点边缘、企业围墙	人数大于5 000人且小于等于2万人的乡镇规划边缘，110 kV区域变电站围墙	人数大于2万人且小于等于10万人的城镇区规划边缘，220 kV及以上区域变电站围墙	人数大于10万人的城市市区规划边缘	国家铁路线，高速公路、二级及以上公路，通航的河流航道，110 kV架空输电线路	非本单位的企业铁路支线，三级公路，35 kV架空输电线路	埋地铺设的石油、天然气管道
35	580	715	840	1 150	1 520	3 025	510	340	355
40	610	750	880	1 200	1 590	3 170	530	355	370
45	640	780	920	1 250	1 660	3 315	560	370	385
50	660	815	955	1 300	1 720	3 440	580	380	400
60	700	870	1 020	1 390	1 840	3 750	620	410	425
70	740	920	1 080	1 470	1 950	3 890	650	430	445
80	780	960	1 130	1 540	2 040	4 070	680	450	465
90	810	1 000	1 180	1 600	2 120	4 240	710	470	485
100	840	1 040	1 230	1 660	2 200	4 400	735	490	500
150	980	1 200	1 420	1 920	2 540	5 080	850	570	575
200	1 080	1 330	1 570	2 130	2 820	5 630	940	630	630

注1：表中的计算药量为TNT当量。

注2：计算药量为中间值时，外部距离可采用线性插入法确定。

注3：与二、三级公路的距离执行现行国家标准的规定。危险性地面建筑物与各级公路用地外缘的外部距离不应小于100 m。与风力发电机外部距离不应小于600 m。当表中距离小于本注规定时，执行本注的距离规定。

注4：新建燃爆品生产区内A级、B级地面建筑物外部距离应满足表中序号1~9的规定、现有燃爆品生产区和科研实验区已在市区或城镇规划范围内时，其外部距高应满足表中除序号4~6中对规划边缘外部距离规定外的所有规定。

注5：生产区单个建筑物弹药计算药量超过表中计算药量时，序号1~8的外部距离，可按公式 $20x\sqrt[2.8]{Q}$（其中 Q 单位为kg）计算，再分别乘以系数0.69、0.85、1、1.36、1.8、3.6、0.6、0.4确定，同时应确保该药量距离条件下爆炸冲击波超压不超过允许破坏标准；序号9的外部距离可按公式 $10.77x\sqrt[3]{Q}$（其中，Q 单位为kg）计算确定。

根据航天发射经验,可通过计算冲击波的峰值超压、热辐射效应的不破坏区、噪声容许限值,选择范围最大的区域作为安全区域,最大限度地保证发动机试车安全。一般情况下,发动机工作过程或解体过程产生的冲击波危害远大于热辐射以及噪声,根据《复合固体推进剂厂房危险等级和安全距离的确定》(QJ 3144—2002),安全距离可通过超压 Δp 确定。

冲击波的峰值超压、热辐射效应的不破坏区、噪声容许限值计算方法如下。

(1) 冲击波的峰值超压。推进剂爆炸产生空气冲击波,由于波振面上的超压效应,对周围环境造成巨大的破坏作用。冲击波的超压效应随着距离增加而迅速衰减。根据地面爆炸超压计算经验公式和我国国防工程设计规范爆炸空气冲击波峰值超压计算公式:

$$\Delta p_{\text{地}} = \left(\frac{1.061}{\bar{R}} + \frac{4.31}{\bar{R}^2} + \frac{14.1}{\bar{R}^3}\right) \times 0.0981 \tag{9.40}$$

式中,$\bar{R}$ 为当量距离;$\Delta p_{\text{地}}$ 为超压,单位为 MPa。

$$\bar{R} = R/\sqrt[3]{q} \tag{9.41}$$

$$q = \text{装药量} \times \text{当量系数} \tag{9.42}$$

式中,R 为离爆炸中心的距离,单位为 m;q 为 TNT 的药量,单位为 kg。

峰值超压 Δp 与 TNT 的药量密切相关,TNT 的药量大小直接决定了安全防护距离的大小。因此,TNT 的药量如何取值至关重要。TNT 的药量的当量系数根据燃爆品的种类取不同的值,例如,常用丁羟复合推进剂当量系数取值为 0.4。

(2) 热辐射效应。推进剂火球的直径和火球持续时间与发生燃烧的推进剂质量有关,根据推进剂火球直径、辐射能计算公式,根据发动机装药量,意外燃爆时火球热辐射破坏效应范围见表 9.4。

$$D = 3.86m^{0.320} \tag{9.43}$$

式中,D 为火球直径,单位为 m;m 为装药质量,单位为 kg。

$$\frac{Q}{2.04 \times 10^4 m^{1/3} T^{2/3}} = \frac{D^2/R^2}{161.7 + D^2/R^2} \tag{9.44}$$

式中,Q 为单位面积受到的热辐射能,单位为 J/m^2;D 为火球直径,单位为 m;R 为离爆源的距离,单位为 m;m 为燃烧、爆炸物的质量,单位为 kg。

表 9.4　燃爆火球热辐射破坏效应范围表

序号	入射通量(kW/m^2)	对设备的损害	对人的伤害
1	37.5	操作设备全部损坏	1%死亡/10 s,100%死亡/1 min
2	25	在无火焰、长时间辐射下、木材燃烧的最小能量	重大损伤/10 s,100%死亡/1 min
3	12.5	有火焰时,木材燃烧,塑料熔化的最低能量	1 度损伤/10 s,1%死亡/1 min
4	4.0	/	20 s 以上感觉疼痛、未必起泡
5	1.6	/	长期辐射无不舒服感

(3) 噪声。对固体火箭发动机的噪声影响范围,按照《军事作业噪声容许限值及测量》(GJB 50A—2011),分别制定 120 dB、109 dB 噪声安全管控区边界。超过 109 dB,需采用耳塞等保护措施。鉴于噪声防护措施简单,可综合考虑安全管控边界划分范围。根据该标准,军事作业噪声容许限值规定如下所示。

① 每日连续暴露 8 h,噪声容许限值为 85 dB(A)。

② 每日连续暴露不同时间下,噪声容许限值计算公式如下:

$$L_A = 85 - \frac{3}{\lg 2}\lg(T_{\min}/480) \tag{9.45}$$

式中,LA 为暴露时间为 $T_{\min}$ 时的容许限值,单位为 dB(A);$T_{\min}$ 表示暴露时间,单位为 min。

③ 每日连续暴露不到 8 h,噪声容许限值见表 9.5。

④ 非开放空间内的脉冲噪声峰值声压级容许限值为 140 dB(A)。

表 9.5　噪声暴露不同时间容许限值

每日连续暴露时间/h	容许限值/dB(A)
8	85
4	88
2	91
1	94
1/2	97
1/4	100
1/8	103
1/16	106
1/32	109

注: 最高不得超过 115/dB(A)。

9.5.4 典型事故类型及原因

在固体火箭发动机地面点火试验中,可能会发生下述几种类型的事故[1]。

(1) 发动机损伤。大型发动机起吊比较困难,如果不注意或者方法不得当,那么比较容易发生摔坏发动机或碰伤喷管之类的事故。出现这类事故的原因主要有吊具的承载能力不够、吊车运动不靠(如制动不灵)、吊装工艺不合理(如跨度太小)、操作不细心等。

(2) 发动机提前点火。发动机提前点火是指未进入正式点火程序前将推进剂药柱点燃。提前点火是发动机试验中最危险的事故,因此,要绝对避免。这类事故多发生在试验准备过程中,出现的原因是操作人员误听口令或误操作。

(3) 发动机壳体爆炸。发动机在工作过程中发生壳体爆炸主要由燃烧室压强过高引起的,多发生在发动机装药有缺陷的情况。

(4) 发动机离位。发动机离位是指发动机在工作过程中离开预定的位置,甚至飞离试车台。造成这种事故的原因是试车台架对发动机的约束失效,而造成约束失效的原因主要有测力组件的损坏、试车架与台体之间固定不牢、承力墩承载力不够、动架的限位不可靠等。

(5) 发动机不能正常点火。发动机不能在规定的时间(此时间由点火程序决定)点火虽然也被列入试验事故范围,但这种事故只要处理得当,不会带来大的损失,只是推迟了点火试验的时间;尽管如此,也应尽量加以避免。出现这种现象的原因多是由于点火电线连接不牢、点火电源功率不够(或点火电流过小)和控制机构失灵等。

根据大型固体火箭发动机特点,梳理地面试验安全风险分析及控制措施见表9.6。

表 9.6 发动机试车安全风险分析及控制措施表

序号	工序名称	安全风险	控制措施
1	系统联试		
1.1	点火器接线	操作人员误以为正式试验	1. 严格按联试口令执行; 2. 点火器联试在试车台外进行,与发动机完全隔开; 3. 没进入试车流程,不得连接点火器点火线; 4. 技术人员陪同监督
1.2	安全机构提前转换	操作人员误以为正式试验	1. 要求岗位操作人员注意力高度集中,严格按照试车口令进行操作,没进入试车流程,不得转换安全机构; 2. 测量点火回路电阻前不得转换安全机构; 3. 技术人员陪同监督

续　表

序号	工序名称	安全风险	控制措施
1.3	安全机构未转换成功	/	1. 允许重复转换3次； 2. 对安全机构测试仪进行自检，若仪器检测异常，则更换备用测试仪进行转换； 3. 技术人员陪同监督
2	热试车		
2.1	连接点火线	静电导致发动机意外点燃	1. 作业前对操作人员进行安全专项教育和培训，使之掌握安全操作要点，并穿戴好劳保护具； 2. 作业前释放人体静电，释放时间大于3 s，接地电阻不大于4 Ω； 3. 操作过程佩戴防静电腕带，要求防静电腕带可靠接地； 4. 接点火线前始终保持点火线路呈短路状态； 5. 装药燃烧室在操作过程中必须保证全程可靠接地； 6. 进入正式试车流程后，才能接点火线，不得提前； 7. 按照试车口令接点火线前严禁合闸；点火线连接前安全机构不得转换
2.2	点火线路回路测试	电流过大导致点火器工作	1. 点火回路测试采用电雷管测试仪等专用火工品阻值测试仪； 2. 回路测试前不得转换安全机构
2.3	试车中	试验时现场人员未全部撤离，可能造成人员伤亡	正式试验时现场人员必须全部撤离，确认人员撤离，技安监督人员向总指挥报告完毕方可点火
2.4		振动、噪声影响人员和设备	1. 试车前试车台现场及现场测试方舱人员全撤离； 2. 所有测试设备采用防震措施，配备UPS电源； 3. 测试线缆接头进行包裹防护
2.5		发动机壳体、喷管烧穿，碎片飞出	1. 人员应在符合安全距离的工房内躲避； 2. 按照该台发动机试车安全预案相关要求执行
2.6		引发火灾	1. 试验前协调消防人员待命； 2. 按照该台发动机试车安全预案相关要求执行
2.7	试车后	试车结束后，地面温度较高人员进入现场烫伤	1. 试验前对相关单位进行交底，要求除应急处置人员外，所有人员在应急处置结束前，不能进入现场； 2. 现场应急处置人员应服从统一调动； 3. 收到指挥口令后，人员方能进入试车台现场

9.6　试验技术未来展望

在大型固体火箭发动机技术发展的牵引下，新型高强度/低密度材料、新型试验装备及测试仪器的应用，新的设计理念的突破，计算机辅助设计的应用等，对发动机的试验技术提出了更高的要求。伴随着大型固体火箭发动机的研制，大型试验领域不断拓展，试验能力持续提高，试验设备的研制也备受重视。

当前，大型固体火箭发动机地面试验技术将会呈现以下发展趋势。

1. 试验能力将进一步提高

用于航天助推器的固体火箭发动机通常是非常大的，如美国的"大力神-3C"火箭有两个直径为 3 m 的发动机，总推力达 9 000 kN，美国还研制了直径为 4 m 和 6.6 m 的固体助推器、推力达数十兆牛。为试验这种巨型火箭发动机必须建造大型试车台。首先遇到的是大型试车架的设计与制造问题，运输、起吊问题，还有数十兆牛力值的传感器计量与校准，建立数十兆牛力值的标准等，都需要突破一系列技术难关。

2. 试验条件将不断完善、齐套

随着发动机技术的不断向"大型化"、"高能化"、"实战化"、"组合化"方向发展，试验技术向着集成化、系统化方向发展，要求具备多工况、复合环境、大承载能力方面的试验能力，尤其是国内大型试验条件建设还需配套齐套，试车环境将不断更新，安全防护措施将不断增强，以满足各种不同的推力量级、测试项目和测试精度要求。

3. 试验需求更广、要求更高、范围更大

对于大型固体火箭发动机，除常规地面试验以外，现有试验条件已无法完全满足更广范围的试验需求，如高空模拟试验领域内，不仅模拟高度要提高到 120 km 以上，同时还要模拟温度环绕（气动加热）、宇宙射线辐射环境及微重力环境，甚至还要模拟宇宙间的"冷""黑"等环境；还有大型试验，如振动试验、冲击试验、跌落试验、模态试验及环境温度试验等，均在发动机性能考核范围内，因此，需要更强能力的试验基础设施才能实现大型固体火箭发动机的综合性能评估。

4. 试验规范将逐渐建立健全

适用于直径 3 m 以下的固体火箭发动机地面试验设施已发展较为成熟，相关试验规范、标准、流程、方法等较为完善，且目前已有较多公众认可的发布版本相关试验标准。而适用于直径 3 m 以上的固体火箭发动机地面试验的相关标准还需在现有试验标准基础上更新迭代。

5. 测试方法持续更新，数据采集系统能力提升

随着新型测量系统、测试方法的应用和突破，如自动化超声检测系统、高性能超声波传感器技术及嵌入式传感技术，发动机试验过程具有了实时显像和监测能力，从"黑箱状态"向"透明化"方向发展。测量系统的测试精度会进一步提高，数据采集系统能力将不断扩大，可最大限度地获取信息，减少试车次数，降低研制成本。

6. 仿真计算及数字化试验计算应用需求日益突出

大型固体火箭发动机因其造价较高，可以用于地面试验的子样数不多，出于性

能评估、试验成本、研制周期等因素考虑，传统试验模式存在的资源瓶颈、试验性能难以预示等问题。随着大型计算机技术的发展，模拟仿真能力也越来越强，可以用仿真来代替一部分试验，通过少量试验，获得一定试验数据，建立数学模型，节省试验经费。同时，可在引入数字化虚拟试验技术，开发虚拟试验基础系统，在一定程度上具有与真实固体火箭发动机地面试验相似的流程和功能。

参考文献

[1] 薛群，徐向东，孟庆富，等. 固体火箭发动机测试与试验技术[M]. 北京：中国宇航出版社，1994.

[2] 陈汝训. 固体火箭发动机设计与研究：下册[M]. 北京：中国宇航出版社，1992.

[3] 田维平，王春光，王立武，等. 固体火箭发动机技术发展概论[M]. 西安：西北工业大学出版社，2022.

[4] 邢耀国，董可海，沈伟，等. 固体火箭发动机使用工程[M]. 北京：国防工业出版社，2010.

[5] 陈汝训. 固体火箭发动机设计与研究：上册[M]. 北京：中国宇航出版社，1991.